有机食品标准法规与生产技术

Standards, Regulations and Production Techniques of Organic Food

张志恒 主编

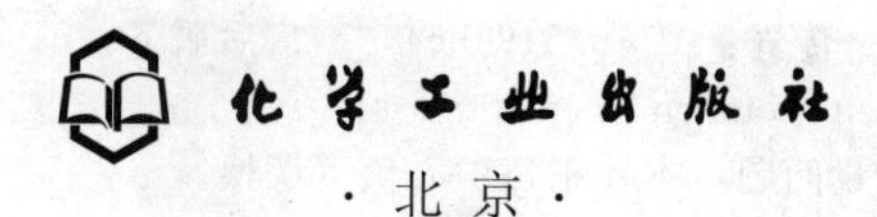

·北 京·

本书分为四部分，第一部分介绍了有机食品和有机农业的概念，有机农业的环保功能、政策、主要卖点、产业和市场的发展概况；第二部分介绍了有机农产品生产共性关键技术；第三部分重点介绍了有机生产基地的选择和规划、废弃物处理与土壤培肥、有害生物综合防治等有机生产的共性关键技术，以及有机稻谷、番茄、苹果、茶和花生的生产技术；第四部分系统收录了国际和主要发达国家有机相关标准法规，节选了我国最新有机产品标准和认证管理规范及我国有机产品的认证流程。

本书可供有机食品的生产、加工、经营、监管和认证人员以及相关研究、技术服务人员阅读，也可供大专院校相关专业的师生参考。

图书在版编目（CIP）数据

有机食品标准法规与生产技术/张志恒主编．—北京：化学工业出版社，2013.3

ISBN 978-7-122-16299-1

Ⅰ.①有…　Ⅱ.①张…　Ⅲ.①绿色食品-生产技术②绿色食品-食品标准-汇编-世界　Ⅳ.①S-01②TS207.2

中国版本图书馆 CIP 数据核字（2013）第 006916 号

责任编辑：刘　军　　　文字编辑：张春娥
责任校对：吴　静　　　装帧设计：王晓宇

出版发行：化学工业出版社（北京市东城区青年湖南街 13 号　邮政编码 100011）
印　　刷：北京云浩印刷有限责任公司
装　　订：三河市宇新装订厂
710mm×1000mm　1/16　印张 19¼　字数 386 千字　2013 年 5 月北京第 1 版第 1 次印刷

购书咨询：010-64518888（传真：010-64519686）　售后服务：010-64518899
网　　址：http://www.cip.com.cn
凡购买本书，如有缺损质量问题，本社销售中心负责调换。

定　　价：68.00 元

本书编写人员

主　　编　张志恒

副 主 编　朱奇彪　杨桂玲　孙彩霞　郑蔚然

编写人员　（按姓氏汉语拼音排序）

胡文兰　孙彩霞　邬贵阳　杨桂玲

于国光　袁玉伟　张志恒　郑蔚然

周加倍　朱奇彪

前言

FOREWORD

最初，欧美国家的有机农业实践者主要是带着保护环境、恢复生态以及提高生物多样性的理念把有机农业作为一项事业来推动的。国际有机农业运动联合会（IFOAM）成立后，为了更好地把握有机事业的发展方向，逐渐确立了有机农业的4个基本原则，即健康原则、生态原则、公平原则和关爱原则。健康原则要求将土壤、植物、动物、人类和整个地球的健康作为一个不可分割的整体加以维持和加强；生态原则要求以有生命的生态系统和生态循环为基础，有机农业与之合作和协调，并帮助其持续生存；公平原则要求建立起能确保人类之间以及人类与其他生命体之间公平享受公共环境和生存机遇的各种关系；关爱原则要求以一种有预见性的和负责任的态度来管理有机农业，以保护当前人类和子孙后代的健康和福祉，同时也保护环境。这4个基本原则充分概括了有机事业的崇高理念和丰富内涵。

在有机事业得到一些初步的发展之后，为了让更多的人参与到这项事业中来，特别是让广大消费者有机会通过市场来支持有机事业，以获得更快的发展，才引入了市场机制，也就有了有机食品及其产业的发展。因此，从某种意义上说，有机食品只是有机农业的副产品。

我国的有机农业起步较晚，在20世纪90年代的起步阶段，主要是由国际有机食品市场来推动的。进入21世纪后，国内的有机食品市场快速发育，并逐渐成为推动我国有机农业和有机食品产业发展的主要力量。我国的有机从业人员大多是从产业发展和经济回报的角度来理解有机农业和有机食品，而有机食品消费者则更多的是从有机食品更安全、更有营养的角度参与消费的。也就是说，我国绝大多数的有机事业参与者（包括本书作者）对其理念和内涵的认识普遍比较肤浅、存在偏差。这种认识上的差距应是我国有机食品从生产到市场消费的整个过程存在混乱和异化的原因之一。

近年，本书作者在学习和研究国内外有机食品相关标准法规和有机食品生产技术的过程中，真切地感受到了有机事业对人类、生命、生态和整个地球的关爱。特别是IFOAM和国际食品法典的有机相关标准以及欧盟和美国的有机相关法规比较完整地体现了有机事业的理念和内涵。我国2011年版的《有机产品》国家标准虽被很多专家称为是世界上最为严格的有机标准，但必须承认，其在有机理念和内涵的完整性和协调性等方面与欧美还是存在差距。

我国有机事业的健康发展需要有更多的从业人员、监管和认证人员、研究和技术服务人员以及有机食品的广大消费者熟悉有机标准和法规，体会有机的理念和内涵，了解有机食品生产的过程和技术，把握有机事业的正确方向。为此，作者与化学工业出版社合作编辑出版了本书，希望本书的出版对我国的有机事业有益。

限于作者的学识水平，加上时间匆促，书中疏漏和不足之处在所难免，恳请广大专家和读者批评指正。

张志恒

2012 年 9 月于杭州

目录

CONTENTS

第一部分　有机农业和有机食品产业的发展 …… 1

一、有机农业和有机食品的概念 …… 1
二、我国有机农业和有机食品产业的发展 …… 3
三、有机农业的环境保护功能 …… 8
（一）有机农业对环境质量的影响 …… 8
（二）有机农业的生物多样性保护功能 …… 10
（三）有机农业对农村景观的影响 …… 11
四、各国发展有机农业的支持政策 …… 12
五、消费者选择有机食品的主要理由 …… 15
六、世界有机食品市场的发展 …… 17
七、我国有机食品市场的发展 …… 20
八、有机农业的效益分析 …… 23
（一）有机农业生产成本组成 …… 23
（二）有机农业生产的收益 …… 23
（三）有机与常规生产效益比较 …… 24
（四）生产效率对有机生产收益的影响 …… 25

第二部分　有机农产品生产共性关键技术 …… 27

一、有机基地的选择和规划管理 …… 27
二、水土保持和生物多样性保护 …… 30
（一）防止水土流失 …… 30
（二）预防土壤盐碱化 …… 31
（三）生物多样性保护 …… 32
三、废弃物处理与土壤培肥技术 …… 33
四、有害生物综合防治技术 …… 36
（一）农业防治 …… 36
（二）物理防治措施 …… 37
（三）生物防治 …… 37
（四）使用天然物质 …… 42

第三部分　主要有机农产品的生产技术 …… 44

一、有机稻谷生产技术 …… 44

（一）基地选择和种子处理 …… 44
（二）稻鸭共作 …… 44
（三）土壤培肥 …… 45
（四）病虫草害防治 …… 46
（五）收获、干燥和贮运 …… 47
二、有机番茄生产技术 …… 48
（一）基地环境和轮作要求 …… 48
（二）育苗和定植 …… 48
（三）施肥与灌溉 …… 49
（四）病虫害防治 …… 49
三、有机苹果生产技术 …… 51
（一）基地和品种的选择 …… 51
（二）土壤管理和施肥 …… 51
（三）整形修剪 …… 52
（四）花果管理 …… 52
（五）病虫害综合防治 …… 53
（六）果实采后处理 …… 54
四、有机茶生产技术 …… 54
（一）有机茶园的规划和建设 …… 54
（二）茶园土壤管理和施肥 …… 55
（三）茶树病虫害防治 …… 57
（四）茶树修剪与茶叶采摘 …… 58
（五）茶叶加工、包装和贮藏 …… 59
五、有机花生生产技术 …… 61
（一）基地选择和播种 …… 61
（二）有害生物控制 …… 61
（三）田间管理 …… 62

第四部分　有机相关标准法规汇编 …… 64

一、国际和主要发达国家有机相关标准法规 …… 64
国际食品法典有机标准 …… 64
有机标准和技术法规的等同性评估指南 …… 98
有机认证机构的国际要求 …… 110
欧盟有机产品生产和标识法规 …… 124
美国国家有机大纲 …… 150
日本有机产品标准 …… 206
二、中国有机产品标准和认证管理规范 …… 231
有机产品生产 …… 231
有机产品加工 …… 256

有机产品标识与销售 …… 265
有机产品管理体系 …… 268
有机产品认证管理办法 …… 272
有机产品认证实施规则 …… 277
有机产品认证流程 …… 287

参考文献 …… 296

第一部分 有机农业和有机食品产业的发展

一、有机农业和有机食品的概念

1. 有机农业

有机农业是指在植物和动物的生产过程中不使用化学合成的农药、化肥、生长调节剂、饲料添加剂等物质，不使用离子辐射技术，也不使用基因工程技术及其产物，而是遵循自然规律和生态学原理，采取一系列可持续的农业生产技术，协调种植业和养殖业的平衡，维持农业生态系统持续稳定发展的一种农业生产方式。

有机农业是一种能维护土壤、生态系统和人类健康的生产体系，它遵从当地的生态节律、生物多样性和自然循环，而不依赖会带来不利影响的投入物质。有机农业是传统农业、创新思维和科学技术的结合，它有利于保护我们所共享的生存环境，也有利于促进包括人类在内的自然界的公平与和谐共生。

有机农业有 4 个基本原则：健康原则、生态原则、公平原则和关爱原则。这些原则应当作为一个整体来运用，它们是遵循一种用以激励相关行动的伦理原则而组合的。

（1）健康原则　要求有机农业将土壤、植物、动物、人类和整个地球的健康作为一个不可分割的整体而加以维持和加强。这一原则指出，个体与群体的健康是与生态系统的健康不可分割的，健康的土壤可以生产出健康的作物，而健康的作物是健康的动物和健康的人类的保障。健康是指一个有生命的系统的统一性和完整性。健康不仅仅是指没有疾病，而是要维持系统的物质的、精神的、社会的和生态的利益。安全性、顺应性和可再生性是健康的关键特征。有机农业在农作、加工、销售和消费中的作用是维持和加强从土壤中最小的生物直到人类的整个生态系统和生物的健康。有机农业特别强调生产出高质量和富有营养的食品，为预防性的卫生保健和福利事业作出贡献。为此，应避免使用那些对健康会产生不利影响的肥料、农药、兽药和食品添加剂。

（2）生态原则　要求有机农业以有生命的生态系统和生态循环为基础，与之合作和协调，并帮助其持续生存。这一原则将有机农业根植于有生命的生态系统中，它强调有机农业生产应以生态过程和循环利用为基础，通过具有特定的生产环境的生态来实现营养和福利方面的需求。对作物而言，这一生态就是有生命的土壤，对于动物而言，这一生态就是农场生态系统，对于淡水和海洋生物而言，这一生态则是水生环境。有机种植、有机养殖和野生采集体系应适应于自然界的循环与生态平衡，这些循环虽然是常见的，但其情况却因地而异。有机管理必须与当地的条件、生态、文化和规模相适应。应通过再利用、循环利用和对物质和能源的有效管理来减少投入物质的使用，从而维持和改善环境质量，保护资源。有机农业应通过对农业体系的设计、提供生境和保持基因与农业的多样性来实现生态平衡。所有从事有机产品生产、加工、销售及消费有机产品的人都应为保护包括景观、气候、生境、生物多样性、大气和水在内的公共环境作出贡献。

（3）公平原则　要求有机农业建立起能确保公平享受公共环境和生存机遇的各种关系。这一公平既体现在人类之间，也体现在人类与其他生命体之间，是以对我们共有的世界的平等、尊重、公正和管理为特征的。这一原则强调所有从事有机农业的人都应当以一种能确保对所有层面和所有参与者——包括参与到有机农业中的所有农民、工人、加工者、分销者、贸易者和消费者都公平的方式来处理人际关系，以对社会和生态公正以及对子孙后代负责任的方式来利用生产与消费所需要的自然和环境资源。同时，应根据动物的生理和自然习性以及它们的福利来提供其必要的生存条件和机会。

（4）关爱原则　要求以一种有预见性的和负责任的态度来管理有机农业，以保护当前人类和子孙后代的健康和福祉，同时保护环境。有机农业是为满足内部和外部需求和条件而建立的一种有生命力的和充满活力的系统。有机农业的实践者可以提高系统的效率和生产力，前提是不能因此而对健康和福利产生危害，为此，应对拟采取的新技术进行评估，对于正在使用的方法也应当进行审核。对于在生态系统和农业方面的不完善理解必须给予充分的关注。这一原则强调，在有机农业的管理、发展和技术筛选方面最关键的问题是实施预防和有责任心。科学是确保有机农业有利于健康、安全和生态环境的必要条件。然而，仅有科学知识是不够的，实践经验、积累的智慧以及传统知识与本土认知等可以提供经过时间验证的有效解决方案。有机农业应通过选择合适的技术和拒绝使用转基因技术等无法预知其作用的技术来防止发生重大风险。我们的决策应通过透明和参与程序反映所有可能的受影响方的价值观和需求。

有机农业在哲学上强调“与自然秩序相和谐”、“天人合一，物土不二”，适应自然而不干预自然，主张依赖自然的生物循环，如豆科作物、有机肥、生物治虫等，追求生态的协调性、资源利用的有效性和营养供应的充分性。可见，有机农业是产生于一定社会、历史和文化背景之下，一种符合现代健康安全优质理念要求，在动植物生产过程中完全不使用人工化学合成肥料、农药、生长调节剂、激素、饲料添加剂和转基因品种等生产资料，以及基因工程生物及其产物，遵循自然规律和生态农业原理，吸收了传统农业精华，运用生物学、生态学等农业科学原理和技术发展起来的实现农业可持续发展的农业技术，协调种植业和养殖业的平衡，维护农业生态系统持续稳定的一种农业生产方式。

2. 有机食品

有机食品是指原料来自有机农业生产体系或环境未受到污染的野生生态系统，

根据有机认证标准生产、加工，而且获得了有资质的认证机构认证的可食用农产品、野生产品及其加工产品。在不同的国家，有机食品的标准有所不同，但通常需要满足5个基本要求：

(1) 原料必须来自已经或正在建立的有机农业生产体系，或是采用有机方式采集的未受污染的野生天然产品；

(2) 在整个生产过程中必须严格遵循有机食品加工、包装、储存、运输标准；

(3) 必须有完善的全过程质量控制和跟踪审核体系，并有完整的记录档案；

(4) 其生产过程不应污染环境和破坏生态，而应有利于环境与生态的持续发展；

(5) 必须获得独立的有资质的认证机构的认证；

(6) 符合当地的食品卫生标准法规要求。

二、我国有机农业和有机食品产业的发展

1. 世界有机农业的发展简况

到2010年，全球按照有机方式管理的农业土地有3700多万公顷，参与有机农业的农户有160多万，有机食品和饮料的销售额达590亿美元。全球有机农业土地面积最大的是澳大利亚，共有1200万公顷，其次是阿根廷和美国。

2010年亚洲有机农业面积接近280万公顷，占世界有机农业土地的7%。按面积来说，中国排名亚洲第一，共有140万公顷，印度次之。

2. 有机食品产业的技术基础

中国有着数千年的传统农业基础，在20世纪50年代之前，我们的祖先祖祖辈辈从事农业生产几乎都不依靠合成的农用化学品，而且积累了丰富的传统农业经验，其中包括当今人们还在大量采用的病虫草害的农业、物理和生物防治措施。

从20世纪80年代开始，在众多研究机构、大学和地方政府的帮助和参与下，我国各地启动并组织了生态农业运动，在全国各地建立了数千个生态农业示范村和数十个生态县，还研究并推广了形式多样的生态农业建设技术，这些都为我国的有机食品产业发展奠定了十分坚实的基础。

1990年农业部推出了“中国绿色食品工程”，1992年成立了组织、支持与协调全国绿色食品工程实施的“中国绿色食品发展中心”，这标志着绿色食品事业的发展进入了系统、有序的发展时期。到2010年，全国绿色食品企业总数已达到6418家，产品总数超过1.68万个，包括农林及加工产品、畜禽类产品、水产类产品、饮料类产品等四大类57个小类，年生产总量已超过1亿吨。另外，还创建绿色食

品原料标准化生产基地433家，基地面积达到1.03亿亩。绿色食品，特别是AA级绿色食品基地的建立，为我国有机农业生产基地的建立和发展打下了良好基础。

3. 有机农业的起步

1989年，我国最早从事生态农业研究、实践和推广工作的原国家环境保护局南京环境科学研究所农村生态研究室加入了国际有机农业运动联合会（IFOAM），成为中国第一个IFOAM成员，1993年中国绿色食品发展中心也正式加入了IFOAM。目前，中国的IFOAM成员已经发展到30多个。

1990年，根据浙江省茶叶进出口公司和荷兰阿姆斯特丹茶叶贸易公司的申请，加拿大的国际有机认证检查员受荷兰有机认证机构SKAL的委托，在国家环境保护局南京环境科学研究所农村生态室科研人员的配合下，对位于浙江省和安徽省的2个茶园和2个茶叶加工厂实施了有机认证检查。此后，浙江省临安县的裴后茶园和临安茶厂获得了荷兰SKAL的有机颁证。这是在中国大陆开展的第一次有中国专业人员参加的有机认证检查活动，也是中国大陆的农场和加工厂第一次获得有机认证。

1994年，经国家环境保护局批准，国家环境保护局南京环境科学研究所的农村生态研究室改组成为“国家环境保护局有机食品发展中心”（Organic Food Development Center of SEPA，简称OFDC），后改称为“环境保护部有机食品发展中心”，这是我国成立的第一个有机认证机构。

1995年，OFDC开始进行有机检查和认证工作。目前，OFDC已经在全国20个省、市、自治区建立了22个分中心。OFDC积极地参加了几乎所有的IFOAM重要活动，与世界各地从事有机食品的同行们建立了广泛的合作关系。在中德合作项目的支持下，经过4年多的不懈努力，OFDC在2002年底获得IFOAM认可，并于2003年2月14日在德国纽伦堡与IFOAM签署了国际认可协议，OFDC由此成为全球24家获得国际认可的有机认证机构之一，也是亚洲数十家有机认证机构中继泰国的ACT及日本的JONA后，第三家获得IFOAM认可的机构。OFDC获得IFOAM认可大大有助于中国有机认证与国际的接轨，有利于打破发达国家在国际贸易上设置的“绿色壁垒”，打通了中国认证的有机产品走向国际市场之路。至今，已有多家国际有机认证机构与OFDC建立了合作互认关系。

1999年3月，位于杭州的中国农业科学院茶叶研究所在原OFDC茶叶分中心的基础上成立了有机茶研究与发展中心（Organic Tea Research and Development Center，OTRDC），专门从事有机茶园、有机茶叶加工以及有机茶专用肥的检查和认证，这是中国建立的第二家有机认证机构。2002年底，中国绿色食品发展中心也成立了“中绿华夏有机食品认证中心（China Organic Food Certification Center，COFCC）”，其开创阶段的工作基础是已经获得AA级绿色食品认证的几十家企业。

4. 有机产品认证机构

有机食品认证机构的认可工作最初由设在国家环保总局的“国家有机食品认证认可委员会”负责。根据2003年11月1日开始实施的《中华人民共和国认证认可条例》的精神，国家环保总局将有机认证机构的认可工作转交国家认监委。2012年5月底，经国家认监委认可并在有效期内的专职或兼职有机认证机构总共有23家（表1-1）。

表1-1　我国有机产品认证机构名录

序号	认证机构名称	批准号	机构代码
1	北京五岳华夏管理技术中心	CNCA-R-2004-129	747543345
2	北京五洲恒通认证有限公司	CNCA-R-2003-115	721497504
3	杭州万泰认证有限公司	CNCA-R-2002-015	721067969
4	中食恒信(北京)质量认证中心有限公司	CNCA-R-2002-084	742612786
5	中环联合(北京)认证中心有限公司	CNCA-R-2002-105	739396429
6	中国质量认证中心	CNCA-R-2002-001	717802035
7	浙江公信认证有限公司	CNCA-R-2002-013	142918087
8	新疆生产建设兵团环境保护科学研究所	CNCA-R-2004-131	751654769
9	西北农林科技大学认证中心	CNCA-R-2004-133	770031356
10	南京国环有机产品认证中心(同时还可开展出口有机产品认证)	CNCA-R-2004-134	738877458
11	辽宁方园有机食品认证有限公司	CNCA-R-2004-122	742791665
12	黑龙江省农产品质量认证中心	CNCA-R-2002-089	731369346
13	杭州中农质量认证中心	CNCA-R-2003-096	751704885
14	广东中鉴认证有限责任公司	CNCA-R-2002-007	190379487
15	方圆标志认证集团有限公司	CNCA-R-2002-002	718701228
16	北京中绿华夏有机食品认证中心	CNCA-R-2002-100	744740589
17	北京中合金诺认证中心有限公司	CNCA-R-2007-151	663734769
18	北京中安质环认证中心	CNCA-R-2002-028	802107782
19	北京东方嘉禾认证责任有限公司	CNCA-R-2010-145	771970793
20	北京爱科赛尔认证中心有限公司(同时还可开展出口有机产品认证)	CNCA-RF-2006-45	717712750
21	上海色瑞斯认证有限公司(仅限于出口有机产品认证)	CNCA-RF-2007-50	717881415
22	南京英目认证有限公司(仅限于出口有机产品认证)	CNCA-RF-2006-46	790434371

5. 有机食品产业的发展

近年，我国的有机食品产业正处在快速发展时期。2003年底，我国有机生产面积为25.7万公顷。2005年，中国有机食品行业经中绿华夏认证（含转换期）的达416个企业，1249个产品；产品国内销售额为37.1亿元，出口1.36亿美元；总认证面积达165.5万公顷，其中认证面积最高的是野生采集，为69.59万公顷，其次是加工业63.82万公顷，渔业16.74万公顷，畜牧业9.07万公顷，种植业6.28万公顷。到2006年底，我国通过有机认证（含转换期）的企业数已达到2300多家，认证的土地面积共计528万公顷，产品实物总量377万吨，有机食品国内销售额达到56亿元，2007年市场规模已经达到61.7亿元。到2008年，我国有机转换的土地面积已上升为世界第三位。到2010年，完成有机转换的有机农业土地达140万公顷，占亚洲的约1/2。截至2012年一季度，我国已累计颁发有效证书11090张，获证企业7728家，有机种植面积达200万公顷。

最初，我国有机食品产业发展的动力主要来源于国际市场对中国有机产品的强劲需求带来的相对较高的出口利润，同时也得益于政府的政策支持和国内市场的起步。中国的有机稻米、蔬菜、茶叶、杂粮等农副产品和山茶油、核桃油、蜂蜜等加工产品在国际市场上供不应求。2006年，中国有机食品出口额达到3.50亿美元，但仍只占国际有机食品市场份额的0.7%。2009年末有机产品出口额达到4.64亿美元，占农业总出口额的1.2%。但近年来，在对食品安全的担忧情绪持续发酵的背景下，有机食品获得了越来越多国内消费者的追捧，我国有机食品的市场容量也快速增加。到2009年，国内有机食品销售达到106亿元，占食品总消费的约0.2%，国内市场已经替代国际市场成为我国有机食品产业发展的主要动力。

为了发展中国有机产业，培育健康、有序的有机消费市场，促进我国有机产品走向世界，提升我国有机农产品在国际市场的竞争力，由中国农业大学有机农业技术研究中心发起，联合国内外多家有机产品生产和销售企业，充分利用政府机构、高校科研院所、有机生产企业、流通企业等多项资源，于2007年在中国香港注册成立的一个有机农业产业发展联合组织——中国有机农业产业发展联盟(CFOAM)，搭建企业与消费者之间的有机专供生产、技术和贸易平台，集中宣传、展示、推广、销售原产地优质有机大米、有机豆类、有机蔬菜、有机肉类、有机水果、有机茶、有机竹荪、有机保健品等有机产品。

6. 有机农业的发展模式

公司加农户是目前国内普遍采用的一种有机农业生产管理模式，又称“有机订单农业”模式。事实证明，这是一种比较适合于在中国发展有机农业和有机食品的模式，但具体的组织形式仍然需要不断改进。由拥有农场全部管理权的公司经营有机农业，或由从事有机贸易的公司租用一片农地，选派合适的管理和技术人员实施管理，雇佣当地农民从事生产；同时，公司聘请有机农业和加工方面的专家对生产和加工实施指导，公司负责实行生产、加工、仓储、运输和贸易的一条龙式综合管理。这种模式最能保证产品的有机完整性和质量。

但在我国大量存在的另一种有机农业生产组织形式是“小农户集体有机生产组

织”，即在同一地区从事农业生产的数十户、数百户，甚至数千户农民都愿意以有机方式开展生产，并且建立了相应的组织管理体系，包括内部质量跟踪体系，这些农户所拥有的所有按照有机方式生产的土地就可被作为一个整体的农场来运作，并接受有机检查和认证。每年国际有机界尤其是第三世界的同行们都要通过会议、通讯、交流和实践，就此问题展开讨论，探讨如何做好小农户集体的有机生产和管理，如何对小农户集体进行认证等。目前，虽然在这个问题上的讨论还远没有结束，但已经有不少比较成熟的经验可供参考和借鉴。问题是，各国情况不同，一个国家内不同地区的情况也不同，因此小农户集体有机管理体系的质量相差也很大。最好的办法是由一个贸易公司，特别是兼有加工与贸易双重职能的公司与小农户集体签订有机生产合同，负责以议定的价格收购产品，并负责指导和监督小农户集体的生产，直至采取由公司统一供应所有农用物资，派出公司人员常驻生产基地进行管理等措施，从而确保生产的有机完整性和可靠性。

我国目前已经有一些地方由农民自发建立了各类地方性的有机农民协会，如安徽岳西的两个村级有机猕猴桃协会和有机茶叶协会、安徽舒城的一个村级有机板栗协会等，都在组织有机生产方面发挥了十分积极的作用，但由于协会自身经济实力和管理水平尚存在不足，因此很难解决市场问题，所以他们能采取的最佳有机农业生产模式，也是与贸易公司相结合的模式。总之，市场是决定有机产业能否持续发展的关键因素。任何有机农业和有机食品产业的发展模式都必须将市场因素放在最重要的位置来考虑。

7. 有机农业和有机食品的研究、咨询及宣传

我国不同的地方发展有机农业需要有不同的模式，也需要不同的栽培、病虫草害防治、土壤培肥以及保鲜加工等技术，为此，必须强化有机农业生产技术研究及措施，并形成有机农业的服务产业。

根据咨询与认证应当各自独立的原则，1999 年初，OFDC 的部分成员从 OFDC 分离出来，成立了南京环球有机食品研究与咨询中心，这是我国最早成立的独立咨询机构。接着在北京、南京、广州等地的大专院校和研究机构也相继成立了有机农业与有机食品的研究与咨询机构。它们在研究适合于中国不同地区的有机农业实用技术方面开展了不少工作，并为从事有机生产的单位和农民提供了全方位的咨询服务，是指导和促进各地有机事业发展的骨干力量。2001 年，中国有机咨询专家网络正式组成并运作。在我国自己的传统农业和生态农业的基础上，在世界上有机农业发展和有机食品市场最成熟的一些国家，如德国、英国、美国等国家的专家的帮助下，我国的有机农业与有机食品研究和咨询事业正在不断发展和趋向成熟。现在，我国从事有机产品咨询的专家们已经开始涉足到目前为止还是十分薄弱的有机食品市场信息的咨询服务。由于我国多数地区的农民和农村基层技术人员还无法掌握比较先进的现代有机农业知识和技术，因此在遇到突发的病虫害

或其他事故时往往显得束手无策，严重的甚至会前功尽弃。事实证明，凡是在咨询机构或咨询专家指导下发展起来的有机农业基地，一般都比较顺利，考虑问题都比较全面，对病虫草害防治、土壤培肥、作物轮作等关键问题上都有很明确和可行的计划。

在对有机食品的宣传方面也需要加强。在2003年7月对南京某有机蔬菜专卖店顾客的调查结果显示，即使在三分之二的顾客都是大学教师和科研人员的情况下，还是有40%以上的人只是在来到该专卖店购物时才听说有机食品这个新名词，而顾客中有三分之一的人在成为有机蔬菜消费者一个月后还是不清楚有机食品与绿色和无公害食品的区别。可见在有机食品的宣传方面的力度还很不够。诚然，有机食品的性质和生产的难度决定了其不可能迅速普及，但消费者对某种产品的需求是与消费者对这种产品的认知度密切相关的，对有机食品的宣传力度不够，也是它至今仍未被人们广为认知的重要原因。

目前，在一些农业和食品院校中，有机农业和有机食品已经成为一门课程，这对有机知识的普及和提高将起到十分积极的作用。各地的教育和其他相关部门也应在科普教育中有意识地增加有机农业与有机食品方面的内容，在广大的消费者中普及有机食品知识。

三、有机农业的环境保护功能

（一）有机农业对环境质量的影响

丹麦有机农业研究中心利用“驱动力-状态-反应”结构模型（model of driving force-state-response framework，DSR），并结合一套有机农业环境影响指标体系，包括土壤有机质、土壤生物、硝酸盐淋溶、磷淋溶、养分和能量的利用与平衡、温室气体排放、农场的设计与管理、产品质量等，评估了丹麦发展有机农业对环境产生的影响，结果发现有机农业比常规农业能更充分地利用养分并减少淋溶。

1. 土壤氮淋溶损失

氮是所有养分中最容易淋溶的成分，因为硝酸盐在水中移动性强。研究表明，有机生产的硝酸盐淋溶很低，在丹麦每年仅为27～40kg/hm^2（以纯氮计，下同）；有机农场的氮剩余水平也更低，Halberg等调查比较了丹麦16个常规农场和14个有机种养结合的农场，发现常规农场每年氮剩余为242kg/hm^2，而有机农场只有142kg/hm^2。Hansen等通过模型方法评估有机与常规生产的氮淋溶，结果表明，在沙性土壤条件下，有机作物生产和奶牛养殖系统的氮淋溶均低于常规生产。有机生产氮淋溶更低的原因可归结为氮投入少、以及养殖密度低和绿肥等养分保持作物种植多等。但是，如果有机农场管理不善也会导致地下水和地表水的污染。

2. 土壤磷淋溶损失

研究表明，有机农业生产中磷的供给更均匀，剩余更少，因而可使土壤中磷的积累与淋溶的风险最小化，但当地块接收（如动物粪肥）或种植（如绿肥、三叶草等）有机质资源时会增加磷淋溶的风险，因为它们会促进土壤磷的移动性。Halberg 报道磷的剩余随单位面积的载畜量增加而增加，常规奶牛场的磷剩余显著高于有机奶牛场。

3. 土壤钾淋溶损失

有机农业生产中，钾是通过粪肥和作物秸秆来提供的。Simmelsgaard 计算了不同类型有机农场的钾平衡，发现有机作物生产、猪和奶牛养殖场都可能耗竭或积累土壤中的钾。对于沙性土壤，有机农场如果不通过饲料、粪肥或矿物性钾肥来补充钾，则不能满足作物对钾的需求。通过模型计算，如果丹麦所有的农业土地转换为有机管理方式，则每年的钾剩余比常规生产低 77%～88%。

4. 土壤有机质

土壤有机质是保持土壤肥力的核心因素，但是采用新的耕作实践所产生的土壤有机质的变化可能要在许多年之后才能体现出来。有机农业生产系统由于使用养分保持作物、循环使用作物秸秆、使用有机肥料而非化学肥料、种植多年生作物等可促进土壤有机质的提高。

5. 土壤生物活性

有机耕作的一个主要目标是促进土壤中更高水平的生物活性以保持土壤质量和提高土壤与植物之间的代谢作用。土壤生物的数量受土壤类型、肥料种类、作物轮作、耕种、气候、一年中所处的时间等因素的影响，因此难以分清有机耕作和其他因素所产生的效果。统计结果表明，有机生产系统的微生物和小型节肢动物的数量更多，施用粪肥或有机转换可明显提高蚯蚓的数量。Axelsen 和 Elmholt 的研究表明，如果丹麦所有农业土地转换为有机管理方式，则土壤的微生物含量将增加 77%，跳虫的丰度增加 37%，蚯蚓的密度增加 154%。因此，有机农业转换可明显地增加土壤的生物活性。有机生产系统的高水平生物活性可导致良好的土壤结构，这是保持作物高产和控制土壤侵蚀的关键，但是如果使用大型的农业机械会破坏表层和深层土壤的结构。

6. 矿物能源消耗和温室气体排放

农业生产直接或间接地消耗矿物能源（如肥料和农药的生产），能源的使用影响自然矿物资源，并可能影响气候变化。Refsgaard 等研究证明，有机奶牛养殖场每公顷饲草料投入的能量比常规生产低，具体为谷物生产低 29%～35%，牧草、青贮饲料低 51%～72%，饲用甜菜低 22%～26%；销售单位重量牛奶的能量消耗低 19%～35%。

（二）有机农业的生物多样性保护功能

世界自然保护联盟（World Conservation Union，IUCN）在 2000 年发布的《IUCN 物种红色名录与标准》（IUCN Red List Categories and Criteria）中指出，生境丧失是威胁生物多样性的主要因素，农业活动影响到了 70%的濒危鸟类和 49%的植物物种。而有机农业由于更多样的作物轮作，以及有效地综合了养殖与多品种作物种植，因而具有更高的农业生物多样性。长期研究证明，有机体系对于非农业物种的多样性同样是有益的。

1. 植物多样性

农业生产中大量使用除草剂对耕种植物产生了不可避免的影响，这正是为什么在禁止使用化学除草剂的系统中，植物的多样性要相对较高的原因。调查发现，希腊的有机葡萄园和橄榄林植物的多样性和密度都比常规果园高出很多。

2. 无脊椎动物多样性

土壤动物对土壤的物理、化学和生物特性会产生巨大影响。耕作系统中的有益节肢动物对害虫的控制具有重要作用，特定的节肢动物如步甲甚至被作为生境质量的指示物。有机农业和常规农业对一些重要的土壤动物的多样性和丰富度会产生影响，其中两类无脊椎动物（节肢动物和蚯蚓），由于分布极为广泛，而且对农业生态系统具有重要作用，成为研究的重点。通过对农业基地及小块试验田的调查，发现有机系统中动物的多样性和丰富度都明显比常规系统高，常规田中只有极少数的种类会比有机田中的丰富度高；有机田中的节肢动物不仅有较高的多样性和丰富度，而且分布更均匀。蚯蚓是土壤肥力的重要指示物，蚯蚓的数量反映了土壤的结构、微气候、营养和毒性状况，翻耕、使用农药、施肥和作物轮作等耕作行为，都会对蚯蚓的数量产生明显影响。诸多研究均表明，有机管理的土壤中，蚯蚓的密度、数量以及种类都要比常规田中的高。

3. 鸟类多样性

国际鸟类联盟（BirdLife International）通过对欧洲鸟类保存状况的调查，确定了 195 种鸟（相当于欧洲鸟类总数的 38%）作为欧洲保护鸟类（SPECs）。大部分鸟类数量的下降与土地利用引起的变化有关，农业的大力开发是最主要的威胁，受此影响的鸟类占到了 SPECs 总数的 42%。有机农田中无脊椎动物的丰富度和频度、植物性食物资源、生境以及耕作实践对鸟类的多样性和数量都有直接的影响。

云雀是一种陆地繁殖的鸟，它的繁殖成功与豆科作物的管理有很大关系，农业系统的改变会对它产生严重的负面影响，导致数量急剧下降。英国鸟类监管委员会（the British Trust for Ornithology，BTO）对22对有机农场和常规农场的鸟类繁殖和越冬方式进行研究，结果有机农场中由于无脊椎动物和食物资源丰富，云雀的繁殖密度明显要高。德国的研究人员也发现，在勃兰登堡州的Schorfheide-Chorin生物保护区，豆科作物田里云雀及其他陆地繁殖鸟类的百分比较高。在保护区内生物动力农场所做的进一步研究显示，一般农田的边缘带对陆地繁殖鸟类会产生很大影响。它们在为一些鸟类如欧洲石鸡、鹡鸰等提供鸟巢与食物以及鸣叫和休息地点的同时，也为陆地繁殖的鸟类提供了躲过农事操作和天敌的良好庇护所，还成为无脊椎动物在庄稼收割后得天独厚的藏身之处。一个历时3年，以非作物环境如常规和有机地块的灌木篱墙及其对鸟类的影响为重点的研究在丹麦展开，研究结果表明，有机田的鸟类丰富度要比常规田高出2～2.7倍。

（三）有机农业对农村景观的影响

有机农场由于促进更多样化的作物轮作和放牧更多种类的动物而改变了整个景观的美学价值。Braae等发现，有机农场鸟的数量是常规农场的2～3倍，这可能主要不是因为禁止使用农药、化肥，而是由于景观结构的多样性。Stolze等推断有机农业对景观质量可产生正面影响，为重新提高农村景观质量提供了机会，并建议景观质量可以作为不同农业生产实践对环境影响的评估指标之一。

为了研究有机农业对景观的美学和生态环境的影响，荷兰的Kuiper、Mansvelt、Stobbelaar等开展了大量的研究。Mansvelt选择德国、瑞典的4对有机农场（生物动力农场）与常规农场以及荷兰的3个有机农场和4个常规农场，通过比较水分、土地利用和土地特征图、农场及周边环境以及采访农户，分析了土地利用类型多样性、植被组成和视觉要素（垂直与水平关联度、色彩与形状），结果表明，有机农场的景观和耕作系统的多样性更大，具体表现为土地利用类型、作物、畜禽、植被、动物种群、视觉信息（更多形状、色彩、气味、声音、空间构造）和劳力（在农场完成更多的加工和更多的人参与生产）的多样性，而且有机农场各组分间的关联度更大。因此，有机农业对可持续的农业景观管理具有潜在的积极作用。

Kuiper在研究中设立了生物、非生物、经济、社会和耕作环境5个方面的指标，利用考核清单的方法评估有机农场对景观质量的贡献。耕作环境指标又包括内部和外观特征两方面，由于景观对人的福利和健康以及他们在社会上的生存能力具有重要的影响，它既是一种具有可测量特征的物理环境，也具有影响人们感受的内在主观质量。随着时间的变迁，观察者的文化和美学价值会逐渐改变，景观的形象和价值也会随之变化。非专家价值采用心理学原则，包含指标使用者和当地居民对目前当地农场景观的欣赏指标；而专家价值采用外观特征或景观构造的原则，包含景观评估、耕作历史和未来设想等指标。非专家价值指标的评价是通过提问的方式来回答是否有机农场比傍边的常规农场更具可欣赏性，专家价值指标评价是通过提问来回答是否有机农场比临近的常规农场更好地表达了自然和耕作的传统及目前的用途与意义。

非专家价值指标的评估结果表明，有机农场比临近的常规农场更能唤起“自然”的感觉，有更多花香、鸟语等感观质量。有机农场的季节性也更明显，如可以通过植树和栽种水果来体现。在某些有机农场，评估者可感觉到农场对极端气候影响的抗性，而有的农场由于恢复一些旧农舍而体现一种历史感。

专家价值指标的评估结果表明，有机农场在一块地里具有更大的作物多样性和物种多样性，这种增加的多样性经常出自农民的创造性，有时也是对非生物特征适应的结果。有机农场的生物多样性也比常规农场更丰富，因其栽种树木更多或留有更多的自然植被。在农场水平上，有机农场能成功地改善生态质量。然而，有些农民似乎对美学质量不太关注，栽种的树木中能够协调空间取向和景观单元同一性的很少，大多数农场种植的树木与重要的景观成分间缺乏相关性，水系统不清晰。在矮茎橄榄树底长满高的杂草比那些长矮草或无草的果园的对比性差，难以给艺术家和摄影师带来灵感。

由于小面积有机农场很难与周边环境相区别，因此这两套评价指标和问题不适合小农场，同时小面积的有机农场是否有利于可持续的景观质量建设也值得讨论。如果临近的小有机农场之间建立合作关系则有可能改良景观质量。

Stobbelaar 等应用以上方法对希腊克里特岛的有机橄榄生产农场的景观质量进行了评估，证实有机农场面积越大对景观质量的贡献越大，尤其是对非生物环境。而且同常规生产相比，有机农业生产中土壤侵蚀更少，有更高的生物多样性，需要更多的劳力，产品的附加值更高以及有更高的景观多样性，这些都来自于有机农场的生态和社会的良性管理。

四、各国发展有机农业的支持政策

为促使常规农业生产方式向有机生产方式转化，世界大多数国家都针对各自农业发展的特点和状况，采取了一系列有效的支持政策，其中欧盟国家对有机农业的支持政策最为有力。特别是从 1994 年起，欧盟的农业与环境项目为发展有机农业提供了最重要的支持。农业与环境项目的目标是取得农业发展与环境发展政策的一致，并有助于提高农民的收入。在此项目支持下，各国纷纷对有机农业生产者给予补贴。这在很大程度上促进了有机农业在欧盟的快速发展，大大促进了农业环境的改善。从各国收到的农业环境项目的最后评价报告均证实了有机农业对土壤、水质和生物多样性的保护。

由于有机生产方式需要掌握较多的作物、病虫害防治和生态等方面的知识，这在一定程度上制约了农场的有机转换。实践证明，仅仅实行对有机农场的补贴，还不足以刺激农场的有机转化，而且也不能保证有机生产方法的长期应用，需要制定一系列配套的行动计划来促进有机农业生产和有机食品市场的发展。

为此，欧盟委员会制定了有机农业发展的总体行动计划，以尽可能地支持有机农业的发展。2001年5月，“欧盟有机食品合作与促进”会议在丹麦的哥本哈根召开，以制定进一步促进欧盟有机食品发展的规划。丹麦食品与农业部主办了此次会议，各国农业部、国际有机农业运动联盟（IFOAM）、欧洲农场主联盟的代表、欧洲消费者联盟代表以及欧洲环境署共同签署了哥本哈根会议声明，并制定了有机农业发展行动计划。该计划覆盖有机农业发展的方方面面。概括起来，有以下几方面：

（1）分析了有机生产的障碍与潜力，制定进一步的行动计划。

（2）分析了有机产品加工与市场的推广，提出以市场为导向的发展策略。

（3）建立健全有机生产的资料存档。

（4）强化有机生产的研究与学习。

（5）加强对有机农业的宣传。

农业杂志增加了对有机农业信息宣传的文章，使有机产品的销售量不断上升，越来越多的有机产品走入了超市，有机生产和销售呈现不断上升的趋势。欧盟委员会还邀请与有机农业相关的生产者、经营者和消费者在网上提交反馈。在反馈的基础上，提出了促进进一步发展的措施。

在欧盟发展有机农业总体计划的基础上，各国都纷纷行动起来，提出了一系列具有各自特色的促进有机农业发展的行动计划，采取了一系列补贴与援助措施。

1．德国

德国是目前世界有机农业最发达国家之一，这与德国政府对发展有机农业的支持政策是密不可分的。德国的有机农业始于20世纪70年代，从1989年开始，有机农场就得到政府的财政支助；1994年后，遵照欧盟有机生产法规进行有机生产的，均可得到财政支助。不仅对处于有机农业转换期的农场实施补贴，对转换期后现存的有机农场也给予补贴。对转换期的耕地及草坪的补贴额为每年每公顷125欧元，已转换的有机农场为每年每公顷100欧元；对果园等多年生作物，转换期的补贴额为每年每公顷600欧元，转换后为500欧元。此外，由于德国各个州政府都有自己的专门机构支持有机农业的发展，按照各地情况的不同，各个州可根据以上补贴标准最多降低补贴额20%或提高补贴额40%。这些补贴政策使德国有机农场的数目在20世纪80年代末至90年代初快速上升，有机食品的供应量也显著上升。

除了直接对农场主给予补贴外，在2002年修订的“有机食品市场推广手册”中规定，有机食品可以以较高的市场价格出售，确保了有机食品的生产者、加工者、市场推广者都可以得到较高的市场回报。为促进有机农场的发展，德国联邦政府还制定了有机农业发展的中长期行动计划。政府将采取一系列措施，发展与有机生产链相关的各个部分，有机生产和加工、贸易、市场、消费者、技术的开发与转化、研究与推广等各个环节均得到快速发展。为了完成此联邦计划，2003 年的预算大约为 3500 万欧元。所采取的措施包括：建立有机发展中心的国际互联网入口；提供有机农业教育材料；制定有机农业培训计划及其预算；召开有机畜牧兽医等的研讨会；召开有机生产农场主的研讨会；有机示范农场的网络建设；有机农场的宣传材料；农产品有机加工的培训材料；召开有机产品的信息研讨会等。

2. 奥地利

奥地利于 1991～1992 年首度实行全国性的有机农业转换期的补贴措施，1993～1994 年，农业部调整补贴政策，实行转换期和转换后的持续补贴，并增加补贴额度。有机农业的补贴政策带来了 1991～1995 年有机农业的快速发展。1995 年奥地利加入欧盟后，农业部依据欧盟 2078/92 号法规的规定，制定农业环境计划，将有机农业补贴措施整合归并到该计划中，并增加补贴的有机生产类型和提高补贴金额。无论是转换期或转换后，有机蔬菜生产每年每公顷给予 454 欧元的补贴，果树及其他密集型园艺生产给予 758 欧元的补贴，其他耕地给予 340 欧元的补贴，草原给予 227 欧元的补贴。2000 年，为了配合欧盟农村发展法规（1257/99 号法规）的实施，农业部制定新的农业环境计划，持续对有机农业提供补贴。2001 年，为全面推动有机农业的发展，改变 1996～2000 年国内有机农业增长的停滞趋势，农业部制定了第一个奥地利“有机农业行动计划”，2003 年又进行了完善，制定了第二个“有机农业行动计划”。高额的有机农业补贴搭配有机行动计划的执行，使得 2001 年后的有机农业再度呈现出稳定的增长，至 2005 年，有机农业面积占总农业土地面积的比率已高达 14％。

3. 丹麦

1995 年，丹麦有机食品和农产品发展委员会向农副渔业部提出了 65 条有机农业推广行动计划，以推动有机农业在丹麦的发展，其中最重要的部分是加强政策引导工作。另外，也包括市场推广、研究工作和有机农场的发展。

在早期有机农业推广行动计划中，约 2/3 的资金用于有机农场补贴、有机农业的教育和展览、有机示范农场的建立、有机农产品推广等活动，促进了更多农场的有机转换。1999 年提出的发展有机农业第二个行动计划主要支持有机产品消费与销售的研究、初级产品的加工、质量与健康宣传、有机标准的调整、有机产品的出口、有机农业与环境保护、畜禽的健康与福利等方面，以促进有机农业的健康和持续发展。

4. 西班牙

西班牙联邦政府对有机农业的支持开始于 1995 年，在欧盟国家中是较迟的。

这也影响了有机农业在其国内的发展。1995 年，西班牙将国内的有机农业立法与欧盟有机农业法规（EC，2078/92）结合，促进了保护环境的有机农业生产方法的发展。

最初实行补贴的几年，西班牙有机农场的农场主获得补贴的限制较多。补贴额随地区和生产作物的不同而不同。一般来说，处于转换期的第一年，有机农场主可以收到全额的补贴，第二年只能收到全额补贴的 80%，在随后的 3 年中，收到全额补贴的 60%。当前，有机农场主每年收到固定的补贴额，在大多数情况下比欧盟的其他国家低，每公顷大约为 350 欧元左右。从 2001 年起，西班牙农场主从欧盟有机农业指导委员会的保证金中获得了大部分的有机生产补贴，加速了有机农业的发展。

5. 法国

法国规定只有处于有机农业转换期的农场才能享受财政补贴，转换后的有机农场得不到任何补贴。转换期的有机农场转换补贴上限为每个农场 50 万法郎（约合 75 770 欧元）。此项政策被认为力度不够而未能达到促进有机农业的快速发展。

6. 意大利

在意大利，新转换的和现存的有机农场都能得到补贴。但许多农场转换成有机农场的最大动力不是获得补贴，而是有机产品能够获得较高的价格。同时，欧盟法规的实施也为有机农业的发展提供了很大的促进作用，确保了生产者、加工者、销售者在市场中均能获得较大的利益。除此之外，在国家、地区水平上政府还在财政预算上对有机农业的研究、实验、培训、市场促进等提供了多方面的支持。

五、消费者选择有机食品的主要理由

1. 推动有机农业和生态环境保护事业的发展

这是欧美发达国家的消费者选择有机食品的最主要理由。有机农业是可持续农业的重要组成形式，禁止使用人工合成化学品和转基因技术，强调建立系统内的养分循环。与常规农业生产相比，有机农业生产能够培肥土壤，减少养分淋溶，提高养分、能量的利用率以及农业生产系统的生物多样性，改良农业景观，具有良好的环境保护功能。这对节约不可再生能源、保护自然资源与生物多样性，改善整个农区生态环境都起到了非常积极的作用。有机农业对生态环境的保护主要体现在以下几个方面：

（1）有机农业禁止人工合成的化肥和农药等化学物质的投入，尽量减少作物生产对外部物质的依赖，强调系统内部营养物质的循环；通过建立和恢复农业生态系统的良性循环，维持农业的可持续发展。将农业生产从常规方式转向有机方式，解决了化肥和农药由农田流入水体，对地表及地下水体造成污染的问题。

（2）现代农业土壤中的生物活性只及传统农业土壤的1/10。土壤有机物的耗竭，使其保水、保肥能力大大下降，这就加剧了水土流失和旱涝灾害。保护土壤是有机农业的核心，有机农业的所有生产方法都立足于土壤健康和肥力的保持与提高。在有机农业生产体系中，作物秸秆、畜禽粪肥、豆科作物、绿肥和有机废弃物是土壤肥力的主要来源。

（3）现代农业主要依靠化肥、农药的大量投入，这就使得生态系统原有的平衡被打破，而有机农业原则是充分发挥农业生态系统内的自然调节机制，采用适当的农艺措施，如作物轮作以及各种物理、生物和生态措施来控制杂草和病虫害，建立合理的作物生长体系和健康的生态环境，提高系统内的自然调节能力，这样有利于保护农村生态环境及生物多样性。

（4）从已通过认证的有机食品生产基地来看，农田生态环境普遍好转，各种有益生物种群明显增加，农业废弃物得到了充分利用。

所以，有机农业的发展将对农村环境污染控制、特殊生态区的生态保护与恢复以及资源的合理利用起到示范和促进作用。

2. 食用有机食品安全性高

大多数消费者相信有机食品相对于常规食品有更高的食用安全性。因为有机食品的生产和加工有严格完整的质量管理和追溯体系，必须严格遵循有机食品生产、采集、加工、包装、贮藏、运输标准，禁止使用化学合成的农兽药、化肥、激素、抗生素、食品添加剂等，禁止使用基因工程技术和基因工程产物及其衍生物。因此，有机食品通常不会有人工合成化学物和转基因成分的污染，从这方面看，有机食品确实应该是非常安全的。但是，关于有机食品安全性更高的结论也不是绝对的。对有机食品安全性的质疑主要来自两个方面，一是有机食品认证监管方面的漏洞导致部分有机食品事实上没有达到标准要求；二是除合成化学物和转基因成分外，重金属、微生物和生物毒素等其他污染物并不一定会得到更好的控制。

3. 有机食品营养和味道更好

部分有机食品消费者相信有机食品的营养和味道比常规食品好。有研究发现，有机蔬菜、水果和牛奶中抗氧化物质的含量比常规产品高出40%～80%，而科学家称抗氧化物质可以降低患癌症和心脏病的风险。同时有机蔬菜和水果中铁和锌等有益矿物质的含量更高。然而，关于有机食品更有营养的说法也遭到了很多专家和研究结果的质疑。如英国食品标准局委托伦敦卫生和热带医学院进行了160次独立试验，对比有机食品和传统食品在营养成分上的差异，但最后发现两者在维生素和矿物质这类对人类健康至关重要的营养素方面根本就没有什么不同。随后进行的

50 次试验则聚焦于有机食品对人体产生的影响上，但也没有找到充分证据说明它们有更高的营养价值。

关于有机食品味道更好的说法虽然得到了许多消费者的认同，但由于味道本身只是一个感官指标，很难有严格的科学实验支持。

4. 对自然的信仰

实际上，对于一些有机食品的忠实支持者，有机食品已经不仅仅是一种食品，还被当成了自己的信仰。他们中的很多人对于非自然的东西有天然的排斥性，认为所有自然之物，比如一朵花、一棵草都有自己独特的不可被改变的属性。有机食品正好符合这种信仰。

六、世界有机食品市场的发展

1. 世界有机食品市场概况

为促进有机产品的国际贸易，德国纽伦堡展览公司自 1990 年以来，于每年的 2 月在德国纽伦堡举办有机产品国际贸易展览会（BioFach）。参会的机构一年比一年多，参展的有机产品有上千种，其中绝大多数是有机食品。纽伦堡有机产品国际贸易展览会的持续成功举办，既有力地促进了世界有机食品产业的发展，也有效地提升了自身的国际影响力。近年，除每年仍在纽伦堡举办有机产品国际贸易展览会外，纽伦堡展览公司还和美国、日本、中国、印度等国合作，在这些国家也举办有机产品国际贸易展览会，其中与中国从 2007 年开始合作，已在上海连续举办了 4 届国际有机食品博览会（BioFach China）。

近 20 多年来，世界有机食品市场以年均 15%以上的增长率增长，到 2010 年世界有机食品销售额达到 590 亿美元左右。有机食品已经涵盖了多种多样的食品种类，其中果蔬、乳品、谷物和肉类占有 80%左右的份额（图 1-1）。

2. 欧洲有机食品市场的发展概况

欧洲国家的有机食品如奶制品、蔬菜、水果和肉类市场主要由国内供给，法国、西班牙、意大利、葡萄牙和荷兰都是有机食品的净出口国，而德国、英国和丹麦都有较大的贸易逆差，进口需求很大，阿根廷是欧洲有机食品的主要供应国。

有机食品的流通渠道因国家而有所不同，比利时、德国、希腊、法国、意大利、荷兰、西班牙等利用直销和自然食品的专卖店销售，而丹麦、芬兰、瑞典、英国、匈牙利等 60%的有机食品在超市和量贩店等流通销售。

在德国，由于有机食品产量较常规产品低，因而市场价格显著高于常规农产品。当地的有机食品生产已具有相当规模，因而有机食品市场的销售渠道日趋多元化。目前有机食品的销售渠道主要有以下四类。

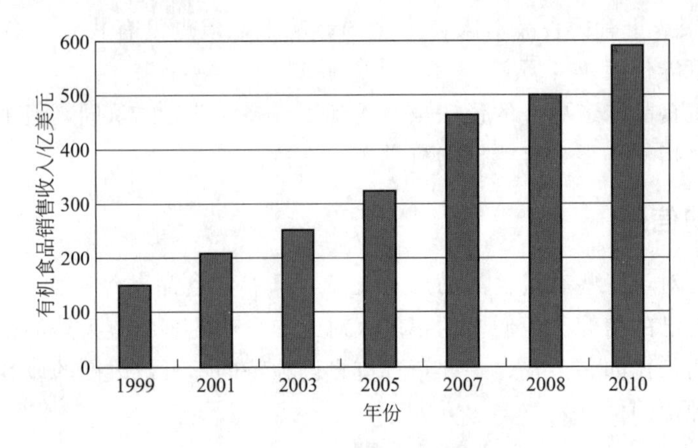

图 1-1 全球有机食品市场的发展

（1）农户直销　这种营销方式占有机食品市场份额的 1/4 左右，这种营销模式中没有中间商，减少了流通环节，效益较好。农户直销有三种方式：一是农场设立直销店；二是到专业市场承租柜台进行专柜直销；三是配送，根据订单送货上门。有一些地区还实行了网上订购和邮购。

（2）有机食品专卖店销售　这种方式约占有机食品市场份额的近 1/2。目前德国鲜销有机食品专卖店大约有 5000 多家。这种营销形式专业化程度高，主要依托大中型有机食品批发配送中心进行调剂，因而完全实现了全国有机食品的货畅其流。

（3）传统店设专柜或专区销售　这种方式约占有机食品市场份额的 1/4。

（4）连锁店销售　近几年，一些大型连锁食品店对投资有机食品营销产生了很大兴趣。有的开发了自己的有机食品商标，设专柜、专区进行有机食品销售。但这种营销方式所占份额还很少。

3. 美国有机食品市场的发展概况

美国是目前全球最大的有机食品销售市场，市场规模大，种类繁多，销售途径多种多样。其中，有机谷物、水果、蔬菜、坚果和香料市场已经具有一定规模，其他高附加值产品也在快速发展，如有机葡萄酒、糖浆、番茄酱、食用油、麦片、冷冻蔬菜和速冻食品等。

美国有机产品多数在国内销售，仅约 5%～7%销往国外。美国同时也是有机产品的主要进口国，约 25%～40%的有机蔬菜和水果来源于进口，其中有半数以上来自墨西哥，主要是美国不能生产的热带作物、反季节作物如新鲜水果和蔬菜，以及一些特色产品如少数民族产品等。2003 年，有机农产品的销售额达到 108 亿美元，占据了美国食品销售额的 1.9%，其中果蔬（未经加工和冷冻的）43 亿、动物产品（奶制品、肉、鱼和家禽）15 亿、加工产品（面包、谷物、饮料、零食、包装或半成品以及调味料）46 亿，人均消费额超过 35 美元。进入 21 世纪以来，有机食品销售额的增长率虽有所下降，但仍保持10%以上的年增长率。2005年的有机食品市场达到了138亿美元，其中44%在超市和量贩店销售，47%在天然食品店销售，其余部分在农场和生产者协会等销售或直接出口。2011年，美国有机食品销售额达到292亿美元，占美国全部食品销售额的4.2%。而随着有机食品市场规模的扩大，原先占主流的天然食品店交易比率降低，主要销售渠道向食品超市转移。而随着有机产品的自有品牌和售卖场的发展，消费者在选择产品和决定从哪里购买时有了更多的选择。

全食食品超市（whole foods market，WFM）是美国也是全世界最大的有机食品连锁超市，1980年创立于德克萨斯州，现在在全美、英国和加拿大已经拥有270多家连锁店。随着沃尔玛超级购物中心等折扣连锁店的崛起，市场竞争空前激烈，但全食食品超市仍能保持两位数的销售增长率。

4. 日本有机食品市场的发展概况

在日本的有机食品市场，其本国生产的主要是蔬菜和大米产品，2004年的零售额分别为115亿日元和92亿日元。国内生产的水果占有8亿日元的市场份额，进口水果大约为59亿日元，其中多数为进口香蕉。国内有机加工品中，纳豆是市场价值最高的产品，零售额为135亿日元，其次是零售额120亿日元的日本茶、107亿日元的豆腐和20亿日元的日本黄酱。加工品中的很大一部分市场份额为“其他”项所占，总量为19367t，包括魔芋、调味品、咖啡、红茶、坚果和意大利通心粉等。

日本有机食品的销售，主要有三种渠道：第一种是生产者与消费者之间直接交易；第二种是有机食品的商家送货上门的渠道，采用该方式的主要是经营健康食品的自然食品店，送货上门的主要是有机蔬菜，但目前仅限于单独店经营，尚未出现连锁型企业；第三种销售渠道是在超市等设立有机食品专柜，并以“健康和安心、安全”进行宣传。从有机食品发展的历史来看，第二种方式是作为有机食品销售渠道最好的方式。

日本政府一直极其重视食品安全问题，民众的消费安全意识也较强，因此日本的食品质量安全的社会透明度很高。在日本申请有机食品的认证，申请者首先要从国家认证机构登录，其后，登录认证机关从有机食品的生产农家和加工食品的制造业者接受认证申请，基于日本有机农产品标准（JAS）进行审查认证。下一步，认证机关对认证对象至少进行一年一次的检查。根据这个制度被认证的生产农户、制造业者基于生产、制造过程的记录，分等级食品贴上有机JAS标签，才可以在市场上流通。

一个国家的有机食品市场的消费量并不一定等于其生产量，多数发达国家由于受国土面积和气候条件的限制，或由于生产成本的原因，其所消费的有机食品中相当一部分是从发展中国家进口的，欧盟就从60多个发展中国家进口有机食品，英国每年从巴西、印度、中国、墨西哥等9个发展中国家进口的各种有机食品达12000多吨。而发展中国家则相反，其国内有机食品市场十分有限，产品主要供出口。发展中国家向发达国家出口的有机食品包括：咖啡、茶、蔬菜（速冻、保鲜、脱水）、大米、果汁、果酱、蜂蜜、香料、可可、巴西坚果、香蕉（鲜、干）、大蒜、腰果、木槿花、丁香、蔗糖、芝麻、姜黄、调味料、西番莲果、芒果（干、鲜）、菠萝汁、花生、苋属植物、小豆蔻、生姜、大豆、醋、葵花子和南瓜子等。阿根廷是发展中国家有机农业最为发达的国家，发展中国家向欧盟国家出口的有机食品中，阿根廷就占了70%左右。可见，其他发展中国家，特别是中国，在这方面还大有发展潜力。当然，由于世界贸易的发展，一个国家生产的有机产品不一定只在本国消费。发达国家间的有机产品贸易也相当活跃，如美国就向欧盟和日本出口大量有机产品。

七、我国有机食品市场的发展

1. 有机食品市场的孕育和发展

1999年之前，我国的有机产品主要是根据日本、欧盟和美国等发达国家的需求生产，其中95%以上出口到国外，国内的市场开拓很少。在2001年之前，我国认证的产品出口还是比较顺利的，没有遇到明显的障碍。但2001年以后，日本规定凡是进入日本市场的有机产品，必须由获得日本农林水产省注册批准的有机认证机构认证后，才能作为有机产品在日本市场上销售。美国也通过并实施了国家有机大纲（NOP），未通过NOP认证的产品一律不得进入美国有机产品市场。再加上国际上对食品加工行业获得“危害分析与关键控制点”（HACCP）认证的要求越来越严，中国有机产品的出口遇到了明显的“绿色壁垒”。这一方面影响了我国有机产品的出口，但从另一方面讲，也促进了我国有机事业的规范化和国际化。

随着我国人民生活水平的不断提高，在1999年还基本不存在的国内有机食品市场，到2000年就已开始启动，此后的几年中，国内有机食品市场的增长趋势明显。国内市场上销售的有机食品主要是新鲜蔬菜、茶叶、大米和水果等，基本上都是由国内有机认证机构认证的。在北京和上海的超市人们可以比较方便地买到认证的有机蔬菜，在北京的马连道茶叶一条街，有数十家商店都在销售经过认证的有机茶。

中国绿色食品发展中心与德国纽伦堡展览集团自2007年以来每年共同在上海主办一次中国国际有机食品博览会（BioFach China），现该博览会已成为亚洲最具影响力的有机产品贸易盛会。2010年的展会再创佳绩：共吸引了来自17个国家和地区的313家参展商参与此次盛会；观众数量达到了11526名，分别来自于52个国家和地区。

由于发达国家的有机食品已经发展到了一定阶段，因此在它们的有机食品市场上只有“有机”产品，而不存在“有机转换”产品。但是根据国际上公认的认证原则，所有有机农业基地都必须经历至少 12～36 个月的转换期。这样，通常情况下在申请认证后的 1～3 年内，农场生产的产品只能被称作“有机转换产品”，这样的产品在发达国家通常只作为常规产品销售。而在中国，由于有机农业尚处于发展初期，许多农场刚开始有机转换，不可能立即向市场提供完成了有机转换过程的“有机”产品。另一方面，消费者对安全食品又有着迫切的需求，他们愿意接受“有机转换产品”，尽管消费者所购买的产品是在有机转换地块中生产出来的，但至少这些产品在其整个生长过程（指一年生作物），或在其生长后期（指多年生作物）是不允许施用任何化学合成农药和化肥的，因此愿意接受比常规产品高一些的价格。这就是为什么在中国的有机食品市场上可以看到相当比例的“有机转换”食品的原因。

根据对北京、上海和南京等有机食品市场的调研，近年超市中销售的有机转换蔬菜和大米的价格是常规蔬菜的 1.4～3 倍，而且销售状况较好，这基本反映了中国有机食品发展初期，在经济发达的大中城市中有机食品的价格定位。当南方生产的有机大米与东北生产的有机大米放在同一个市场销售时，东北有机大米明显地显示出其在价格和品质上的优势。这是因为，在东北的特殊气候条件下生产的有机大米，口味通常要比南方的好，生产成本也会低一些。这个事实说明，各地应充分利用本地区的有利条件，发展自己的优势有机产品。

进入 21 世纪以来，我国的有机食品市场开始形成，并保持快速发展的态势。2005 年中国有机食品产值约 30 亿元人民币，其中出口 2.5 亿美元，国内市场销售额 8 亿元人民币，产品主要集中在粮食、蔬菜、水果、奶制品、畜禽产品、蜂蜜、茶叶、水产品、调料、中草药方面。到 2009 年，我国有机产品销售额达到 100 亿元人民币，超过日本成为全球第三大有机产品市场，但仍只有全球有机食品总销售额的约 1/35。

2. 有机产品市场的规范化

近年，在国内消费者对食品安全担忧的情绪持续发酵的背景下，有机食品获得了越来越多消费者的追捧，我国有机食品的市场容量快速增加，市场价格显著提高，部分有机食品生产商开始获得了高额利润，有机食品市场似乎正走上了繁荣之路。而事实上，我国国内的有机食品市场尚处于起步阶段，监管体系也尚不完善、消费者也尚不成熟，这可能会导致不合格或假冒的有机产品大量进入有机食品市场。例如，几乎所有购买在中国境内认证的有机食品的外商都会根据国际惯例要求出售方提供由有机认证机构出具的销售证（transaction certificate），因此，在中国有机认证产品的出口方面，基本不会存在假冒和超额销售的问题。而一些销售有机食品的国内超市或商家却还不了解需要由供应方提供销售证；国内消费者也很少有人知道市场上销售有机食品除了应出示其认证证书外，还应具备相应的销售证。

事实上，有机认证机构一般都会向获证者一再强调申请有机食品销售证和规范使用有机标志的重要性，但由于尚未建立起有效的监管体系，缺乏有效的协调和管理，前几年国内某些地方的有机食品市场存在着程度不同的混乱情况。因此，要想使国内的有机食品市场走上规范化和可持续的健康发展道路，必须对有机食品从认证、生产到流通的全过程进行有效的监管。面对有机食品产业的乱象，自2011年以来，我国的有机食品监管部门已经和正在采取一系列加强监管的措施。

2012年4月，国家质检总局、工商总局和国家认监委联合就进一步加强有机产品监管工作发出通知，要求：

（1）各级质检部门应当依法加强对有机产品获证企业的监管。对监管中发现生产、加工过程或者认证标志、认证证书使用不符合有机产品认证要求的获证企业，应当及时通知发证机构暂停或者撤销认证证书。发证机构无正当理由，拒不暂停或者撤销认证证书的，应当严格按照《认证认可条例》的相关规定查处。

（2）各级质检部门应当进一步加强对流通领域有机产品认证证书、认证标志使用行为的监督。对于不符合相关规定的销售者，应当责令整改；对生产企业超期、超范围或者伪造、冒用认证标志、认证证书的行为，应当严格按照《产品质量法》、《认证认可条例》等法律法规规定查处。

（3）各级质检部门应当依法严厉打击非法和违规认证、认证咨询活动，进一步净化认证市场。同时，加强对销售者宣传《有机产品》国家标准，督促销售者严格按照《有机产品》国家标准的要求采购、储运、销售有机产品，严禁在认证证书标明的生产、加工场所外对有机产品进行二次分装、分割或者自行加施有机产品认证标志等行为。

（4）各级工商部门对销售者伪造或者冒用有机产品认证标志，进行虚假宣传等违法行为，应当严格按照《产品质量法》、《广告法》、《反不正当竞争法》等法律法规规定查处。

（5）消费者发现违法违规行为的，可通过12365举报电话、12315消费者申诉举报网络分别向质检、工商部门举报。各级质检、工商部门应当加强协调与配合，强化信息交流与合作，及时受理和依法处理消费者相关举报，切实维护消费者合法权益。

市场问题对有机事业的发展来说是最为关键的问题之一，只有有机产品在市场上体现了其真正价值，才能从根本上调动起从事有机事业的生产者、加工者和贸易者的积极性，只有规范了有机产品的市场，才能防止假冒伪劣产品的出现和泛滥，也才能使消费者信任有机产品，离不开有机产品。如果有机产品长期不能体现其真正的价值，如果有机产品的市场得不到消费者的信任，则有机事业不但不会发展，反而会逐步萎缩，直至消失。

在有机产品产生的利益分配方面，目前需要十分关注的是如何充分落实有机产品的直接生产者——农民的利益，相当一部分贸易商在处理与生产有机产品的农民的关系时有意或无意地忽视了这一点，从而极大地影响了农民从事有机生产的积极性。而事实上，只有生产者与贸易者“双赢”，才能持久，才能稳定，也才能有美好的前景。

八、有机农业的效益分析

（一）有机农业生产成本组成

有机农业投入的成本与常规农业相比，既有相似的部分，也有区别。有些方面的成本会增加，有些方面的成本则会降低。当然，由于不同的产品类别、不同的资源禀赋，不同国家或地区的有机农业成本会有变化。一般来讲，有机农业投入的成本主要分成如下几方面：

（1）投入品成本　包括肥料、农药、种子等投入。与常规农业相比，有机农业在种子等投入方面的成本基本不变，发生变化较大的是肥料和农药等成本。由于有机农业禁止使用化学肥料，只能使用有机肥料，会使肥料的成本增加。而农药的使用也被限制，所以农药的成本一般会降低。当然，农药成本的降低是以其他成本的升高为前提的，例如为了控制虫害，往往会加大劳动及其他要素的投入。

（2）劳动力成本　一般认为，有机农业比常规农业的劳动密集程度更高，单位耕地需要投入更多的劳动力。因此，一些发展中国家将有机农业的发展看做是增加农村就业机会的一个途径。在我国皖、赣、苏、鲁、沪等省（市）的8个有机农业生产基地进行的调查表明，在选取的12个样本单位中，有4个样本单位表示有机种植用工比常规种植用工“多得多”，占调查样本单位数的33.3%；有7个样本单位表示有机种植用工比常规种植用工“稍多些”，占58.4%；只有1个样本单位表示有机种植用工与常规种植用工“差不多”，占8.3%。

（3）认证成本　由于有机农产品与常规农产品外观不易辨别，消费者与生产者存在着严重的信息不对称。为获取消费者的认可，需要由认证机构对有机农产品进行认证。因此而增加的支出，是常规农业所没有的成本。一般来讲，在认证初期，认证成本较高。

（4）其他成本　既包括与常规农业基本相同的土地、税金、灌溉等成本，也包括有机农业新增的转换期间成本以及为建立缓冲带所带来的成本等。

总体来说，有机生产与常规生产相比，成本会显著增加，单位面积的成本一般会增加到常规生产成本的1.3～1.6倍。

（二）有机农业生产的收益

一般认为，从常规生产转向有机生产，尤其处在转换期间，产量会下降，但下降的程度并不相同。总体来说，现代化程度较高的农地在转向有机生产时（尤其是转换期）产量下降幅度较大。例如发达国家与发展中国家（尤其是没有经过大规模农业工业化的国家或地区）相比，从常规生产转向有机生产时产量下降的幅度会大一些，但发达国家往往可以采用较为先进的生产技术来弥补这一劣势。

有机产品的产量和价格是决定有机农业生产者能否获得更高利润的决定因素。先进的生产技术一方面可以使生产者获得更高的产量，另一方面可以提升产品的品质，从而提高产品的价格。有机生产者能否获得较高的价格溢价，生产技术先进与否或者说生产效率高低是一个决定性因素。

另外，由于有机转换会带来一定的生态效益，绝大多数国家都会对有机农业提供一定的补贴，以鼓励实施有机转换，这部分补贴会部分地抵消有机农业生产成本的提高。

（三）有机与常规生产效益比较

现从西班牙巴伦西亚地区25个有机柑橘生产果园和3500个常规柑橘生产果园的生产经营情况的比较分析来进一步说明有机食品产业效益。巴伦西亚地区的有机栽培柑橘园，除增加了认证费用之外，生产的人工费和肥料费也显著增加，而农药费用则显著降低，灌溉水费用也有所下降，每公顷有机柑橘的总生产成本要高于常规柑橘35%左右（表1-2）。在向有机生产方式转换的最初几年，柑橘产量会有明

表1-2 柑橘常规和有机栽培方式的一般成本（€/hm^2）①

柑橘类型	栽培方式	植后年数	灌溉用水	肥料	农药	其他投入	人工费和机械租金	更植橘树和设备维修	税金和保险费	认证费用	总付出
橙类	常规	1	95.2	191.1	115.1	33.1	735.6	36.1	240.4	—	1446.4
		2	201.1	221.6	115.1	36.1	786.3	48.1	240.4	—	1648.7
		3	380.6	280.9	504.5	39.1	846.2	60.1	240.4	—	2351.9
		4	666.2	368.2	664.6	42.1	912.6	60.1	240.4	—	2954.2
		5	857.0	421.1	664.6	45.1	975.7	60.1	240.4	—	3263.9
		6～25	961.5	449.8	813.9	48.1	1038.4	60.1	240.4	—	3612.2
	有机②	10	911.1	991.6	77.4	48.1	2604.6	60.1	240.4	96.2	5029.4
		11～25	911.1	991.6	77.4	48.1	2604.6	60.1	240.4	6.0	4939.3
宽皮柑橘	常规	1	95.2	191.1	137.3	37.3	845.9	36.1	256.0	—	1598.8
		2	201.1	221.6	145.0	39.1	934.3	49.3	256.0	—	1846.4
		3	380.6	280.9	635.7	43.3	973.2	62.5	256.0	—	2632.3
		4	666.2	368.2	837.4	44.5	1049.5	62.5	256.0	—	3284.3
		5	857.0	421.1	837.4	46.9	1122.0	62.5	256.0	—	3602.9
		6～25	961.5	449.8	1098.8	48.1	1225.3	62.5	256.0	—	4102.1
	有机②	10	911.1	991.6	104.5	48.1	3073.5	62.5	256.0	96.2	5543.4
		11～25	911.1	991.6	104.5	48.1	3073.5	62.5	256.0	6.0	5453.2

① 本表所列成本中未包括固定资产成本、利息、初始投资成本、额外收付等。额外收付主要包括灌溉设备更新投资（每10年1次，每公顷投资3605.8€）、灌溉设备报废残值（10%，360.6€）、投资期结束时的设备残值以及补助金收入（此处未予计算）。

② 有机转换前的第1～9年成本同常规方式。

显的下降，一般为常规生产的80%左右，但三四年后产量会有一定恢复，一般可回升到常规产量的90%左右。在向有机生产方式转换的最初两年，柑橘果实仍以常规柑橘销售，收益大约会较常规生产方式下降20%左右，第三、四年开始以有机柑橘销售，如售价以较常规高29%～33%计算，则收益较常规增加4%～7%，以后年份由于产量恢复，收益的增加比例会进一步提高，达到16%～19%左右（表1-3）。有机柑橘的价格是变化较大的一个因素，一般较常规提高2～5成，在有机柑橘价格高于常规20%以下时，柑橘有机生产方式的收益低于常规，在有机柑橘价格高于常规30%以上时，柑橘有机生产方式的收益高于常规（表1-4）。在上述分析中未考虑由欧盟共同基金和本国政府提供的补助金收入，在巴伦西亚地区，这项收入的最高限额为每年每公顷60000比塞塔（约合360€[1]），而欧盟规定的有机柑橘补助金的最高限额为1000€/hm^2。

表1-3　常规和有机栽培柑橘的一般收益

植后年数	橙类						宽皮柑橘					
	产量/(kg/hm^2)		价格/(€/kg)		收益/(€/hm^2)		产量/(kg/hm^2)		价格/(€/kg)		收益/(€/hm^2)	
	常规	有机	常规	有机	常规	有机	常规	有机	常规	有机	常规	有机
1～3	0	0			0	0	0	0			0	0
4	10000	10000	0.2103	0.2103	2103	2103	14000	14000	0.3786	0.3786	5300	5300
5	20000	20000	0.2103	0.2103	4207	4207	22000	22000	0.3768	0.3768	8329	8329
6～9	36000	36000	0.2103	0.2103	7572	7572	28000	28000	0.3786	0.3786	10601	10601
10～11	36000	29000	0.2103	0.2103	7572	6100	28000	22500	0.3786	0.3786	10601	8519
12～13	36000	29000	0.2103	0.2704	7572	7843	28000	22500	0.3786	0.5048	10601	11358
14～25	36000	32500	0.2103	0.2704	7572	8789	28000	25000	0.3786	0.5048	10601	12620

表1-4　在各种市场假设下柑橘常规和有机栽培的收益率比较

市场假设		内部收益率/%			
市场对有机产品的偏爱程度	有机产品价格高于常规/%	橙类		宽皮柑橘	
		有机	常规	有机	常规
非常强偏爱	40	15.29	12.40	20.80	17.00
强偏爱	30	12.87	12.40	18.51	17.00
偏爱	20	10.14	12.40	15.94	17.00
稍微偏爱	10	6.70	12.40	13.04	17.00
无偏爱	0	负值	12.40	9.66	17.00

（四）生产效率对有机生产收益的影响

现以中美洲哥斯达黎加、危地马拉、洪都拉斯、萨尔瓦多四国有机咖啡的生产

[1] 1€=7.8064元（人民币）。

与销售情况来说明生产效率对有机生产者收益的影响。哥斯达黎加的生产技术在该地区是比较先进的，因此，即使其总生产成本达到了 5000 $/hm^2$，超过了中美洲其他三国，但是单位产品平均成本并不高。更重要的是，由于哥斯达黎加的产量水平远高于其他三国，并且咖啡的品质较高，咖啡能够以较高的价格售出，所以哥斯达黎加应对国际咖啡价格暴跌危机的能力要强一些。这种情形在有机生产中同样如此，在有机咖啡的生产中，哥斯达黎加和危地马拉因为生产技术比较先进，即使其在成本上（无论是总成本还是平均成本）与其他两国相比没有优势，但可以以较高的产量和品质获取相对丰厚的价格溢价，从而从有机生产中获利。洪都拉斯和萨尔瓦多的咖啡生产从常规农业转向有机农业生产之后，因其生产技术落后，生产效率低下，生产者的收入反而降低（表 1-5）。

表 1-5 中美洲四国有机咖啡生产的经济影响

项目	哥斯达黎加		危地马拉		洪都拉斯		萨尔瓦多	
	常规	有机	常规	有机	常规	有机	常规	有机
产量/(kg/hm²)	3500	2000	2000	2000	1430	1400	1440	1400
总成本/($/h)	2001	2687	1466	2157	879	1474	825	1443
平均成本/($/lb)①	0.56	1.23	0.65	1.00	0.56	0.95	0.51	0.91
农场价格/($/lb)	0.50	1.23	0.48	0.91	0.42	0.62	0.26	0.56
盈亏/($/lb)	−0.06	0	−0.17	−0.09	−0.14	−0.33	−0.25	−0.35

① 1lb=0.45359kg。

第二部分 有机农产品生产共性关键技术

一、有机基地的选择和规划管理

1. 有机基地的选择和环境质量要求

有机农业是一种农业生产模式，原则上所有符合当地常规农业生产环境质量要求的土地（或水域）都可以进行有机农业转化，建立有机食品生产基地，只要能够对污染源进行有效的控制，避免继续受到污染。有机农业通过生产管理方式的转换来恢复农业生态系统的活力，而非强求首先要有非常清洁的生产环境。在我国，有机生产基地的环境质量要求就是国家对常规农业生产的相关标准要求，在选择基地时，土壤质量达到《土壤环境质量标准》GB 15618—1995 中的二级标准值（表 2-1），农田灌溉水只要达到《农田灌溉水质标准》GB 5084—2005 中相应种植类型的水质标准（表 2-2、表 2-3），空气质量达到 GB 3095—2012《环境空气质量标准》中规定空气环境质量二级标准值（表 2-4）即可。此外，还需要适当考虑基地周围的环境问题，主要是：

（1）周围应没有明显的和潜在的污染源，尤其是没有化工企业、水泥厂、石灰厂、垃圾场、拆解场等；

（2）基地周围有较丰富的有机肥源；

（3）周围土壤的背景状况较好，没有严重的化肥、农药、重金属污染的历史；

（4）地块离交通要道要有一定的距离，要设立明显的缓冲隔离带。

表 2-1　GB 15618—1995《土壤环境质量标准》中规定的土壤环境质量二级标准值

项　目	土壤环境质量二级标准值/(mg/kg)		
	pH＜6.5	pH 6.5～7.5	pH＞7.5
镉　≤	0.30	0.60	1.0
汞　≤	0.30	0.50	1.0
砷　≤	40	30	25
铜　≤	50	100	100
铅　≤	250	300	350
铬　≤	150	200	250
锌　≤	200	250	300
镍　≤	40	50	60
六六六　≤	0.50		
滴滴涕　≤	0.50		

注：1. 重金属（铬主要是三价）和砷均按元素量计，适用于阳离子交换量＞5cmol(＋)/kg 的土壤，若≤5cmol(＋)/kg，其标准值为表内数值的半数。

2. 六六六为四种异构体总量，滴滴涕为四种衍生物总量。

表 2-2 农田灌溉用水水质基本控制项目标准值

序号	项目类别		作物种类		
			水作	旱作	蔬菜
1	五日生化需氧量/(mg/L)	≤	60	100	40①,15②
2	化学需氧量/(mg/L)	≤	150	200	100①,60②
3	悬浮物/(mg/L)	≤	80	100	60①,15②
4	阴离子表面活性剂/(mg/L)	≤	5	8	5
5	水温/℃	≤	35		
6	pH		5.5～8.5		
7	全盐量/(mg/L)	≤	1000③(非盐碱土地区),2000③(盐碱土地区)		
8	氯化物/(mg/L)	≤	350		
9	硫化物/(mg/L)	≤	1		
10	总汞/(mg/L)	≤	0.001		
11	镉/(mg/L)	≤	0.01		
12	总砷/(mg/L)	≤	0.05	0.1	0.05
13	铬(六价)/(mg/L)	≤	0.1		
14	铅/(mg/L)	≤	0.2		
15	粪大肠菌群数/(个/100mL)	≤	4000	4000	2000①,1000②
16	蛔虫卵数/(个/L)	≤	2		2①,1②

① 加工、烹调及去皮蔬菜。

② 生食类蔬菜、瓜类和草本水果。

③ 具有一定的水利灌排设施，能保证一定的排水和地下水径流条件的地区，或有一定淡水资源能满足冲洗土体中盐分的地区，农田灌溉水质全盐量指标可以适当放宽。

表 2-3 农田灌溉用水水质选择性控制项目标准值

序号	项目类别		作物种类		
			水作	旱作	蔬菜
1	铜/(mg/L)	≤	0.5	1	
2	锌/(mg/L)	≤	2		
3	硒/(mg/L)	≤	0.02		
4	氟化物/(mg/L)	≤	2(一般地区),3(高氟区)		
5	氰化物/(mg/L)	≤	0.5		
6	石油类/(mg/L)	≤	5	10	1
7	挥发酚/(mg/L)	≤	1		
8	苯/(mg/L)	≤	2.5		
9	三氯乙醛/(mg/L)	≤	1	0.5	0.5
10	丙烯醛/(mg/L)	≤	0.5		
11	硼/(mg/L)	≤	1①,2②,3③		

① 对硼敏感作物，如黄瓜、豆类、马铃薯、笋瓜、韭菜、洋葱、柑橘等。

② 对硼耐受性较强的作物，如小麦、玉米、青椒、小白菜、葱等。

③ 对硼耐受性强的作物，如水稻、萝卜、油菜、甘蓝等。

表 2-4　GB 3095—2012《环境空气质量标准》中规定空气环境质量二级标准值

污染物	浓度限值(标准状态下)/(μg/m³)				
	年平均	季平均	日平均	日最大 8h 平均	1h 平均
二氧化硫(SO_2)	60		150		500
二氧化氮(NO_2)	40		80		200
一氧化碳(CO)			4000		10000
臭氧(O_3)				160	200
颗粒物(粒径≤10μm)	70		150		
颗粒物(粒径≤2.5μm)	35		75		
总悬浮颗粒物	200		300		
氮氧化物	50		100		250
铅	0.5	1			
苯并[a]芘	0.001		0.0025		

2. 有机基地的规划管理

对选择好的拟进行有机转换的基地，要先对基地的基本情况进行调查，了解当地的农业生产、气候条件、资源状况以及社会经济条件，建立多层利用、多种种植、种养结合、循环再生的模式，在具体细节上要按有机农业的原理和有机食品生产标准的要求制定一些有关生产技术和生产管理的计划，如作物轮作、土壤培肥、病虫草害防治措施以及基地的运作形式等。通过制定规划明确有机生产的目标、发展的规模与速度，保障有机生产的成功进行。有机基地的规划管理首先应做好以下几方面的工作：

（1）制定有机生产计划　按照基地及其周围的环境条件和市场对有机食品的需求制定有机生产计划，并对生产技术进行指导与咨询，监督生产计划的实施。

（2）建立质量管理体系　按照有机生产质量管理体系的要求，结合该有机基地的具体情况建立有针对性的有机基地质量控制体系，保证基地完全按照有机农业标准进行生产；设专人管理有机食品基地，并对有机食品生产基地的全过程建立严格的文档记录；选拔技术骨干充当内部检查员，从而保证有机生产顺利进行。

（3）人员培训　对基地的管理人员和直接从事有机食品生产的人员进行培训，让其了解和掌握有机农业的管理、技术与方法及有机食品的生产标准，以便按照有机生产的要求进行操作。培训的内容可包括：有机农业、有机食品的概念；有机农业的起源与发展；有机农业的基本原理；有机农业的生产技术；有机食品的生产、加工标准；有机食品的国内外发展状况；有机食品的检查和认证；以及如何填写有机食品生产基地的文档记录等。

3. 主要轮作模式

（1）超常规带状间套轮作　不同于常规的小面积和少数作物的分带间套轮作，它要求在大片农田内，所有可互惠互利的农作物，包括粮食作物、经济作物、饲料作物、蔬菜类、药用植物、果树、经济林木等，均以条带状相间种植，间套轮作的作物可以是十几种到几十种。超常规带状间套轮作的带幅较窄，其中乔木、灌木和多年生草本作物均宜以单行种植为主，一年生和二年生作物可适当多行种植，同类作物带的间距要大，其中作物愈是多年生，间距要愈大，植株愈高大，间距也要愈大。同科属作物或相克的作物不能直接相邻间套轮作，要尽可能保证农田内一年四季有开花作物，并适当增加豆科作物的间套轮作，以培养地力。

(2) 水旱轮作模式　在5～9月轮作一季中晚稻，9月至次年5月可种各种蔬菜，草莓等草本水果，紫云英、苜蓿等绿肥及麦类作物等。

(3) 苏北地区四年蔬菜精细轮作模式

第一年：春马铃薯或大蒜头→大豆、花生、玉米、豇豆；

第二年：耐寒白菜、菠菜、叶用甜菜、豌豆、荠菜→山芋、蕹菜、豆薯→洋葱；

第三年：南瓜、冬瓜→青蒜、秋马铃薯、秋冬莴笋→翻耕冻垡或豌豆、苜蓿等绿肥；

第四年：西瓜、辣椒→秋四季豆、秋辣椒、青蒜。

(4) 山东蔬菜轮作模式

① 菠菜→生菜→青花菜→胡萝卜→菠菜→豇豆→生菜；

② 菠菜→生菜→青花菜→马铃薯→菠菜→茄子；

③ 圆葱→生菜→豇豆→菠菜→生菜→青花菜→大葱；

④ 荷兰豆→菠菜→大葱→青花菜→生菜→马铃薯；

⑤ 荷兰豆→菠菜→大葱→青花菜→生菜→胡萝卜；

⑥ 莲藕→芹菜→菠菜→甘蓝（莲藕为保护地栽培的旱地节水池藕，6月中旬收完）。

(5) 南方红壤旱地轮作模式

① 三年轮作模式：红薯→萝卜→大豆→芝麻→萝卜→花生→萝卜；

② 二年轮作模式：大豆→芝麻→萝卜→花生→萝卜。

二、水土保持和生物多样性保护

有机生产应采取积极的、切实可行的措施，防止水土流失、土壤沙化、土壤盐碱化、过量或不合理使用水资源等，在土壤和水资源的利用上，应充分考虑资源的可持续利用。应重视生态环境和生物多样性的保护，特别是天敌及其栖息地的保护。

(一) 防止水土流失

通常按照坡耕地的坡度采用不同的防止水土流失措施，15°以上坡耕地采取退耕还林措施，8°～15°坡耕地修水平梯田，5°～8°坡耕地中设地埂植物带，5°以下坡耕地顺坡垄作改横坡垄作。现将防止水土流失的主要技术措施分述如下：

（1）横坡耕作　也称等高耕作，是防治坡耕地水土流失最常用的耕作措施。在横坡耕作方式下，微地形特性的改变实现了对侵蚀力减弱的作用，使地表径流分散，避免迅速沿坡汇集，减少了径流对坡耕地土壤的冲刷。

（2）等高植物篱　即采用多年生草本、灌木或乔木按一定间距等高种植，在其间横坡种植农作物，实现保护坡地土地资源、提高土地生产力的目的。由于植物篱能拦截土壤和地表径流，控制水土流失，加上篱本身的经济价值，提高了坡地土壤肥力和土地生产力，实现了坡地的可持续利用。

（3）南洋樱植物地埂围篱　在热带地区易受水土流失危害和土壤退化严重的旱坡地，可采用南洋樱植物地埂围篱来控制水土流失。具体做法是：①种子育苗　在3～4月份将已精选过的种子在室温下用清水浸泡12h，浸泡时在水中加入熟石灰进行消毒灭菌，其熟石灰重量为清水重量的5%左右；或先用95%的浓硫酸30mL处理1kg南洋樱种子2min，待用浓硫酸处理完后，将种子冲洗净，再用清水浸泡12h；浸泡后浅播于苗床，并用稻草覆盖，出苗前期保持苗床土壤含水量在25%～30%。②扦插育苗　于每年1～2月在南洋樱植株上选健壮枝条从基部剪下，把主、侧枝剪成30～50cm长的插穗，当日扦插完毕，基部插入土中15～20cm，扦插后用地膜覆盖。③栽植　将准备好的南洋樱苗，在雨季开始时，按30cm×40cm～40cm×50cm株行距，并以品字形排列在旱坡地地埂上栽植2～3行，定植后需浇少量定根水，待成活后，全靠雨养，不再进行水分管理；当南洋樱生长超过1.5m时，将其离地（50±5)cm进行刈割。④管理　种植一年后，开始修剪离地（50±5)cm以上的枝条；一年至少修剪3次，分别在播种夏季作物以前的3月、在播种雨季作物以前的6月、在播种秋季作物以前的9月进行修剪。

（4）南洋樱等植物作为绿肥利用　将南洋樱叶片从茎上分离，然后将带叶柄的叶均匀地撒在地面或施在沟里，随后翻耕入土壤，入土10～20cm深，沙质土可深些，黏质土可浅些；每亩施用1000～1500kg鲜叶。

（5）坡地改为梯田　坡耕地修水平梯田是我国一种传统的水土保持措施，水土保持效果极为显著。梯田的种类很多，但其发挥的作用都大致相同，主要通过以下几个方面减少水土流失：①延长径流在坡面上的滞留时间，增加下渗，减少径流量。②坡改梯后，坡面坡度变缓，流量过程较原坡显著平坦化，坡面水流速度降低，径流冲刷力减小，水流挟沙能力也显著降低；同时，坡长减小，避免大径流的聚集。③梯埂的拦阻使填洼水量增加，减少了径流量。

（二）预防土壤盐碱化

盐碱地是盐类集积的一个种类，是指土壤中所含的盐分影响到了作物的正常生长。预防土壤盐碱化的主要措施有：

（1）以防为主、防治结合　土壤正在次生盐碱化的灌区，要全力预防。已经次生盐碱化的灌区，在当前着重治理的过程中，防、治措施同时采用，才能收到事半功倍的效果；得到治理以后应坚持以防为主，已经取得的改良效果才能巩固、提高。开荒地区，在着手治理时就应该立足于防止垦后发生土壤次生盐碱化，这样才能不走弯路。

（2）水利先行、综合治理　土壤盐碱化的基本矛盾是土壤积盐与脱盐的矛盾，而土壤盐化的基本矛盾则是钠离子在土壤胶体表面上的吸附和释放的矛盾。上述两类矛盾的主要原因都在于含有盐分的水溶液在土体中的运动。水是土壤积盐或碱化的媒介，也是土壤脱盐或脱碱的动力。没有大气降水、田间灌水的上下移动，盐分就不会向上积累或向下淋洗；没有含钠盐水在土壤中的上下运动，就不会有代换性钠在胶体表面吸附而使土壤盐化。土壤水的运动和平衡是受地面水、地下水和土壤水分蒸发所支配的，因而防止土壤盐碱化必须水利先行，通过水利改良措施达到控制地面水和地下水，使土壤中的下行水流大于上行水流，导致土壤脱盐，并为采用其他改良措施开辟道路。盐碱地治理不仅要消除盐碱本身的危害，同时必须兼顾与盐碱有关的其他不利因素或自然灾害，把改良盐碱与改变区域自然面貌和生产条件结合起来。防治土壤盐碱化的措施很多，概括起来可分为：水利改良措施、农业改良措施、生物改良措施和化学改良措施等方面，每一个单项或单方面措施的作用和应用都有一定的局限性。总之，从脱盐—培肥—高产这样的盐碱地治理过程看，只有实行农、林、水综合措施，并把改土与治理其他自然灾害密切结合起来，才能彻底改变盐碱地的面貌。

（3）统一规划、因地制宜　土壤水的运动是受地表水和地下水支配的。要解决好灌区水的问题，必须从流域着手，从建立有利的区域水盐平衡着眼，对水土资源进行统一规划、综合平衡，合理安排地表水和地下水的开发利用。建立流域完整的排水、排盐系统，对上、中、下游作出统筹安排，分期、分区治理。

（4）用改结合、脱盐培肥　盐碱地治理包括利用和改良两个方面，二者必须紧密结合。首先要把盐碱地作为自然资源加以利用，根据发展多种经营的需要，因地制宜、多途径地利用盐碱地。除用于发展作物种植外，还可以发展饲草、燃料、木材和野生经济作物。争取做到先利用后改良，在利用中改良，通过改良实现充分有效的利用。盐碱地治理的最终目的是为了获得高产稳产，把盐碱地变成良田。为此必须从两个方面入手，一是脱盐去碱，二是培肥土壤。不脱盐去碱，就不能有效地培肥土壤和发挥土地的潜在肥力，也就不能保产；不培肥土壤，土壤理化性质不能进一步改善，脱盐效果不能巩固，也不能高产。

（三）生物多样性保护

生物多样性包括生物的遗传多样性（又叫基因多样性）、物种多样性和生态系统多样性。

从事有机农业生产可避免农药和化肥等农用化学物质对环境的污染，减少基因技术对人类的潜在威胁。在生态敏感和脆弱区发展有机农业还可以加快这些地区的生态治理和恢复，特别是有利于防治水土流失和保护生物多样性。实践证明，在常规农业生产地区开展有机农业转换，可以使农业环境污染得到有效控制，天敌数量和生物多样也能迅速增加，农业生产环境可以得到有效地恢复和改善。在这一点上，许多研究成果都很好地证实了有机农业对生物多样性保护的重要性。英国一家鸟类保护组织，发现有机农场中鸟群的数量和种类均较常规农场要高出 2 倍以上。牛津大学的一项研究表明，有机农场中益虫蝴蝶的数量相当于非有机农场的 2 倍。瑞士的研究发现，有机农场土壤中的生物群系有明显的增加。内蒙古环境科学研究院在内蒙古磴口县就常规农业和有机农业对生物多样性的影响进行了比较试验和分析，结果表明，发展有机农业能够促进生物多样性保护，如有益昆虫和鸟类等生物的数量增加（其中七星瓢虫最为明显），蚜虫的虫口密度降低。相关的研究报告充分说明，有机农业能够协调当地生物多样性，保护和实现农业可持续发展。2010 年 7 月，《自然》杂志刊登题为"有机农业促进物种均匀度和虫害自然控制"（organic agriculture promotes evenness and natural pest control）的研究论文指出：有机农业能有效促进天敌种类均匀度（衡量生物多样性的重要指标）的增加，对控制虫害有重要意义。

有机农业生产要求人们在开展农事活动的同时，要重新认识和处理人与自然的关系，重新定义杂草和害虫，在田间管理中强化生态平衡，注重物种多样性的保护。有机农业生产是通过不减少基因和物种多样性，不毁坏重要的生境和生态系统的方式，来保护利用生物资源，实现农业的可持续发展。在农业生态系统中，一些所谓的有害生物如杂草也非有百害而无一利，若将其数量控制在一定范围内，对于促进农田养分循环、改善农田小气候等有着重要的作用。此外，在农业生产中，如果能采取合理的措施（如作物合理的间、套、轮作种植方式，减少耕作和采用适合的机械，有选择地使用农药和适度放牧，合理引种等），建立有机农业或生态农业生产体系，将能在发展农业生产的同时，有效避免或减少农业活动对生物多样性的影响。

前述有利于生物多样性保护的农业生产方式与有机农业生产方式是一致的，发展有机农业生产本身就是保护生物多样性。

三、废弃物处理与土壤培肥技术

1. 废弃物处理

有机作物生产中主要的废弃物种类有植物残体、杂草、秸秆以及建筑覆盖物、塑料薄膜、防虫网、包装材料等农业投入品。有机生产基地应建立相对固定规模的处理场地，在污染控制方面，有机地块与常规地块应有有效的隔离区间，其排灌系统也应有有效的隔离措施，以保证常规农田的污染物等不会随水流渗透或漫入有机地块，常规农业系统中的设备在用于有机生产前，应充分清洗，去除污染物残留，以防交叉污染。用秸秆覆盖或间作的方法避免土壤裸露，重视生态环境的生物多样性，不能降解的薄膜等废弃物则集中收集带到基地以外集中处置。

有机作物生产基地的杂草主要以清除、直接覆盖、就地还田为主。有机生产的植物残体可能会带有病虫的卵或孢子等活体，应以集中在固定场所堆制发酵腐熟再还田，秸秆量相对较大的，可以结合粉碎与其他农业废弃物如当地畜禽养殖废弃物等进行共同堆肥化处理，腐熟后还田作为基肥，也可部分集中沤制草泥灰（或草木灰），作为钾肥的补充做基肥或追肥施用。

2. 有机作物生产中的土壤培肥原则

有机作物生产应通过适当的耕作与栽培措施维持和提高土壤肥力，包括：回收、再生和补充土壤有机质和养分来补充因作物收获而从土壤带走的有机质和土壤养分。特别应利用豆科作物、免耕或土地休闲进行土壤肥力的恢复。

上述措施无法满足作物营养需求时，可采取以下措施：施用足够数量的有机肥以维持和提高土壤的肥力和土壤生物活性，但每季作物生长期内施用的来自于动物粪便折合的纯氮不能超过 $170kg/hm^2$。施用的有机肥应主要源于本农场或有机农场（或畜场）；遇特殊情况（如采用集约耕作方式）或处于有机转换期或证实有特殊的养分需求时，经认证机构许可可以购入一部分农场外的肥料。外购商品有机肥须在施用前经认证机构批准。

有机作物生产中肥料的使用还应注意：①限制使用人粪尿，必须使用时，应当按照相关要求进行充分腐熟和无害化处理，并不得与作物食用部分接触。禁止在叶菜类、块茎类和块根类作物上施用。②施用溶解性小的天然矿物肥料和生物肥料，但是此类肥料不得作为系统中营养循环的替代物，矿物肥料只能作为长效肥料并保持其天然组分，禁止采用化学处理提高其溶解性，不能使用矿物氮肥。③为使堆肥充分腐熟，允许在堆制过程中添加来自于自然界的微生物，但禁止使用转基因生物及其产品。④在有理由怀疑肥料存在污染时，应在施用前对其重金属含量或其他污染因子进行检测。应严格控制矿物肥料的使用，以防止土壤重金属累积。⑤禁止使用化学合成肥料和城市污水污泥。

3. 有机作物生产中使用的主要肥料介绍

（1）堆肥和沤肥类　堆肥是利用作物秸秆、树叶、杂草、绿肥、人畜粪尿和适量的石灰、草木灰等物进行堆制，经发酵腐熟而成的肥料，这类肥料经高温（65℃以上）堆制后大肠杆菌及一些无芽孢的病原菌基本上被杀灭。沤肥是另外一种发酵形式，是利用秸秆、杂草、牲畜粪便、肥泥等就地混合，在田边地角或专门的池内沤制而成的肥料，其沤制的材料与堆肥相似，沤肥在嫌气条件下常温发酵腐解制备而成。

(2) 沼气肥　沼气肥是有机废弃物在沼气池的密闭和厌气条件下发酵制取沼气后的残留物，是一种优质的有机肥料，分为沼液肥和沼渣肥。出池后的沼渣应堆放一段时间降低其还原性，再用作底肥，一般土壤和作物均可施用。沼渣肥还能改善土壤的理化特性，增加土壤有机质积累，达到改土培肥的目的。沼液与沼渣相比养分含量较低，但速效养分高，沼液一般作追肥和浸种。沼液也具有促进植物生长的特殊作用，对蚜虫和红蜘蛛等害虫还有较好的防治效果。

(3) 饼肥　饼肥含有大量的有机质、蛋白质、剩余油脂和维生素成分，用作饼肥的主要种类有大豆饼、油菜籽饼、芝麻饼、花生饼、棉籽饼和茶籽饼等，可以作基肥和追肥，可直接施用、发酵腐熟后施用或过腹（先做饲料）还田。饼肥是一种迟效性的完全肥料，常用作基肥，作追肥时要提前使用，以保证及时向作物提供有效养分。作基肥直接施用时，不宜在播种沟或靠近种子施用，以免发生种蛆或因降解时发酵产生高温，影响种子发芽和作物生长；作追肥用时，应在出苗后开沟条施或穴施。饼肥最好先发酵后使用，以确保饼肥的使用安全和作物正常生长及提高肥效，大豆饼、花生饼和油菜籽饼（尤指双低油菜）因营养较好，宜过腹还田。

(4) 绿肥　绿肥具有固氮性、解磷性、生物富集性、生物覆盖性和生物适应性，豆科绿肥如紫云英、苜蓿、三叶草等是培肥土壤的优质肥源，豆科植物与根瘤菌形成共生固氮体系，能固定空气中的氮素，使植物体富含氮素养分。绿肥通过翻耕还田在土壤中矿化分解，促进土壤微生物大量增殖，改良土壤结构，增加土壤活性。

(5) 厩肥　指猪、牛、马、羊、鸡、鸭等畜禽的粪尿与秸秆垫料堆沤制成的肥料。

(6) 糟渣类有机肥　主要有酒糟、醋糟、酱油糟、味精渣、豆腐渣、药渣和食用菌渣等，属迟效性有机肥料，需经发酵后才可施用，应集中沟施或穴施后覆土。酱油糟含盐高，不宜集中使用，也不宜大量应用于盐碱地、围垦海涂地块。

(7) 作物秸秆　农作物秸秆是重要的有机肥之一，作物秸秆含有 N、P、K、Ca、S 等作物所必需的营养元素。在适宜条件下通过土壤微生物的作用，这些元素经过矿化再回到土壤中，为作物吸收利用。

(8) 动物残体　主要有鱼粉、油渣、骨粉和羽毛粉等，是一种很好的有机肥料。鱼粉营养价值高，用作肥料成本也高，宜先作饲料，过腹还田；骨粉的磷含量较高，肥效缓慢，宜作基肥早施用；羽毛粉含氮高，主要是角蛋白含量高，但不易分解，系迟效性高氮有机肥，宜作基肥提早施用；油渣脂肪含量较高，施入土壤后经微生物分解发酵会产生高温，影响种子发芽和作物生长，宜先发酵后施用。

(9) 商品有机肥　商品有机肥是以畜禽粪便为主要原料，经工厂化好氧高温发酵堆制而成的有机肥。这种通过生物发酵生产的商品有机肥无害化程度高，腐熟性好，有机物经微生物分解后肥料的速效性大大提高。这类有机肥施用后不仅能改良土壤，提高肥力，而且养分释放快，作物能快速吸收利用，既可以作有机作物栽培的基肥施用，也可以作为追肥施用。为保证商品有机肥的质量安全，最好选用经有机认证机构认证许可的企业生产销售的商品有机肥。

（10）腐殖酸类肥料　指泥炭（草炭）、褐煤、风化煤等含有腐殖酸类物质的肥料。

（11）堆肥茶　近年来，通过堆制腐熟的有机物料，再经过发酵获得水浸提液制成的堆肥茶（compost tea）正越来越引起人们的关注，它们不仅含有大量的有益微生物，也含有大量的养分。微生物可以通过竞争、拮抗、诱导抗病性等综合作用，减少作物病害的发生；溶解态的养分有利植物的吸收，而且它们具有便于结合滴灌、微灌和渗灌技术施肥等优点，可作速效追肥在有机作物生产中应用。

（12）生物肥料　生物肥料是一类以有益微生物和经无害化处理后腐熟的有机物为主要成分复合制成的新型肥料，这种肥料养分全面，速缓效兼之，肥效均衡持久。生物肥料可以利用微生物固氮菌将空气中的氮气转化成作物可吸收的物质，并利用其分泌物把土壤中不易被农作物吸收的难溶性固定态磷转化成易于被农作物吸收的可溶性有效态磷，为农作物提供充足的氮、磷、钾营养元素。施用生物有机肥料可改善土壤理化性状，增强土壤生物活性，减少肥料的流失和养分的固定，还能降低瓜果蔬菜中的硝酸盐含量，显著提高瓜果的甜度和维生素C含量，从而改善和提高农产品品质。

四、有害生物综合防治技术

根据有机农业的基本理念，作物有害生物的管理应建立在深入了解有害生物及与之相关的有益生物的生物学特性，以及它们在农业环境中的相互作用和生活周期中的薄弱环节等基础之上，针对不同作物种类、有害生物种类及重要性，并结合不同的生境条件采取一系列科学合理的调控技术，如轮作、昆虫及其他动物生境改善、释放天敌、喷施微生物或植物性制剂、使用矿物源制剂（矿物油、波尔多液、石硫合剂等）、诱集（性诱剂、灯光）等许多有害生物调控技术在发达国家的有机农业生产中已经发挥了重要作用。

（一）农业防治

其主要技术措施包括保护性耕作、轮作或间作、健康而有益的土壤改良、有益生物的生境调节及利用作物抗性品种等，这些措施的目的是增加有机农业生产系统中的生物遗传多样性，而地上部分的多样性会影响地下部分。

（1）田园卫生　对外来的动植物材料进行严格的控制，避免外来有害生物的传入，对田园中植物残体进行清理，并进行充分堆沤，实施无害化处理。特别是在温室条件下，有效的卫生设施是控制有害生物的关键，如在温室附近设置3～9m的无植被带，清除残余的植物体等能起到有效的隔离。

（2）轮作　实施合理的作物轮作能有效地控制蔬菜、西瓜、草莓、生姜等多种作物的土传病虫害。特别是水旱轮作效果更佳，如草莓与水稻轮作。作物轮作也是控制杂草危害的有效方法，但轮作要精心设计作物品种、播种时间和轮作顺序等。

（3）间作　作物间作是2种以上的作物间隔种植的一种方式，合理的间作对病虫草害有较好的控制作用。当然，作物间作前应该科学设计种植的方法、时间和作物品种等，既要能控制病虫草害，又不能影响作物的生长。国外目前较好的间作方式有小麦—大豆模式、玉米—大豆模式，在免耕条件下能控制杂草的危害。另外，间作一些对害虫有驱避作用的间作物，可有效地控制害虫的危害。

（4）覆盖作物控制杂草　一些作物在其生长过程中能抑制它周围的植物生长，这就是相克植物，黑麦是这类植物的代表。由于耐寒且在任何地方均能生长，黑麦被广泛地用作覆盖作物，并且可以有效控制杂草长达30～60天，而不影响大种子作物（玉米、黄瓜、豌豆等）的生长发育。黑麦覆盖加上免耕能减少75％～80％的阔叶杂草，藜和普通马齿苋几乎完全得到控制。此外，还有苜蓿也能作为覆盖作物，不需使用除草剂就可有效地控制杂草的危害。

（5）生境调节　如在植物篱生境中，甲虫和蜘蛛的丰富度显著提高，成熟的植物篱能很好地保护禾谷类蚜虫和作物害虫的重要捕食性天敌。

（二）物理防治措施

在农作物病虫害管理过程中，通过调节温度、湿度、光照、颜色等对作物病虫害均有较好的控制作用，这些措施通常在有机农业生产中得到了广泛的应用。如利用高温或蒸汽处理温室土壤，可以有效地控制许多土传的植物病害；利用杀虫灯诱杀害虫；蔬菜作物的行间覆盖可以排斥跳甲、黄瓜叶甲，以及洋葱、胡萝卜、白菜和玉米根蛆的成虫；使用防虫网可以阻隔蚜虫、蓟马及其他害虫进入温室危害作物；冷藏能降低采后病害的发生等。黄色粘虫板通常在温室使用，以减少白粉虱、潜叶蝇、蚜虫、蓟马等害虫的种群密度。在温室里使用紫外吸收塑料薄膜能干扰银叶粉虱的行为，减少其为害。

有机农业生产大力提倡使用物理和机械的除草方式。对旋花类的杂草通常采用黑色塑料薄膜覆盖等能够遮蔽阳光的措施来抑制杂草的生长，一般3～4年即可消灭旋花类的杂草，这种方式也适合防除其他杂草和温室杂草。同时，在不同年度和杂草生长不同时期，使用圆盘犁和不伤根部的清扫犁等机械除草方式效果更好。

（三）生物防治

生物防治就是使用活体生物，包括寄生性和捕食性天敌或有益病原物控制有害生物在经济损失水平以下。这种方法的使用首先必须评价有害生物种群在当地生态系统中的相互作用和对有害生物的控制作用，以及采取各种有效的措施保护和利用有益的生物类群。如周期性释放赤眼蜂控制鳞翅目害虫，保护生境，提高瓢虫、草蛉、蜘蛛及一些捕食性甲虫的种群数量，达到控制害虫的目的等。

在棉花生产中，许多捕食蝽、草蛉、蜘蛛、寄生蝇和寄生蜂、昆虫病毒、寄生性真菌和细菌等对多种害虫（棉铃虫、烟青虫、甜菜夜蛾、蚜虫和蓟马等）具有较强的控制能力。

温室环境条件很适合采用生物防治的方法，主要是释放有益生物控制害虫。不同有益生物类群生活的时间长短不同，对于只有几天生活周期的天敌（寄生性动物和微生物）通常 2 周释放 1 次，而另一些能生活几周的天敌（捕食性动物）可以减少释放频率。用于温室控制蚜虫的生物类群包括草蛉、寄生蜂和瓢虫，草蛉适合于较高的温度，而瓢虫需要适中的温度，寄生蜂则适应于较宽的温度范围。

温室粉虱的控制较多使用寄生蜂，丽蚜小蜂（*Encarsia formosa*）寄生白粉虱若虫和蛹，匀鞭蚜小蜂（*E. luteola*）和浆角蚜小蜂（*Eretmocerus californicus*）寄生烟粉虱及银叶粉虱，另一种蚜小蜂（*Eretmocerus eremicus*）也能有效寄生银叶粉虱，这些寄生蜂对粉虱的控制率可达 99%。同时，小黑瓢虫（*Delphastus pusillus*）主要捕食粉虱的卵和若虫，瓢虫的成虫 1d 可取食 160 粒卵和 120 头大龄若虫，1 头瓢虫幼虫在其发育阶段可取食 1000 粒粉虱卵。

马铃薯甲虫的生物防治除常见的捕食性天敌外，也可利用 2 种幼虫寄生蝇（*Doryphorophaga doryphorae* 和 *D. coberrans*）和 1 种卵寄生蜂（*Edovum puttleri*）。

黄瓜叶甲的天敌类群较多，主要包括捕食性甲虫、寄蝇、茧蜂、一些线虫和蝙蝠等，寄生性线虫能控制土栖的叶甲幼虫达 50%，在一个生长季节中，150 头大褐蝙蝠种群能捕食 5 万头叶蝉、3.8 万头黄瓜叶甲、1.6 万头蝽和 1.9 万头臭蝽。

在欧洲和地中海地区，很多国家广泛使用天敌来防治作物害虫，在天敌利用方面积累了丰富的知识和经验，这些知识和经验足以证明许多天敌是控制害虫的有效工具，且不会构成重大的生态风险，可以作为可靠的害虫管理措施来使用。

为了方便选择和决定害虫天敌的引进和释放，欧洲和地中海植物保护组织（EPPO）制定了推荐使用的害虫天敌名单，并从 2001 年开始以标准的形式发布。该名单列出了在欧洲和地中海地区广泛使用并被欧洲和地中海植物保护组织的生物防治安全使用小组（EPPO Panel on Safe Use of Biological Control）验证过的安全有效的天敌名单。这些天敌包括在 EPPO 国家广泛分布的本土天敌；或者引进后在这个地区已经建立起强大的群落、从而广泛分布的天敌；或者在至少 5 个国家（如果其相应作物只在少数几个国家种植，可以少于 5 个）使用 5 年以上的天敌。

该推荐的天敌名单分为 2 部分：第一部分是商业化使用的天敌，表 2-5 列出了这些天敌的学名、中文名、所属科及防治的主要目标害虫。第二部分是引进并成功应用建立起群落的经典天敌，表 2-6 列出了这些天敌的学名、中文名、所属科及防治的主要目标害虫。

表 2-5 欧洲和地中海地区商业化使用的害虫天敌

学名	中文名	所属科名	主要目标害虫
Adalia bipunctata	二星瓢虫	瓢虫科	蚜虫
Chilocorus baileyii	盔唇瓢虫属的一个种	瓢虫科	盾蚧
Chilocorus bipustulatus	双斑唇瓢虫	瓢虫科	盾蚧、软蚧
Chilocorus circumdatus	细缘唇瓢虫	瓢虫科	盾蚧
Chilocorus nigrita	盔唇瓢虫属的一个种	瓢虫科	盾蚧、链蚧
Coccinella septempunctata	七星瓢虫	瓢虫科	蚜虫
Cryptolaemus montrouzieri	孟氏隐唇瓢虫	瓢虫科	柑橘粉蚧
Delphastus catalinae	小黑瓢虫	瓢虫科	粉虱(温室白粉虱、烟粉虱)
Rhyzobius lophanthae	一种瓢虫	瓢虫科	盾蚧、大豆尺蠖、网籽草叶圆蚧、*Parlatoria blanchardi*
Rodolia cardinalis	澳洲瓢虫	瓢虫科	吹绵蚧
Scymnus rubromaculatus	小毛瓢虫属的一个种	瓢虫科	蚜虫
Stethorus punctillum	深点食螨瓢虫	瓢虫科	柑橘红蜘蛛
Aphidoletes aphidimyza	食蚜瘿蚊	瘿蚊科	蚜虫(棉蚜、桃蚜、长管蚜、粗额蚜)
Episyrphus balteatus	黑纹食蚜蝇	食蚜蝇科	蚜虫
Feltiella acarisuga	瘿蝇	瘿蚊科	二斑叶螨、朱砂叶螨
Anthocoris nemoralis	花椿属的一个种	花椿科	木虱
Anthocoris nemorum	花椿科的一个种	花椿科	梨木虱、蓟马
Macrolophus melanotoma	长颈盲蝽属的一个种	盲蝽科	蓟马
Orius albidipennis	小花蝽属的一个种	花蝽科	蓟马
Orius laevigatus	小花蝽属的一个种	花蝽科	蓟马(西花蓟马、烟蓟马)
Orius majusculus	小花蝽属的一个种	花蝽科	蓟马(西花蓟马、烟蓟马)
Picromerus bidens	双刺益蝽	蝽科	鳞翅目
Podisus maculiventris	斑腹刺益蝽	蝽科	鳞翅目、马铃薯甲虫
Anagrus atomus	缨翅缨小蜂属的一个种	缨小蜂科	叶蝉
Anagyrus fusciventris	长索跳小蜂属一个种	跳小蜂科	粉蚧科
Anagyrus pseudococci	长索跳小蜂属一个种	跳小蜂科	粉蚧科
Aphelinus abdominalis	蚜小蜂属的一个种	蚜茧蜂科	蚜虫(马铃薯长管蚜、*Aulacorthum solani*)
Aphidius colemani	科列马·阿布拉小蜂	蚜茧蜂科	蚜虫(棉蚜、桃蚜、草蚜)
Aphidius matricariae	桃赤蚜蚜茧蜂	蚜茧蜂科	桃蚜
Aphytis diaspidis	盾蚧黄蚜小蜂	蚜小蜂科	盾蚧(梨圆蚧、桑白盾蚧)
Aphytis holoxanthus	纯黄蚜小蜂	蚜小蜂科	盾蚧
Aphytis lingnanensis	岭南黄蚜小蜂	蚜小蜂科	红圆蚧、网籽草叶圆蚧
Aphytis melinus	印巴黄金蚜小蜂	蚜小蜂科	红圆蚧
Aprostocetus hagenowii	蜚卵啮小蜂	姬小蜂科	蜚蠊科(*Periplaneta spp.*)
Bracon hebetor	印度紫螟小茧蜂	小茧蜂科	鳞翅目(储存的产品上)
Cales noacki	一种蚜小蜂	蚜小蜂科	丝绒粉虱
Coccophagus lycimnia	赖食蚧蚜小蜂	蚜小蜂科	软蚧科
Coccophagus rusti	食蚧蚜小蜂	蚜小蜂科	软蚧科
Coccophagus scutellaris	黄盾食蚧蚜小蜂	蚜小蜂科	软蚧科
Comperiella bifasciata	双带巨角跳小蜂	跳小蜂科	盾蚧科(褐圆蚧、红肾圆盾蚧)
Cotesia marginiventris	缘腹绒茧蜂	茧蜂科	潜蝇科(斑潜蝇)
Diglyphus isaea	潜叶蝇姬小蜂	姬小蜂科	潜蝇科(斑潜蝇)

续表

学名	中文名	所属科名	主要目标害虫
Encarsia citrina	缨恩蚜小蜂	蚜小蜂科	盾蚧科
Encarsia formosa	丽蚜小蜂	蚜小蜂科	粉虱科(白粉虱、烟粉虱)
Encyrtus infelix	跳小蜂属的一个种	跳小蜂科	蜡蚧科
Encyrtus lecaniorum	缢盾伊丽跳小蜂	跳小蜂科	蜡蚧科
Eretmocerus eremicus	桨角蚜小蜂属的一个种	蚜小蜂科	烟粉虱
Eretmocerus mundus	桨角蚜小蜂属的一个种	蚜小蜂科	烟粉虱
Gyranusoidea litura	跳小蜂属的一个种	跳小蜂科	长尾粉蚧
Hungariella peregrina	肉蝇	跳小蜂科	粉蚧科
Hungariella pretiosa	一种跳小蜂	跳小蜂科	粉蚧科
Leptomastidea abnormis	三色丽突跳小蜂	跳小蜂科	粉蚧科
Leptomastix dactylopii	橘粉蚧寄生蜂	跳小蜂科	柑橘粉蚧
Leptomastix epona	丽扑跳小蜂	跳小蜂科	粉蚧科，尤其是柑橘粉蚧
Lysiphlebus testaceipes	茶足柄瘤蚜茧蜂	茧蜂科	蚜科(棉蚜)
Metaphycus flavus	阔柄跳小蜂属	跳小蜂科	蜡蚧科(黑蚧、扁坚蚧)
Metaphycus helvolus	美洲斑潜蝇寄生蜂	跳小蜂科	蜡蚧科(黑蚧、扁坚蚧)
Metaphycus lounsburyi	单毛长缨恩蚜小蜂	跳小蜂科	蜡蚧科(黑蚧)
Metaphycus swirskii	阔柄跳小蜂属	跳小蜂科	蜡蚧科
Microterys flavus	麦蛾茧蜂	跳小蜂科	蜡蚧科(黑蚧)
Opius pallipes	潜蝇茧蜂	茧蜂科	番茄斑潜蝇
Praon volucre	烟蚜茧蜂	茧蜂科	蚜虫
Pseudaphycus maculipennis	粉绒短角跳小蜂	跳小蜂科	粉蚧科
Scutellista cyanea	蜡蚧斑翅蚜小蜂	金小蜂科	蜡蚧科(黑蚧、*S. coffea*、拟叶红蜡蚧)
Thripobius semiluteus	一种姬小蜂	姬小蜂科	缨翅目(*Heliothrips* spp.)
Trichogramma brassicae	甘蓝夜蛾赤眼蜂	赤眼蜂科	鳞翅目(玉米螟)
Trichogramma cacoeciae	瓢虫柄腹姬小蜂	赤眼蜂科	鳞翅目
Trichogramma dendrolimi	松毛虫赤眼蜂	赤眼蜂科	鳞翅目
Trichogramma evanescens	广赤眼蜂	赤眼蜂科	鳞翅目(包括储藏产品上的)
Chrysoperla carnea	普通草蛉	草蛉科	蚜虫等
Franklinothrips megalops	凶蓟马属的一个种	纹蓟马科	蓟马
Franklinothrips vespiformis	细腰凶蓟马	纹蓟马科	蓟马
Karnyothrips melaleucus	长鬃管蓟马属	管蓟马科	软蚧科、盾蚧科(拟桑盾蚧)
Amblyseius barkeri	巴氏钝绥螨	植绥螨科	缨翅目(烟蓟马、西花蓟马)
Amblyseius degenerans	库库姆卡斯植绥螨	植绥螨科	缨翅目
Cheyletus eruditus	普通肉食螨	肉食螨科	仓储螨、蜘蛛螨
Hypoaspis aculeifer	尖狭下盾螨	厉螨科	黑翅蕈蚋科、刺足根螨
Metaseiulus occidentalis	西方盲走螨	植绥螨科	叶螨科
Neoseiulus californicus	一种捕植螨	植绥螨科	叶螨科
Neoseiulus cucumeris	胡瓜钝绥螨	植绥螨科	缨翅目(*T. tabaci*，西花蓟马)
Phytoseiulus persimilis	智利小植绥螨	植绥螨科	叶螨科(二斑叶螨)
Stratiolaelaps miles	一种厉螨	厉螨科	黑翅蕈蚋科，刺足根螨
Typhlodromus pyri	温室桃蚜瘿蚊	植绥螨科	苹果叶螨、二斑叶螨、葡萄瘿螨、*Epitrimerus vitis*
Heterorhabditis bacteriophora	嗜菌异小杆线虫	异小杆科	象鼻虫(*Otiorhynchus spp.*)
Heterorhabditis megidis	大异小杆线虫	异小杆科	象鼻虫(*Otiorhynchus spp.*)

续表

学名	中文名	所属科名	主要目标害虫
Phasmarhabditis hermaphrodita	小杆线虫	*Phasmarhabditidae*	蛞蝓
Steinernema carpocapsae	小卷蛾斯氏线虫	斯氏线虫科	象鼻虫(*Otiorhynchus* spp.)、黑翅蕈蚋科、土生昆虫
Steinernema feltiae	芫菁线虫	斯氏线虫科	鳃金龟科、黑翅蕈蚋科等

表 2-6 引进并在欧洲和地中海地区成功应用的经典害虫天敌

学名	中文名	所属科名	主要目标害虫
Adalia bipunctata	二星瓢虫	瓢虫科	橘二叉蚜
Cryptolaemus montrouzieri	孟氏隐唇瓢虫	瓢虫科	粉蚧科 橘粉蚧
Harmonia axyridis	异色瓢虫	瓢虫科	橘二叉蚜
Rhizophagus grandis	大唼蜡甲	食根甲科	云杉大小蠹
Rhyzobius forestieri	黑瓢虫	瓢虫科	黑蚧
Rodolia cardinalis	澳洲瓢虫	瓢虫科	吹绵蚧
Scymnus impexus	小毛瓢虫属	瓢虫科	球蚜
Scymnus reunioni	小毛瓢虫属	瓢虫科	柑橘粉蚧
Serangium parcesetosum	刀角瓢虫	瓢虫科	柑橘粉虱
Cryptochetum iceryae	大角小蝇科	隐芒蝇科(大角小蝇科)	吹绵蚧
Ageniaspis citricola	串茧跳小蜂	跳小蜂科	柑橘潜叶蛾
Allotropa burrelli	糖晶兰属	广腹细蜂科	康氏粉蚧
Allotropa convexifrons	糖晶兰属	广腹细蜂科	康氏粉蚧
Amitus spiniferus	一种黑小蜂	广腹细蜂科	丝绒粉虱
Anagyrus agraensis	亚克拉长索跳小蜂	跳小蜂科	橘鳞粉蚧
Anagyrus fusciventris	长索跳小蜂	跳小蜂科	粉蚧科(长尾粉蚧)
Anaphes nitens	长缘缨小蜂属	缨小蜂科	桉象
Aphelinus mali	日光蜂	蚜小蜂科	苹果绵蚜
Aphytis holoxanthus	纯黄蚜小蜂	蚜小蜂科	褐圆蚧
Aphytis lepidosaphes	紫牡蛎蚧黄蚜小蜂	蚜小蜂科	紫牡蛎盾蚧
Aphytis lingnanensis	岭南黄蚜小蜂	蚜小蜂科	红圆蚧
Aphytis melinus	印巴黄金蚜小蜂	蚜小蜂科	网籽草叶圆蚧、红圆蚧、长春藤圆蚧
Aphytis proclia	桑盾蚧黄蚜小蜂	蚜小蜂科	桑白盾蚧
Archenomus orientalis	东方索蚜小蜂	蚜小蜂科	桑白盾蚧
Cales noacki	一种蚜小蜂	蚜小蜂科	丝绒粉虱
Clausenia purpurea	粉蚧克氏跳小蜂	跳小蜂科	橘小粉蚧

续表

学名	中文名	所属科名	主要目标害虫
Comperiella bifasciata	双带巨角跳小蜂	跳小蜂科	红圆蚧
Encarsia berlesei	桑盾蚧恩蚜小蜂	蚜小蜂科	桑白盾蚧
Encarsia elongata	长恩蚜小蜂	蚜小蜂科	长牡蛎蚧
Encarsia lahorensis	恩蚜小蜂属的一个种	蚜小蜂科	柑橘粉虱
Encarsia perniciosi	恩蚜小蜂属的一个种	蚜小蜂科	梨圆蚧
Encarsia perniciosi	恩蚜小蜂属的一个种	蚜小蜂科	桑粉虱
Lysiphlebus testaceipes	茶足柄瘤蚜茧蜂	茧蜂科	苹果黄蚜、橘二叉蚜
Metaphycus anneckei	阔柄跳小蜂属的一个种	跳小蜂科	黑蚧
Metaphycus flavus	阔柄跳小蜂属的一个种	跳小蜂科	扁坚蚧
Metaphycus helvolus	阔柄跳小蜂属的一个种	跳小蜂科	黑蚧
Metaphycus lounsburyi	阔柄跳小蜂属的一个种	跳小蜂科	黑蚧
Metaphycus swirskii	阔柄跳小蜂属的一个种	跳小蜂科	黑蚧
Neodryinus typhlocybae	新螯蜂属的一个种	螯蜂科	蛾蜡蝉科、葡萄花翅小卷蛾
Neodusmetia sangwani	一种跳小蜂科	跳小蜂科	*Antonina gramini*
Ooencyrtus kuvanae	一种跳小蜂科	跳小蜂科	舞毒蛾
Pseudaphycus malinus	粉蚧玉棒跳小蜂	跳小蜂科	康氏粉蚧
Psyllaephagus pilosus	木虱跳小蜂	跳小蜂科	澳洲蓝桉木虱
Psyttalia concolor	短背茧蜂属的一个种	茧蜂科	橄榄实蝇
Pteroptrix smithi	斯氏四节蚜小蜂	蚜小蜂科	褐叶圆蚧

（四）使用天然物质

在有机农业生产中，普遍认可使用来自植物和微生物且具有杀虫治病活性成分的生物农药来防治农作物病虫害。美国环境保护署将生物农药划分为三类：微生物农药是指主要以微生物（细菌、真菌、病毒和原生动物）作为活性成分的农药；植物源农药是指以植物体为原料提取的具有控制作物病虫害活性成分的物质；生物化学农药是指一些自然发生的影响害虫而无毒的物质，如外激素类。有机农业生产要求严格选择使用生物农药，必须保证捕食性和寄生性天敌的安全。

在温室有机农产品生产中，由于温室的特殊环境条件和以病害和小型害虫发生为主，适合使用微生物制剂。通常在防治蚜虫、粉虱和蓟马等害虫中使用的真菌制剂如白僵菌（*Beauveria bassiana*）（防治蚜虫、蓟马和粉虱）、蜡蚧轮枝菌（*Verticillium lecanii*）（防治蚜虫）和玫烟色拟青霉（*Paecilomyces fumosoroseus*）（防治粉虱），也可使用皂角液、植物油、植物源杀虫剂和生长调节剂（保幼激素类似物）等。黄瓜叶甲的防治通常使用沙巴藜芦、鱼藤酮或除虫菊等，有很好效果。

对马铃薯甲虫的防治以 B. t. 制剂使用比较广泛，也使用真菌制剂白僵菌，同时也使用商业化的昆虫病原线虫（*Heterorhabditis* spp.）和虫生线虫（*Steinernema* spp.）等寄生性线虫制剂来有效控制马铃薯甲虫。

在棉花有机生产中，B. t. 制剂通常用于多种鳞翅目害虫的防治，同时，也使用其他生物制剂，如核型多角体病毒制剂防治棉铃虫、烟芽夜蛾和甜菜夜蛾，真菌制剂白僵菌防治烟芽夜蛾，但限制使用杀虫皂角液。

除生物农药外的很多天然物质也被广泛用于作物病虫草害的防治，如用矿物油防治害虫，用波尔多液和石硫合剂防治病害，用乙酸类、丁香油、百里香油和皂角物质防治草害等。

第三部分 主要有机农产品的生产技术

一、有机稻谷生产技术

（一）基地选择和种子处理

1. 基地选择

有机稻谷生产基地的选择主要应综合考虑以下因素：

（1）基地要有良好的生态环境条件，周围也没有明显的污染源；

（2）基地土壤有较高的肥力条件，并有丰富的可用于保持土壤肥力的有机肥源；

（3）要有充足、洁净的灌溉水资源和良好的排灌系统，以满足水稻生产的灌溉需求；

（4）要有充裕的劳动力资源，以满足有机稻栽培对劳动力的较多需求。

2. 种子处理

（1）晒种：浸种前一周，在阳光下晒种2～3天，翻动2～4次/天。

（2）选种：用密度1.08～1.10t/m^3的盐水选种，将不饱满粒及秕粒、草籽选出，选后用清水洗种1～2次。可防治水稻立枯病。

（3）消毒：用50～55℃热水消毒5min，防治恶苗病、干尖线虫等种传病害。也可将洗净的种子放到1%石灰水中消毒。

（4）浸种催芽：用15～20℃的温水浸种3～4天，当种子吸水量达到其重量的25%时进行催芽，保持30～32℃高温破胸20～30h，然后把温度控制在25℃左右催芽，芽长1～2mm为限，播种前摊开晾芽6～8h，80%种子破胸露白再准备播种。

（二）稻鸭共作

1. 稻田放鸭的主要作用

稻田里放养的鸭子可大量吞食杂草、害虫等，鸭子的排泄物还可以肥田，鸭子在稻田中的觅食活动给水稻提供了较多的氧气，同时搅混水层，提高水温、地温，促进水稻根部发育。

2. 水稻插植规格要求

在插植规格上，为了便于雏鸭在田间活动，应比普通插植规格要稀一些，可采用30cm×15cm插植方式，也可采用宽窄行的方式，即（40＋20)cm×15cm。

3. 稻鸭选择和放养

由于水稻的株距行距较窄，鸭子的活动空间受限，所以应选择个体较小、活动灵活并喜食杂草的品种，如北极寒鸭、麻鸭、土鸭等比较适合在稻田中放养。

在水稻移栽后10～15天（即水稻返青后）放雏鸭，放养的雏鸭为孵化出壳10～15天室内人工喂养的雏鸭，放养的数量为150～180只/hm^2。100～120只为一群，用隔离网隔开，不要数量过大，以防止雏鸭过分集中，踩伤稻苗。

水稻灌浆穗子下垂时，应及时把鸭子赶出稻田，以防止鸭子啄食稻穗。

4. 水层管理

插秧后到放鸭前，以浅水灌溉为主，水层在3cm左右。放鸭后，水层应适当加深，一般为5cm左右。以后随着鸭子的长大随时调节水层，使鸭脚能踩到地面，搅混水层，起到中耕松土、促进根系发育等作用。但水层一般不超过10cm深，只灌水，不排水，水沟内始终要保持一定水深，以供鸭子洗澡之用。移栽后一个月左右开始定期采取轮流分围露田的方法，每次露田3～4天，以利壮苗增蘖。鸭子赶出稻田后，立即清沟排水，并采用湿润灌溉方法，以增强水稻根系活力，防止倒伏。

5. 稻鸭管理

在放养稻鸭的稻田周围设立0.6～0.8m高的防护网，防护网下部安装铁丝与室内脉冲电流发生器相连，防止天敌伤害鸭雏，在田边或沟渠旁，搭建2个简易棚，以供鸭雏休息和喂食，另外，还可为鸭雏遮风避雨。鸭子在稻田内进食不足时，可人工补食，以不影响鸭雏正常生长。

（三）土壤培肥

1. 秸秆还田

适宜水田泥脚深度在10～20cm的田块采用。未耕的旱地应先灌水泡田12h，待土壤松软后再作业；若是已翻耕的土地，泡水后便可作业。水田浸水深度以3～5cm为宜，灌水过浅，达不到理想的埋草和整地质量；灌水过深，则影响埋草和覆盖的效果。秸秆还田数量以每公顷4500kg左右为宜。整秆翻埋前，为加速秸秆腐烂熟化，每公顷应补施相当于67.5kg纯氮和22.5kg纯磷的化肥，然后再耕翻。

机具作业速度应根据土壤条件和秸秆还田量合理选定，必须顺行耕翻或覆盖，一般作业两遍，纵横交叉作业。作业质量要求：耕深稳定系数达95%、碎土系数达92%、埋草覆盖率达95%以上，田平起浆。

2. 沼肥

利用沼气工程生产的沼渣和沼液来培肥土壤是一举多得的事情。一方面通过沼气工程改变了农村燃料结构，使得农村环境得到净化；另一方面把厩肥、作物秸秆及其他农业废弃物通过沼气发酵，生产优质的有机肥料，满足有机稻生产的需要。

沼气发酵生产的沼渣可以用作基肥，沼液可以作基肥和追肥。沼渣和沼液混合作基肥，一般用量是20～30t/hm²，沼液作追肥用量为15～20t/hm²。沼液如通过喷施追肥时，使用前应放置2～3天取其上清液过滤，以免堵塞喷雾器。因此，沼气建设是各种形式的农业生态工程的重要内容，在有机农业生产中具有重大的意义。

3. 堆肥

农业废弃物通过高温堆制使得有机物完全熟化，成为腐熟的优质有机肥料。为了满足水稻生长的需要，一般在堆肥时可以适当加入饼肥。在水稻整地前作基肥施到土壤中，施用后立即整地。一般每公顷施用量15～30t。

（四）病虫草害防治

水稻有机栽培病虫草害的防治应以农艺措施为主，综合防治病虫草害。如调节水稻播期，错开抽穗期与三化螟发生期，减轻螟害；水稻移栽前捞除水面漂浮物，减轻纹枯病危害；稻田放养鸭子除虫灭草；结合中耕，控制苗期草害；保护和利用天敌控制虫害；选用抗病良种，加强肥水调控，提高水稻抗逆力；做好病虫害和天敌的系统调查和预测预报工作，一旦发现天敌数量指标不能控制虫害时，应适时采用生物杀虫剂防治。田间中、后期的残留杂草，主要靠人工除草等。现按病、虫、草害分述如下。

1. 病害防治

有机稻与常规稻生产过程中的主要病害大致相同，主要有水稻稻瘟病、纹枯病、恶苗病等。有机稻病害防治应以利用抗病品种和农业防治为主，药剂防治为辅，通过培育壮苗以达到抗病的目的。

水稻纹枯病主要通过改善水稻的生长环境，控水控肥，通风透光，选用抗病品种的方法进行防治。打捞菌核，并带出田外深埋，减少菌源。加强栽培管理，灌水做到分蘖浅水、够苗露田、晒田促根、肥田重晒、瘦田轻晒、长穗湿润、不早断水、防止早衰，要掌握“前浅、中晒、后湿润”的原则。

水稻稻瘟病的防治首先要选择好抗病品种，目前生产上应用的很多水稻品种对稻瘟病有良好的抗性，如粳稻6号、黄金晴等。在必要时也可喷药保护，如每隔2周喷1次石硫合剂，连续喷3～4次，能较好地预防稻瘟病等水稻病害的发生与蔓延。

采用50～55℃热水进行种子消毒，防治水稻恶苗病、干尖线虫等种传病害。

2. 害虫防治

（1）做好虫害的监测　水稻的虫害主要有螟蛾类、飞虱类、象甲类等。在水稻生长期间，利用多种手段做好害虫监测和预报工作。如利用诱蛾灯（黑光灯＋白炽灯＋性诱剂）既可杀死部分螟蛾类害虫，又可作为虫害发生的监测器。

（2）生物防治　在水稻螟虫卵孵高峰前连续释放螟黄赤眼蜂2～3次；在卵孵高峰期，喷施B. t. 制剂，每公顷使用750g B. t. 粉，连续使用3次以上，可有效调控螟虫类害虫的危害。稻飞虱的防治可通过稻田养鸭来控制，在飞虱迁飞降落开始就放鸭子，连续放1周以上，既可除虫，又可除草。利用B. t. 孢子菌粉，每公顷用750g对水稀释2000倍喷洒，可以防治对苏云金杆菌最为敏感的稻苞虫、稻螟等；用400～600倍液防治稻纵卷叶螟、稻苞虫。

（3）物理防治　根据昆虫的趋光性，利用诱蛾灯可杀灭大部分的水稻螟，控制虫害的发生。

（4）药剂防治　来自天然的植物源、矿物源农药和传统的有机农业药剂是有机农业生产过程中允许使用的物质。控制有机稻的虫害目前使用较多的主要有植物源的苦参碱制剂、印楝素、除虫菊等和矿物源的矿物油及天然硫黄等。

3. 草害防治

有机稻的草害防除主要通过人工除草、稻田养鸭、稻田养鱼和科学轮作等来完成。利用稻田养鸭或稻田养鱼的方法来消灭杂草时，由于在水稻生长期间是汛期，因此，要在稻田四周拉上篱笆等保护设施来保护鸭或鱼。同时避免平行生产中使用化肥、农药、除草剂等对有机稻带来的影响。

（五）收获、干燥和贮运

（1）收获　当稻谷色泽变黄，80％以上的米粒已达到玻璃质，籽粒充实饱满坚硬，含水量17％～20％，茎秆含水量60％～70％时，为适宜收获期。有机水稻收获应使用专用工具，并做到同一品种单独收获贮运。收获过程中应防止禁用物质的污染，确实无法实现收获工具专用，应在工具用于有机水稻收获前进行彻底清洗。

（2）干燥　有机水稻收获后可采用机械低温干燥。无机械烘干条件的，应在清洁干净、无污染的场地自然晒干。严禁在公路或粉尘、大气污染场所晒谷。

（3）贮藏　贮藏有机稻谷（米）的仓库应清洁卫生，无有害生物、无有害物质残留，7天内未经任何禁用物质处理过。允许使用常温贮藏、温度控制、干燥等贮藏方法。有机产品尽可能单独贮藏，若与常规产品共同贮藏，应在仓库内划出特定区域，并采取必要的包装、标签等措施，确保有机产品和常规产品的识别。

(4) 运输　运输有机稻谷（米）应使用专用工具，若无法实现运输工具专用，在工具用于运输有机稻谷（米）前应进行彻底清洗。在运输和装卸过程中，外包装上应当贴有清晰的有机认证标志及有关说明。

二、有机番茄生产技术

(一) 基地环境和轮作要求

(1) 土壤　除了有机基地一般的环境质量要求外，有机番茄生产基地还要求土壤疏松，深厚，透气性好，有机质含量高。番茄比较耐盐碱，对土壤pH值要求不严，理想的土壤pH值为5.5～7.0。土壤中过高的镁和钾可导致番茄脐腐病发生。

(2) 温湿度和光照　基地理想的土壤温度为：出芽期23～25℃，出芽后至放入育苗箱前20～22℃，放入育苗箱后至长成可定植幼苗期18～20℃，25℃以上应通风，定植后第1周18～20℃，23～25℃以上通风。开花授粉期理想的温度为23℃左右，相对空气湿度为60%～80%。番茄生长期要求有充足的光温条件，光照和温度不足可导致生长障碍。

(3) 轮作　应采用包括豆科作物或绿肥在内的至少3种作物进行轮作。番茄的前茬要避免茄科作物，以防土传病虫害加重。茄科外的所有蔬菜（如生菜、芥蓝和四季萝卜等）均可作其前茬，露天种植的理想前茬是谷物和块根作物，后茬作物以冬小麦或豆科为佳。大棚生产后茬可种生菜。

(二) 育苗和定植

(1) 种子要求　应使用有机的种子和种苗，在无法获得有认证的有机种子和种苗的情况下，可使用未经禁用物质处理的常规种子。应选择适应当地土壤和气候特点且对主要病虫害抗性强的品种，禁止使用包衣和转基因种子。

(2) 育苗　由于季节不同，番茄育苗期变化很大。冬春育苗依育苗实施条件不同，60～100天可达第1花序带花蕾的苗；夏季育苗不必带蕾定植，一般20天左右小苗易成活。在第1花序带花蕾移栽幼苗时，注意剔除子叶受损或种壳未脱落的幼苗。

(3) 定植　尽管番茄能形成不定根，但仍然提倡高栽。国内番茄生长期较短，定植密度可适当加大，但不宜超过4.5万～6.0万株/hm^2。行距应稍宽，以便通风透光，保持干燥。多采用双行密株，宽行距、小株距栽培方式。从开始收获起，要及时摘除下部老叶和病叶（最高至第1花序），以利于空气流通，保证植株干燥。若植株基部空气湿度过高，易发生灰霉病和茎腐病。

(三) 施肥与灌溉

(1) 施肥　番茄生长初期需要氮肥量较少，植株高度达1.5m时开始达到需氮最高水平。大棚种植时，若土壤有机质含量达到8%，则不必再为补充氮营养而增施肥料。番茄对磷的吸收受根系温度和土壤磷供应的影响，土温低于14℃时，磷吸收受阻，故施磷宜在土温大于14℃条件下进行。番茄对石灰敏感，施石灰应在前茬或上一年进行。如果土壤钾和镁含量较高，植物容易缺钙，果实易发生脐腐病。

(2) 灌溉　坐果之前不宜浇水过多，以免影响根系生长；坐果后可适当增加灌水量，但要保持土壤湿度均匀，避免忽干忽湿。掌握每天灌水量3～4L/m^2 或1～1.5L/株，夏季最多8L/m^2，避免过顶灌溉。地膜覆盖结合膜下滴灌效果较好。

(四) 病虫害防治

坚持“预防为主，防治结合”原则，可通过选用抗病品种、高温消毒、肥水管理、轮作、多样化间作套种、保护天敌等农业措施或物理措施，综合防治病虫草害。

1. 番茄病毒病

主要防治措施有：

(1) 选用抗病、耐病、丰产品种　如中蔬4号、中蔬5号、中蔬6号和佳粉10号等。

(2) 种子消毒　播种前用清水浸种3h，捞出沥干；再用肥皂水搓洗，捞出沥干后用0.1%高锰酸钾液浸种10～15min；再用清水冲洗后催芽播种。

(3) 加强肥水管理　增强植株抗病力。

(4) 药剂防治　分别用弱毒株N_{14}和卫星病毒S_{52}防治烟草花叶病毒和黄瓜花叶病毒。具体做法是将弱毒株N_{14}与卫星病毒S_{52}稀释100倍，加少量金刚砂，用压力2～3kg・f/m^2 的喷枪喷雾；应用耐病毒诱导剂N_{12}定植前后各喷1次。

2. 番茄早疫病

主要防治措施有：

(1) 选用抗病品种，如强丰等。

(2) 与非茄科蔬菜实行3年以上轮作。

(3) 发现中心病株立即喷洒96%硫酸铜1000倍液，或1∶1∶200的波尔多液，或0.1%高锰酸钾加0.3%木醋液。

3. 番茄叶霉病

主要防治措施有：

（1）选用抗病品种，如双抗2号。

（2）实行3年以上轮作。

（3）发病初期摘除老叶。

（4）喷洒1∶1∶200的波尔多液，或0.1%高锰酸钾加0.3%木醋液。

4. 番茄灰霉病

主要防治措施有：

（1）加大通风量，降低棚内湿度。

（2）发病初期适当控制浇水，严防浇水过量。

（3）发病后及时摘除病果、病叶和侧枝，销毁或深埋。

（4）喷施1∶1∶200的波尔多液或200～300倍矿物油。

5. 蚜虫

（1）食蚜瘿蚊防治　食蚜瘿蚊是蚜虫的专一捕食性天敌，属于双翅目瘿蚊科，它具有捕蚜种类多、捕食能力强、易于繁殖饲养等特点，适用于温室、大棚等较封闭环境，通过人工释放来控制蚜虫害。食蚜瘿蚊的成虫似蚊子，幼虫形如蛆状，其幼虫捕食蚜虫，每只食蚜瘿蚊的幼虫平均可杀死40～50头蚜虫。在棚室内初见蚜虫时即可开始释放食蚜瘿蚊，每公顷每次分50～100个点释放5000～10000头，每7～10d释放1次，连续释放4～5次。食蚜瘿蚊有2种释放方法，一种是将混合在蛭石中的食蚜瘿蚊蛹分放在大棚中；另一种是用盆栽小麦，将带有麦蚜和食蚜瘿蚊幼虫的麦苗均匀放置在大棚中。前者适用于已见到蚜虫的温室，后者适用于尚未发现蚜虫为害的温室。秋季定植棚如果生长期持续到来年春天，一般在3月中下旬到4月上旬在气温回暖时再补充释放食蚜瘿蚊2～3次。

（2）药剂防治　可选用0.3%苦参素植物杀虫剂500～1000倍液防治。

6. 烟青虫和棉铃虫

可用B.t.乳剂300倍液防治，或释放赤眼蜂。

7. 温室白粉虱

（1）无虫种苗　培育无虫苗，防止粉虱随苗带入温室，同时消灭前茬和温室周围虫源。可在移苗前喷洒0.3%苦参素植物杀虫剂1000倍液预防。

（2）丽蚜小蜂　用丽蚜小蜂控制白粉虱的为害。丽蚜小蜂产卵于白粉虱若虫体内，幼虫在若虫体内营寄生生活，被寄生的白粉虱在9～10天后变黑，继而若虫死亡。每只丽蚜小蜂平均可寄生120多只粉虱若虫。白粉虱成虫数量达1～3头/株时，按白粉虱成虫与寄生蜂1∶（2～4）的比例，每隔7～10天释放丽蚜小蜂1次，共放蜂3次左右，能有效控制为害。

（3）黄板诱杀　用黄板诱杀，每间隔4～5m悬挂黄板1块，高度与植株相平，且黄板的朝向为东西向。

三、有机苹果生产技术

（一）基地和品种的选择

1. 基地选择

（1）土壤　有机苹果生产基地应选择土壤深厚，排水良好，微酸性到微碱性，土壤有机质含量要达到1.5%以上，而且通气、保水、保肥能力强。要远离工矿企业、垃圾场和主干公路等污染源，土壤和灌溉水未受污染。

（2）温度　苹果树喜低温干燥，要求冬无严寒、夏无酷暑。适宜的温度范围是年平均气温9～14℃，冬季极端低温不低于－12℃，夏季最高月均温不高于20℃，≥10℃年积温5000℃左右，生长季节（4～10月）平均气温12～18℃，夏季（6～8月）平均气温在18～24℃，冬季需7.2℃以下低温1200～1500h，才能顺利通过自然休眠。

（3）降雨和灌溉条件　4～9月降水量在450mm以上且比较均衡的地区，一般能基本满足苹果树对水分的需求。否则，在建园选地时，必须考虑到有适当的灌溉条件和保墒措施。另外，还需要考虑到雨季的排水条件。

2. 品种选择

根据当地的气候条件，要选择抗寒、抗旱、抗病、抗虫、优质的新品种，如晚熟品种红富士、福岛短、华红、寒富、岳阳红，中熟品种新乔纳金、新嘎拉、珊夏、美八，早熟品种绿帅、藤牧一号等，做到适地适栽，苹果品种及其砧木应为非转基因品种。

（二）土壤管理和施肥

1. 土壤管理

果园土壤采用生物和物理方法调控，行间可种植红三叶、白三叶、苜蓿和禾本科牧草，当草生长到30cm左右时留2～5cm刈割，割下的草直接覆盖在树盘上，保护土壤结构和微生物环境，减少水土流失。也可以充分利用野生杂草资源，实行行间自然生草，二次刈割树盘覆盖（$30t/hm^2$），或结合深翻扩穴压青（$15t/hm^2$）。割草时，要保留周边至少1m宽不割，给害虫天敌保留一定的生活空间，起到保护天敌，增加生物多样性的作用。根据树体需水特点，保证及时供给树体所需水分，特别在盛花后2周内应保证供给树体所需水分，促进果实细胞分裂，提高果形指数。一般果园土壤含水量以控制在田间持水量的60%左右为宜。

2. 施肥

根据苹果树的营养特点及需肥规律，进行树体营养诊断和量化施肥。为提高有机栽培的苹果产量与品质，可于5月下旬施入酵素菌生物有机肥3～5t/hm^2，8月下旬施入腐熟的农家肥（包括常用的有机肥料如堆肥、厩肥、棉籽粉等）60～75t/hm^2，增加树体营养积累。当树体营养不足时，应选用可溶性的有机肥料进行叶面喷施。充分利用自然的微生物（包括乳酸菌、酵母菌、光合细菌、放线菌等）发酵粪肥和秸秆，进行树盘浇灌等，并可采用肥水配施的方法提高肥料利用率。

（三）整形修剪

矮化幼树采用改良式主干形、垂帘式整枝的方法，树高控制在3～5m，主枝10～15个，主干与主枝保持1∶0.3的粗度比，培养中型下垂结果枝组，并采用冬夏剪相结合的方法。乔砧幼树采用改良式纺锤形，垂帘式整枝的方法，树高控制在3～3.2m，主枝8～12个，主干与主枝保持1∶0.5的粗度比，疏去主枝背上直立枝，培养中型下垂结果枝组，并采用冬夏剪相结合的方法。密度700～800株/hm^2的乔砧结果树采用提干、降高、缩裙、减量、疏密、垂帘的树体改造方法，在4～5年内改造成四主枝"X"开心形。主干在原来0.6m的基础上提高0.8m，第1主枝距地面1.4m，第2主枝距地面2m，树高由原来的5～6m降至3～3.5m。外围主枝影响行间光照的，要从枝的3年生弱芽部位回缩，主枝数量由原来的6个或7个减少为4个，枝量由原来的150～165个/m^2减少到120～135个/m^2。疏除主枝背上的大中型直立枝组，留斜生、平伸及下垂结果枝组，大型结果枝组距离要求50cm左右，结果后枝组形成垂帘状，达到立体结果。树体改造时，要配合夏季修剪及时拉枝，疏除直立枝，对较旺的枝进行环割或环剥。全树长、中、短枝比例控制在2∶3∶5。

（四）花果管理

1. 放蜂授粉

在开花前3～5天开始放蜂，每隔50～60m在果园行间放置一箱壁蜂或蜜蜂，果树落花后可撤离蜂箱。放蜂前避免在授粉果园内及邻近地块喷洒农药。

2. 疏花疏果

根据树体生长发育状况，合理确定树体负载量。采用疏边花、定中心果，充分利用中、长果枝及下垂枝结果，疏除病虫果、畸形果及花萼向上的果实。在落花后20天内疏完。"寒富"苹果的枝果比为（6～7）∶1，留果距离30～35cm。初果期树产量控制在15～25t/hm^2左右，盛果期树产量控制在25～40t/hm^2左右。

3. 果实套袋

果实着色是果品商品性的重要标志，果实套袋是解决这一技术的关键。套袋选用国产无铅环保型双层纸袋。套袋时间从 6 月中旬开始至 6 月末结束，果实采收前 20 天左右在光线较弱时除去外层袋，2～3 天后再去内层袋。果实采收前 10 天摘除遮光叶片，并进行转果。按树冠大小冠下铺反光膜，促进果实着色。

(五) 病虫害综合防治

1. 农业防治

农业防治措施主要有：选用对主要病虫害抗性强的苹果品种；设置合理的栽植密度，保持树冠良好的通风透光条件，降低树冠层湿度；在春季新芽萌发之前清除果园地面中的落叶，将落叶粉碎并加入堆肥或其他氮源如血粉或羽毛粉以促进落叶腐烂，制成有机肥；果园地面灌溉应尽量在夜间进行；整形修剪时注意剪除有病虫的枝叶。

2. 物理防治

冬季修剪时剪除病梢、僵果、虫卵，春季发芽前刮翘皮，清除枝干轮纹病菌、越冬螨类、越冬态卷叶虫、蛀干害虫等，并对果园进行清扫，集中烧毁，清除病源及越冬害虫。开花时使用频振式诱虫灯诱杀夜蛾类和趋光性害虫，使用诱蝇器诱杀果蝇，使用捕虫黄板防治蝇类、蚜虫和粉虱类害虫等，悬挂糖醋液罐诱杀金龟子，清晨和傍晚振动树体捕杀。采用套袋防治果实轮纹病、炭疽病，春季园内撒适量的生石灰预防果实苦痘病的发生。

3. 生物防治

通过果园种草改善果园生态环境，引移、保护、繁殖和利用小花蝽、瓢虫、草青蛉、捕食性蓟马等天敌，达到以虫治虫，保持生态平衡。冬季采用树干基部捆草把或种植越冬作物，园内堆草或挖坑堆草等措施，为蜘蛛、小花蝽、食螨瓢虫等天敌提供良好的栖息环境，增加越冬量。人工释放赤眼蜂、西方盲走螨、虚伪植绥螨、瓢虫、草蛉等天敌，防治害螨类、蚜虫类、梨小食心虫等害虫。利用性诱剂扰乱昆虫的交配信息，减少繁衍，降低昆虫的虫口密度。也可以在果园周围种植忌避或共生植物，达到驱赶害虫的目的。将真菌 *Athelia bombacina* 和 *Chaetomium globosum* 喷施于感染黑星病的苹果叶片上，能够有效地抑制苹果黑星病病原菌子囊孢子的产生。

4. 生物农药防治

利用苏云金杆菌可湿性粉剂和白僵菌粉剂防治鳞翅目害虫、天牛、螨类和蚜虫等；用轮枝菌、木霉菌等真菌及其提取物等防治斑点落叶病、轮纹病、炭疽病等病害；用鱼藤乳油、除虫菊乳油、苦参碱等防治蚜虫、螨类等害虫；可利用烟草浸出液、苦皮藤抽提液、辣椒水、草木灰浸出液、黄蒿浸出液、断肠草浸煮液、蓖麻（籽、叶、茎、粉等）防治各种害虫；也可用雷公藤、大黄、连翘、板蓝根、银杏叶浸出液和大蒜汁等防治各种病害。

5. 矿物源农药防治

苹果树发芽前全树喷布石硫合剂，清除树体及园内的病菌和虫螨类；6～8月喷布倍量式波尔多液（或其他铜制剂）1～2次，防治早期落叶病、炭疽病及轮纹病烂果病等；用矿物油防治螨类、蚧类、粉虱、蛾类（卵）等。

（六）果实采后处理

1. 适时采收

当果实着色程度达到90%以上，可溶性固形物含量达到14%时开始采收，一般分2～3次采收，采收时要带白色手套，先上部后下部，先外围后内膛，并将果柄剪去1/2，防止刺伤果实。

2. 采后商品化处理

果实采后经过人工挑选或机械分级，即进行恒温预冷处理，并采用单果网套托盘式包装后进行气调贮藏。贮藏条件为温度0℃左右，相对湿度90%～95%，CO_2 5%～8%，O_2 3%～5%。贮藏后的果品采用冷链运输。

四、有机茶生产技术

（一）有机茶园的规划和建设

1. 生态建设规划

有机茶基地宜建在土壤肥沃、生物多样性良好的丘陵缓坡。坡度超过25°的陡坡地以及茶园四周、道路、沟渠两边或茶园内不适合种茶的空隙地上的树木和自然植被应尽量保留，并植树造林，营造防护林和隔离带。茶园内适度套种一些无共同病虫害的落叶树种或对害虫有驱避作用的树种。幼龄茶园应间（套）种绿肥。梯壁坎边保留或播种护梯植物，提供天敌等有益生物的栖息地，增进茶园的生物多样性。为保持茶园水土，坡度小于15°的缓坡地等高开垦。15°～25°的山坡地建立等高梯级茶园，梯面宽度一般不低于2m，梯壁高度不超过1m，外埂内沟，梯面稍向内倾斜。

2. 道路和排灌系统规划

道路系统主要包括主道、支道、步道和地头道。大中型茶场以总部为中心，设置与各区、片、块相通的道路。规模较小的，只设支道、步道和地头道。坡度较大的山头应设置S形的环山缓路。排灌系统由隔离沟、纵沟、横沟和蓄水池等组成。隔离沟横向设置在茶园与四周荒山陡坡、林地和农田交界处，沟宽、深各为70～100cm，两端与天然沟渠相连。纵沟顺坡设置，沟宽、深各40cm，与蓄水池相通。横沟设在梯地茶园内侧，修筑成竹节沟，沟深20cm、宽30cm，与茶行平行，与纵沟相连。每公顷茶园建10个左右蓄水池，与排水沟相连。

3. 开园

山地茶园开辟前，先将乱石、树木等清理出园，并修筑隔离沟。开垦时避开雨季，根据不同坡度和地形，按等高线由下而上逐层修筑梯级，注重表土层的回填利用；深垦全园50cm以上，彻底清除一些再生能力强的树根、竹根、茅草根等出园；复垦平整后，按茶树种植规格开沟施足底肥，沟深30cm以上，底肥以有机肥为主，适当配施一些磷肥。

4. 茶树种植

首先，选择适宜当地气候、所制茶类，又具较强抗病虫性的品种，并进行合理搭配。其次，确定种植方式与密度，一般单行或双行条栽，行距不低于1.4m，单行条栽规格：150cm×33cm，每丛定植2株，约60000株/hm^2；双行条栽规格：150cm×40cm×33cm，每丛2～3株，三角种植，约90000株/hm^2。坡度较大、肥力较低、海拔较高的地方可适当密植。再次，定植时期以秋末冬初或早春2～3月为好，秋末冬初易干旱或霜冻的地区，则选在早春进行。最后，种植方法以茶苗带土移栽，沟状条植，定植后根颈部离土表面5～10cm为宜。

（二）茶园土壤管理和施肥

1. 土壤覆盖

用作有机茶园土壤覆盖的材料较多，如山草、麦秸、稻草、豆秸、玉米秸等均可。其中山草是最好的材料，因为它不含农药，没有化学污染物质。但山草常常带有一些病菌、害虫和杂草种子。因此，使用前要做必要的处理，如暴晒或堆腐处理。暴晒就是将收割的各种山草，放在阳光下自然暴晒，利用阳光中的紫外线杀死病菌，同时有些害虫也能暴晒而死。如果是结种子的山草，要用棍棒敲打，使种子脱落后，才能送往茶园使用。堆腐处理是利用茶园地角处，将山草与EM菌液或自制的发酵粉等堆腐，1层山草，洒1层发酵液，使其发酵，利用堆腐的高温把病菌、害虫及杂草种子杀死，然后把还没有完全腐烂的草料铺到茶园中。如果是农作物秸秆，要注意这些材料是否来源于有机生产体系。

以防旱为目的，可在旱季来临之前进行铺草；以保暖防冻为目的，可在土壤结冻之前进行铺草；以防止水土流失为目的，可在雨季来临之前进行铺草；以抑制杂草生长为目的，可在杂草萌芽之前进行铺草。新开垦的茶园，必须在移栽结束后立即铺草。

茶园铺草厚度要求在8cm以上，以铺草后不露土为宜。一般成年采摘茶园铺干草量不低于2.5万～4万kg/hm^2；幼龄茶园不低于4.5万～6万kg/hm^2。平地茶园可将铺草直接撒放在行间；坡地茶园应在铺草上压一些泥块，防止铺草被水冲走；对幼龄茶园，铺草应紧靠根部，防止根部失水造成死苗。

2. 土壤耕作

合理的耕作可以改良土壤结构。一般土壤浅耕与锄草、追肥相结合，深耕与施基肥相结合。浅耕一般在春茶前、春茶后、梅雨结束时和秋草开花结籽前各进行1次，深度不超过15cm；深耕结合基肥施用，深度在20cm以上，尽量做到不伤根和少伤根。土壤深厚、松软、肥沃、树冠覆盖度大的茶园可实行减耕或免耕。

3. 绿肥栽培利用

幼龄茶园行间和茶园外可用地块种植绿肥，对有机茶生产具有特别重要的意义。一般采用1年生、2年生、3年生茶园对应间作3行、2行、1行绿肥，改造茶园当年间种1行绿肥，按有机农业生产方式栽培。适宜茶园间套种的绿肥品种有圆叶决明、平托花生、猪屎豆、紫云英、巴西苜蓿等。绿肥生长旺盛时须及时刈青，以减轻与茶树间的生长矛盾。绿肥可作为覆盖物或通过埋青直接利用，也可制成堆肥或沤肥施用。

4. 肥料投入的一般要求

禁止使用一切化学合成肥料，以及不符合有机茶生产规定或卫生质量未达标的肥料品种，如：未腐熟的人粪尿、畜禽粪便，未经有机认证机构许可的商品有机肥及各类生物有机菌肥等。有机肥原则上就地生产就地使用；可限量使用的土壤培肥和改良物质须按规定要求使用，如微量元素肥料仅能用作叶面肥。有条件的茶场可放养蚯蚓和鸡、鹅等食草食虫动物，发展养殖业，建立沼气池，增加有机肥源。

5. 有机肥无害化处理

有机肥使用前必须经过无害化处理，使污染物质含量达标后方可在有机茶园中应用。目前，无害化处理方法有EM堆腐、自制发酵催熟堆腐和商品有机肥工厂化生产3种处理方法。人畜禽粪尿等农家肥、山草、绿肥等须经暴晒、堆腐或消毒处理，以杀灭各种寄生虫卵、病原菌和杂草种子等。

6. 有机肥施用

根据土壤理化性质、茶树长势、预计产量、加工茶类、气候条件和当地肥源情况，确定适宜的肥料品种、施用数量、施用时间和施用方法。有机茶园基肥在一年茶季结束后，尽早结合深耕施用，用量通常占到年总用量的60%以上，一般施农家肥15～30t/hm^2，或商品有机肥（豆饼、菜籽饼等含氮量高的有机肥）2250～3750kg/hm^2，并配施钙镁磷肥375kg/hm^2。追肥要求施用速效有机肥，如腐熟的有机液肥或含氮量较高的商品有机肥。一般每年追肥3次，分别在春、夏、秋茶前进行，春、夏、秋用量比例大致为2∶1∶1。第1次春梢催芽肥要早，在开采前1个半月左右。

（三）茶树病虫害防治

1. 一般原则

坚持“以防为主，综合防治”的方针，从整个茶园生态系统出发，统筹协调多种可持续的防治技术措施，将病虫害所造成的损失控制在经济阈值内。维护茶园生态系统的平衡和生物群落的多样性，创造有利于天敌繁衍而不利于病虫孳生的环境条件，增强自然生态调控病虫害的能力；禁止使用化学农药，植物源农药须经有机认证机构许可，矿物源农药在非生产季节使用；抓住关键病虫及其薄弱环节进行干预控制，优先采用农业防治，适当辅以生物防治和物理防治。

2. 保护利用天敌资源实现自然控制

茶树病虫种类繁多，但大多数不会造成经济危害，这主要是天敌作用的结果。茶园害虫天敌资源十分丰富，有寄生性、捕食性天敌和病原微生物等1100多种，是茶园生态系统中十分重要的病虫害自然制约因子。因此，保护天敌尤其是有机茶园中的天敌十分重要。应通过植树造林，种植防风林、行道树、遮阴树和绿肥等途径，保持茶园生态系统平衡和生物群落多样性，提供蜘蛛、捕食螨、草蛉、寄生蜂、蛙类、蜥蜴和鸟类等有益生物的栖息地和繁殖条件，使它们在进行耕作、修剪等人为干扰较大的农艺技术措施时，有个缓冲地带，减少人为因素的伤害，增强茶园生态调控病虫害的能力。

3. 利用农艺措施控制

选用抗病虫茶树品种并进行合理搭配种植，可以增加茶园群落的多样性。运用茶树适时剪采、合理土肥水管理等农艺技术，培育壮树，可以增强抗病虫能力，破坏病虫的适生环境条件，降低病虫虫口基数，延缓或避免某一病虫大面积发生危害。如合理耕作与培土，通过增加与天敌的接触、暴晒、翻埋和机械杀伤，能够破坏多数尺蠖（茶尺蠖、油桐尺蠖、云尺蠖）、部分刺蛾（茶刺蛾、扁刺蛾、褐刺蛾）、直翅目、象甲类等以土壤为产卵与栖息场所的病虫；适时的茶叶采摘与修剪，可以直接去除小绿叶蝉、蚜虫、茶橙瘿螨、茶细蛾、毒蛾类、蚁类、黑刺粉虱、茶白星病等以嫩梢为取食对象或分布在茶丛中上部的病虫。

4. 利用物理或机械措施控制

有机茶园可以通过人工捕杀和诱杀等物理机械防治措施控制病虫害。对茶毛虫、茶尺蠖、茶蚕、蓑蛾类、卷叶蛾类和茶丽纹象甲等目标明显、群集性又强的害虫，可以采用人工捕杀或摘除等方法直接去除。也可以利用害虫的趋性（趋光性和趋化性）或害虫种群间的化学信息联系，进行灯光诱杀、色板诱杀、性诱杀和糖醋诱杀等。目前已开发的新型杀虫灯运用了光、波、色、味 4 种诱杀方式，选用能避开天敌，而对植食性害虫有极强诱杀力的光源、波长、波段来诱杀害虫。灯光诱杀以波长 365nm 的黑光灯诱虫效果较佳。

5. 利用生物农药控制

允许有条件地使用生物源农药（微生物源农药、植物源农药和动物源农药等），如应用苏云金杆菌（B. t.）、白僵菌、茶毛虫核型多角体病毒、韦伯虫座孢菌等微生物源农药防治茶尺蠖、茶丽纹象甲、茶毛虫、黑刺粉虱和椰圆蚧等茶园主要害虫。生物农药防治要在准确掌握病虫情报的基础上适时进行。植物源农药只在病虫害大量发生时使用，石硫合剂和波尔多液只在一年茶季结束封园时喷施，不得在茶叶采收季节使用。波尔多液用后，茶叶产品中的铜含量不得超过 30mg/kg。

（四）茶树修剪与茶叶采摘

1. 茶树修剪

茶树修剪有不同类型，依树龄、长势和修剪目的而异。幼龄茶树定型修剪在于培养丰产树冠，一般灌木型品种定剪 3 次、小乔木型品种定剪 4 次，每年 1 次，在春芽未萌发前的 2～3 月间进行。第 1 次定剪，在苗高 30cm 以上，离地 5cm 处主茎粗度大于 3mm，有 1～2 个分枝时进行，在离地 15～20cm 处水平剪去主枝；第 2、3 次定剪在原有基础上提高 15～20cm；第 4 次在离地 60～70cm 处剪成弧形。严禁以“采”代“剪”。投产茶园视具体情况采用轻修剪或深修剪。轻修剪在每年茶季结束后或春茶萌发前进行，修剪高度在上次剪口上提高 3～5cm，灌木型品种剪成弧形，小乔木型品种水平修剪。深修剪在树冠面上出现浓密而细弱的“鸡爪枝”时安排在春茶后或一年茶季结束后进行，修剪深度为 15～25cm，具体剪位以剪去树冠内的枯枝、结节枝和细弱枝为准。覆盖度大的茶园，须通过修剪，保持茶行间距离20cm左右，以利于田间作业和通风透光，减少病虫害发生。衰老茶树应进行重修剪或台刈。正常修剪枝叶应留在茶园内，病虫枝条和粗干枝清除出园时注意对寄生蜂等天敌的保护。

2. 茶叶采摘

茶叶采摘应遵循“采留结合、量质兼顾和因树制宜”原则，按标准适时留叶采摘。采下的鲜叶，要求完整、新鲜、匀净；盛装在清洁、通风的器具中（不得使用塑料袋）；采下的茶叶应加标签，注明其品种、产地、采摘时间及操作方式等，并及时运抵茶厂晾青。以上操作过程中，应注意轻放、轻压、薄摊、勤翻等，切忌紧压、日晒。采茶机使用无铅汽油，防止汽油污染茶园和鲜叶。

茶叶的采摘标准一般为：名优红绿茶每芽1～2张初展嫩叶，大宗红绿茶每芽2～3叶和幼嫩对夹叶；白茶视产品标准而异，白毫银针单芽制作，白牡丹每芽2～3叶。茶园面积大的，提倡“前期适当早，中期刚刚好，后期不粗老”的采摘方式。采摘留叶数量以“不露骨”为宜，一般春留二叶，夏留一叶，秋留鱼叶。

机械采摘可以明显提高采摘效率，降低采摘成本，一般用于茶园面积较大的茶场和大宗茶的生产。提倡在发芽整齐、生长势强、采摘面平整的茶园上推广应用。机采前应注意机采树冠培养和肥培等农艺管理。机采树冠高度控制在60～80cm；形状，灌木型品种树冠宜为弧形，小乔木型宜为水平型。

鲜叶盛具必须洁净、透气、无污染，不得紧压，应采用清洁、透风性能良好的竹编、藤编茶篮或篓筐，不得使用布袋、塑料袋等软包装材料，鲜叶盛装与运输过程中应注意轻放、轻压，以减少机械损伤，切忌紧压、日晒、雨淋，避免鲜叶升温变质，影响产品质量，避免鲜叶贮运污染。

（五）茶叶加工、包装和贮藏

1. 加工环境及工艺技术

有机茶加工环境及工艺技术必须符合国家食品卫生法和食品加工标准。茶叶加工环境必须清洁，并远离有毒、有害物质及有异味的场所；加工车间应清洁卫生，水泥地面，水源充足，排水畅通，并通过QS认证；加工机械设备与器具为无污染的材料制造；加工人员必须身体健康，有良好的卫生习惯。

茶叶加工按照茶类加工工艺要求，依品种、采摘地块与时间的不同分别加工，确保加工产品的可溯源性。加工全过程实行不落地生产，只允许采用物理和自然发酵方法。加工用燃料须是清洁或可再生能源，尽量避免使用木材。

2. 包装的一般原则

（1）接触茶叶的包装材料必须符合食品卫生要求，所有包装材料必须不受杀菌剂、防腐剂、熏蒸剂、杀虫剂等的污染。

（2）包装材料的生产及包装物的存放必须遵循不污染环境的原则，对包装废弃物应及时清理、分类及进行无害化处理。

（3）尽量减少茶叶原有营养成分及色泽的损失，要求材料有防潮、隔氧和遮光功能。

（4）坚固耐用，便于储存及运输，保质期较长，外观整洁美观，能刺激消费者感官享受，增加消费欲望。

（5）避免使用非必要的包装材料，避免过度包装。

3. 包装材料

有机茶产品的包装（含大小包装）材料必须是食品级的，主要材料有：纸板、聚乙烯、铝箔复合膜、玻璃、牛皮纸、白板纸、马口铁茶听、铝罐、竹木容器、瓷罐等以及内衬纸及捆扎材料等。接触有机茶产品的包装材料应无任何异味，不得含有荧光染料等污染物。各种包装材料均应坚固、干燥、清洁、无机械损伤等。推荐使用充氮包装、无菌包装、真空包装，在产品包装上的印刷油墨或标签、封签中使用的黏着剂、印油、墨水等都必须是无毒的。

4. 包装方式

包装必须符合牢固、整洁、防潮、美观的要求，包装方式有箱包装、袋包装和小包装等。箱包装和袋包装主要用于大批量交货包装，有胶合板箱、木板箱和牛皮纸箱等，箱外必须套麻袋等外包，茶箱内壁用 60g 和 40g 的牛皮纸，中间衬 0.016mm 厚的铝箔进行裱糊以起到防潮作用。用麻袋作外包装，内衬的聚乙烯薄膜厚度不应小于 70μm；袋的尺寸一定要内袋（塑料袋）略大于外套袋，这样，内袋不易破裂。小包装主要用于产品销售，多以罐包装、软包装形式接触茶叶，通常以多层礼品包装的形式出现。

5. 储藏

（1）卫生要求　严格禁止有机茶与化学合成物质及其他有毒、有害、有异味、易污染的物品接触，保持仓库的清洁卫生，搞好防鼠、防虫、防霉工作，贮库内禁止吸烟和吐痰，严禁使用化学合成的杀虫剂、防鼠剂及防霉剂。

（2）专用仓库　有机茶与常规产品必须分开贮藏，有条件的，设有机茶专用仓库，仓库应清洁、防潮、避光和无异味，并保持通风干燥，周围环境要清洁卫生，并远离污染源。

（3）防霉和防潮　储藏有机茶必须保持干燥，茶叶含水量必须符合要求，仓库内配备除湿机或其他除湿材料。用生石灰及其他防潮材料进行防潮除湿时，要避免茶叶与生石灰等防潮除湿材料接触，并定期更换。

（4）储藏方式　提倡对有机茶进行低温、充氮或真空保存。

（5）记录　入库的有机茶标志和批号系统要清楚、醒目、持久，严禁受到污染、变质以及标签、唛号与货物不一致的茶叶进入仓库。不同批号、日期的产品应分别存放，建立严格的仓库管理档案，详细记载出入仓库的有机茶批号、数量和时间以及位置等。

五、有机花生生产技术

（一）基地选择和播种

（1）基地选择　应选择地势平坦、土层较厚、土质肥沃、干时不板、湿时不黏、质地疏松、耕性和排水良好、旱能浇、涝能排、不内涝、不干燥的沙质壤土。这样的土壤通透性好，蓄水保肥能力强，有利于种子萌发、植株生长、根瘤菌活动和荚果发育。同时，环境质量应符合相关标准要求（具体见第四章第一节）。

（2）轮作　为减轻病虫草等的危害，有机花生不能重茬，要选择生茬地或与大豆、甘薯、马铃薯、萝卜等多种作物有计划轮作。

（3）土壤耕作　花生是地上开花地下结果作物，深冬耕（或春耕）25～30cm，熟化土壤，可减轻病虫危害。

（4）种子选择　种子必须选择常规技术育成（未采用转基因或辐射技术），且适应性良好，株型紧凑，结荚集中，抗旱性较强，对叶斑病等病害综合抗性强，内在和外观品质优良的品种，如花育 19、鲁花 12、8130、唐油 4 号等。

（5）种子处理　播种前种子应进行适当的处理：①进行发芽试验，要求发芽率达 95%以上；②播前要带壳晒种，选晴天 9～15 时，在干燥的地方，把花生平铺在席子上，厚 10cm 左右，每隔 1～2h 翻动 1 次，晒 2～3 天。剥壳时间以播种前 10～15 天为好；③选种仁大而整齐、籽粒饱满、色泽好，没有机械损伤的一级、二级大粒作种，淘汰三级小粒；④种子拌花生根瘤菌粉，每公顷用种量用根瘤菌粉 300～500g，加清水 100～150mL 调成菌液，均匀地拌在种子上。

（6）适期播种和合理密植　通常在 5～10cm 地温连续 5d 稳定在 15℃以上时即可播种。播种时土壤应有适宜的湿度，可先起垄覆膜，垄距 80～85cm，垄高 10～12cm，垄顶面宽 50cm，边台 10cm，大行距 50cm，小行距 30cm，根据品种株高和分枝数多少确定密度，一般 12 万～15 万株/hm^2，每株播 2 粒种子，播深 3～5cm。

（二）有害生物控制

（1）地下害虫　花生常会受到蛴螬等地下害虫的危害，其防治方法主要有：①冬季深耕或麦收后浅耕灭茬，造成不利于蛴螬生存的环境，同时耕翻也能起到机械杀伤的作用；②结合翻耕或收获时人工随犁拣拾幼虫或成虫；③在越冬时蛴螬等地下害虫密度大的田块，播种期可适当推迟，使较多幼虫老熟后下移化蛹，减轻为害；④采用黑光灯、榆树枝、杨柳枝把诱杀金龟子，减少虫源基数；⑤在幼虫孵化盛末期（山东在6月中下旬前后）将白僵菌菌粉30kg/hm^{2}对土顺垄撒放或在垄两侧沟放至花生收获期。

（2）蚜虫　主要防治措施有：①利用蚜虫对黄色的趋性，在田间设置用深黄色调和漆涂抹的黄板，形状不拘（一般边长40cm左右），面上抹一层机油，设置高度1m左右，每隔30～50m设一个，诱蚜效果较好。②用软皂液喷洒叶背面，或者用石灰＋食盐水喷洒，防蚜效果均在90%以上。

（3）鳞翅目害虫　中后期可能会有棉铃虫、造桥虫等害虫发生，可采用的防治措施有：①利用成虫的趋光性，每3公顷安装一盏杀虫灯诱杀。②在低龄幼虫发生期（山东主要是6月下旬至7月上旬），喷洒B. t. 制剂。③在成虫发生初期用木醋或竹醋水溶液喷于叶面，每隔5d喷一次，连喷3次，可有效驱避成虫，降低虫口密度，减轻幼虫危害。

（4）病毒病　中国花生病毒病主要有轻斑驳、黄花叶、普通花叶、芽枯等不同类型的病害。除芽枯病主要由蓟马传播外，其他几种病毒病害均通过种子和蚜虫传播。防治措施主要有：一是采用无病毒种子，杜绝或减少初侵染源。无毒种子可采取隔离繁殖的方法获得。二是选用豫花1号、海花1号、豫花7号等感病轻和种传率低的品种，并且选择大粒花生作种子。三是推广地膜覆盖技术，地膜具有一定的驱蚜效果，可以减轻病毒病的传播。四是及时清除田间和周围杂草，减少蚜虫等传毒媒介的来源。五是搞好病害检疫，禁止从病区调种。六是药剂治蚜虫和蓟马传毒媒介。

（5）叶斑病　花生叶斑病以黑斑病和褐斑病为主。防治措施主要有：①轮作　花生叶斑病的寄主比较单一，与其他作物轮作，可有效地控制病害的发生，一般轮作周期应在2年以上。②选用耐病品种　虽然目前生产上还没有高抗叶斑病的品种，但品种间的耐病性差异较大，一般叶片厚、叶色深的品种较抗病，在河南重病区宜选用豫花1号、海花1号、豫花4号和豫花7号等耐病性较强的品种。③减少侵染源　在花生收获后及时清除遗留田间的带有病菌的残体，不要随意乱抛、乱堆。对有病菌残体的地块应及时翻耕，以加速残体的分解，防止病菌再侵染花生。④药剂防治　当主茎叶片发病率达到5%～7%时，用波尔多液（硫酸铜∶生石灰∶水为1∶2∶150）或0.3波美度的石硫合剂叶面喷雾。另外还可用干草木灰＋石灰粉混合，趁早晨露水未干撒于叶面。以上药剂能兼治花生倒秧病等多种病害。

（三）田间管理

（1）覆膜和除草　为了控制杂草和提高产量，可选用聚乙烯吹塑型无药黑色膜或无药无色增温膜覆盖。放苗时开的膜孔要用土盖严，以保证除草和增产效果。花生收获后及时清除残膜。

（2）适时撤土和培土　花生伏果为过熟果，由早期花形成，亦属无效果。露地花生可在初花期进行中耕撤土控针，加大果针与地表的距离，推迟果针入土时间，再于下针盛期进行培土迎针，花生封垄时，划锄垄沟，能起到减少伏果、预防烂果、增加饱果的作用。

（3）合理施肥　一般花生目标单产 4500～6000kg/hm^2 时，应施优质土杂肥 60～75t/hm^2，如果土杂肥不足，可结合使用 750～1500kg/hm^2 生物有机肥；要达到单产 6000～7500kg/hm^2，施肥量在上述基础上递增 30%左右。土杂肥可于深耕时铺施，生物肥撒于播种沟内。同时，也可配施适量的农用石灰、硫酸钾、天然磷酸盐和微量元素矿物盐。

（4）及时排涝　多雨年份，花生徒长，可人工摘除主茎与主要侧枝生长点，抑制生长。注意摘除部分的大小，以刚去掉生长点为宜。在中后期遇汛期，要健全排涝系统，以免烂果。

（5）收集残膜　地膜覆盖田，花生收获后，如不收集残膜，将造成土壤、环境和产品污染。据试验，覆膜一年的花生田全部地膜留在地里，下茬花生减产 12.7%，覆膜二年的花生田全部地膜留在地里，花生减产 17.0%。因此，覆膜有机花生田应在收获前 15d 左右，人工将残膜拣净，返销回收。

（6）适时收获　收获过早影响产量，过晚部分荚果出现伏果和芽果，影响质量和产量。最佳收获期为茎蔓变黄，大多数花生荚果网纹明显，荚果内海绵层收缩并有黑褐色光泽，子粒饱满，果皮和种皮基本呈现固有的颜色。收回的荚果及时晒干，确保不霉变，干后（含水量低于 9%）入库，按有机食品要求妥善保管。

（7）防止黄曲霉毒素污染　一要选用抗病品种；二是在生长后期（收获前 4～6 周）要预防干旱；三要晾晒使花生含水量低于 9%，降低入库时水分含量；四要降低贮藏环境温度、湿度和氧气浓度。

第四部分 有机相关标准法规汇编

一、 国际和主要发达国家有机相关标准法规

国际食品法典有机标准

有机食品生产、 加工、 标识与销售导则

(GL 32—1999， Rev. 4—2007， Amended 3—2010)

目 录

前言

1 范围

2 描述和定义

3 标识与宣称

4 生产和制造规则

5 附录Ⅱ中所列物质的要求及制定国家允许物质清单的标准

6 检查与认证制度

7 进口

附录Ⅰ 有机生产的原则

附录Ⅱ 准许用于有机食品生产的物质

附录Ⅲ 检查认证制度的最低检查要求和预防措施

前 言

制定本导则的目的是为提供协调一致的方法来满足有机食品生产、标识和宣称的需求。

本导则旨在：

a. 保护消费者免受市场假冒产品及没有依据的产品宣称的欺骗。

b. 保护有机产品生产者免受其他假冒有机产品的影响。

c. 确保生产、加工、贮存、运输、销售各个阶段均处在检查监督之下，并完全符合本导则的规定。

d. 协调有机产品的生产、认证、识别和标识的各项规定。

e. 提供有机食品控制体系的国际导则，以促进国家控制体系的认同和共识，

从而促进有机食品的进口。

f. 维持并加强各国的有机农业体系，为当地和全球的可持续发展作出贡献。

在有机产品的生产和销售标准、监督以及标识要求等应具备的基本条件方面，本导则是目前官方国际协调工作的第一步。对于有机产品，制定及实施这些基本条件的经验十分有限。而且，全球各地消费者对有机产品生产过程中的某些重要细节的认同存在地区差异。但现阶段已有如下共识：

a. 本导则是协助各国制定国家有机食品生产、销售、标识制度的有益工具。

b. 考虑到技术进步及实施导则后所获得的经验，有机产品导则需要定期完善和更新。

c. 这些导则不妨碍成员国为了维护消费者的信任和避免欺诈行为而实施更严格和详细的规定，并以等效原则对待具有更严格规定的其他国家的产品。

本导则为种植、制备、贮存、运输、标识和市场各阶段制定了有机生产的原则，并为土壤的施肥及改良、植物病虫害防治、食品添加剂和加工助剂使用的可接受用量提供了指标。可暗示该产品使用有机生产方式的术语，仅限用于在认证机构或主管部门的监管下生产的产品的标识。

有机农业是诸多有益于环境的农业生产方法之一。有机生产体系是以详细严格的生产标准为基础，这些标准的目的在于建立社会、生态及经济可持续发展的优化农业生态系统。为了更为清楚地描述有机系统，一些术语如“生物的”、“生态的”会被使用。认证、标识和宣称源自生产过程，有机产品的生产要求与其他农产品不同。

“有机”是一个标识术语，用于表示产品是按照有机生产标准生产，并获得了正式授权的认证机构或监管当局的认证。有机农业基于尽量减少外部投入，避免使用合成肥料和农药。鉴于普遍存在环境污染，有机农业生产方式不能够确保产品毫无残留，但采用了尽量降低空气、土壤与水污染的生产方法。有机产品生产者、加工者及零售商均应遵守有机产品标准，以保持有机农产品的完整性。有机农业的主要目标是最大限度地优化相互依存的土壤、植物、动物和人类系统的健康和生产力。

有机农业是完整的生产管理系统，该系统能够促进并加强包括生物多样性、生态循环、土壤生物活性在内的农业生态系统的健康。有机农业考虑因地制宜地建立符合区域性条件的系统，优先强调管理实践，而不是非农业源投入物的使用。即在可能的情况下，通过利用耕作、生物和机械的方法，而不是使用合成物质，来实现系统内特定的功能。有机生产系统的建立是为了：

a. 在整个系统内提高生物多样性。

b. 增强土壤的生物活性。

c. 保持土壤的长久肥力。

d. 循环利用动植物的废弃物来补充土壤养分，最大限度地减少不可再生资源的使用。

e. 依赖于当地有机农业系统内的可再生资源。

f. 促进土壤、水与空气的健康利用，最大限度地减少因农业生产活动导致的任何污染。

g. 强调采用谨慎的加工方法处理农产品，使各个加工环节均能保持有机完整性及其关键品质。

h. 经过一段时间的转换，在现存的任何农场可建立有机农业。转换时间的长短取决于所在地点的特定因素，如土地耕作时间以及作物和家畜的类型。

生产者与消费者紧密联系的观念由来已久。但随着市场需求扩大、生产经济效益增加以及消费者与生产者距离越来越远，均刺激了控制和认证程序的引入。

认证的综合内容是对有机管理系统的监督。经营者的认证程序主要基于经营者在监督部门的配合下形成的农业企业年度记述。同样，就加工而言，也要针对加工操作和工厂条件制定标准，使之可以监督和验证。若由认证机构或主管部门实施检查，则必须清楚地区分监督与认证职能。为维护公正性，认证机构和认证当局的经济利益与经营者的认证不应关联。

除了小部分农业商品从农场直接销售给消费者外，大多数商品是经由已建立的贸易渠道销售给消费者的。为了最大限度地减少市场欺骗行为，必须制定特别措施，以确保对贸易及加工企业进行有效地审查。因此，针对过程而不是最终产品的管理，要求各相关方必须采取负责的行动。

对进口的要求应以“食品进出口检验及认证原则”中规定的等效与透明原则为基础。在接受有机产品的进口时，进口国通常会对出口国的监督与认证程序及使用的标准进行评估。

鉴于有机生产系统的持续进步，本导则的有机原则与标准也会不断发展，因此，食品标签法典委员会（CCFL）将定期对本导则进行再评估。CCFL将启动再评估程序，并于每次CCFL会议前邀请成员国政府及相关国际组织提出修订建议。

1 范围

1.1 本导则适用于以下使用或准备使用有机标识的产品：

a. 未经加工的植物及植物产品、牲畜和牲畜产品，其生产原则和专门的检查规则应符合附录Ⅰ和附录Ⅲ。

b. 使用a. 条款所述的农产品，加工成供人类食用的农畜产品。

1.2 在产品标识、宣称以及广告或商业文件中，如果使用了“有机”、“生物动力学”、“生物学”、“生态学”等字词，或包括在产品投放市场的所在国类似意思的词来描述某产品或其配料，向购买者示意该产品或其配料是采用有机生产方法获得的，即可认为该产品标识了有机生产方法。

1.3 如果所使用术语明显不表征有机生产方法，则不用使用第1.2条款的规定。

1.4　本导则的应用并不妨碍在第1.1条款中所规定产品的生产、制作、销售、标识及监督中应用国际食品法典委员会的其他管理规定。

1.5　所有通过转基因技术生产的产品和/或材料，均不符合有机生产的原则(无论是种植、制造或加工)，因此不被本导则认可。

2　描述和定义

2.1　描述

只有产自有机农业系统的食品方可表述为有机食品。有机农业系统的管理追求通过天然生态系统实现可持续性生产，包括采用相互依存的生物多样性来进行杂草及病虫害防治、循环利用植物与动物废弃物，以及作物选择与轮作、水管理、耕作与栽培措施等。通过优化土壤生物活性、土壤物理与矿物特性的系统方法维持并增强土壤肥力，为动物与植物提供均衡营养，同时保护土壤资源。使循环利用植物营养素成为土壤施肥策略的重要部分，实现可持续性生产。通过促进宿主/寄生间关系的平衡、增加益虫种群、生物与耕作控制以及机械去除害虫和植物受感染部分进行病虫害的防治。

有机畜牧业的基础是发展土地、植物和牲畜之间的和谐关系，尊重牲畜的生理和行为需要。通过提供优质有机饲料，保持适当的存栏率，建立满足牲畜行为需要的管理体系，并结合减少动物精神压力，增进健康，预防疾病和避免使用化学对抗性兽药（包括抗生素），可以实现畜禽的有机饲养。

2.2　定义

农产品/农业源产品（agricultural product/product of agricultural origin）：是指任何通过市场销售的供人类食用或作为动物饲料的产品或商品（不包括水、盐和添加剂），这些产品或商品可以是原料或加工制品。

审查（audit）：是指系统的和功能上独立的检查，以确定某些行为及结果与计划目标是否一致。

认证（certification）：是指由官方的或官方认可的认证机构，对符合要求的食品或食品管理系统提供书面或等同形式的保证所需要的程序。适宜的食品认证应基于一系列的监督行为，包括持续在线监督、质量保证体系的审查及成品检验。

认证机构（certification body）：是指负责验证出售或标识为“有机”的产品是否按照本导则生产、加工、制造、管理及进口的机构。

主管当局（competent authority）：是指有管辖权的官方政府机构。

转基因生物（genetically engineered/modified organisms）：转基因生物及其产品是借助改变其遗传物质的技术生产的。这种遗传物质的改变不能通过杂交和/或天然重组自然地发生。

转基因技术（techniques of genetic engineering/modification）：是指包括但不

仅限于：重组 DNA、细胞融合、微观及宏观注入、封装、基因敲除及倍增。基因工程生物体不包括利用结合、转导和杂交之类技术生产的生物体。

配料（ingredient）：是指在加工或制作食品时使用的并出现在最终产品中的任何物质，包括食品添加剂。在最终产品中配料可能以变化了的形式存在。

监督（inspection）：是指对食品及其原料、加工和配送的整个食品控制系统进行的详细核查，包括对加工过程中的检验和成品的检验，进而确定是否符合要求。对有机食品的监督包括对其生产及加工系统的核查。

标识（labelling）：是指为销售或促销的目的，附随食品或陈列于食品周边的识别标记，可以是文字或图形。

牲畜（livestock）：是指家养或驯化的动物，包括用于食用和生产食品所饲养的牛（水牛和野牛）、羊、猪、山羊、马、家禽和蜜蜂。狩猎或捕鱼所得的野生动物不属此定义范围。

营销（marketing）：是指销售或为销售进行的展示、回赠、出售、配送或任何与销售有关的市场形式。

官方认可（official accreditation）：是指具有管辖权的政府机构对有能力提供监督和/或认证服务的机构进行正式确认的程序。对于有机生产，主管当局可将官方认可的职能授权给私营机构。

官方认可的监督制度/官方认可的认证制度（officially recognized inspection systems/officially recognized certification systems）：是指有管辖权的政府部门证实批准或承认的制度。

经营者（operator）：是指为营销目的而进行生产、制作或进口的任何人员，其中所营销的产品由第 1.1 条款规定。

植物保护产品（plant protection product）：是指用于保护、杀灭、诱引、驱赶或控制有害生物的任何物质，有害生物也包括在食品、农产品或动物饲料的生产、贮存、运输、配送和加工过程中，不期望出现的动植物。

制造（preparation）：是指农产品屠宰、加工、保鲜和包装的作业和为表明有机生产方式而进行的标识变更。

生产（production）：是指为农产品供应在农场进行的操作，包括对产品的初级包装和标识。

兽药（veterinary drug）：是指为疾病治疗、预防、诊断或改善生理功能和行为目的，用于或给予食产动物（如产肉或产奶的动物、家禽、鱼和蜜蜂等）的任何物质。

3 标识与宣称

一般条款

3.1 有机产品应按照《预包装食品标识通用标准》（CODEX STAN 1）进行

标注。

3.2　第1.1a. 条款中规定的产品，仅在下述条件下可进行有机生产方式标识和宣称：

a. 明确标识与有机农业生产方式有关的指标。

b. 产品应按照第4章中的要求生产，或按照第7章中的要求进口。

c. 产品应由遵守第6章监管要求的经营者生产或进口。

d. 标识上应标注官方认可的监管或认证机构的名称和/或编码。这些机构应对经营者的生产或最近的加工操作履行监督职能。

3.3　只有符合下述要求，第1.1b. 条款中所指产品的标识和宣称才可标注为有机生产方式：

a. 除非在配料表中明确表述，否则应明确对与有机农业生产有关的，或与有疑问的有机农产品名称相关的指标进行表述。

b. 所有农产配料及其衍生配料，按照第4章的要求生产，或按照第7章的规定进口。

c. 被标识产品不应含有附录Ⅱ的表中未列出的非农业来源的任何配料。

d. 同样的配料不应源于有机，又源于非有机。

e. 产品及配料在制作过程中，不应经过离子辐射处理和使用在附录Ⅱ的表中未列入的物质处理。

f. 产品制造和进口经营者应接受本导则第6章中所规定的监督制度。

g. 应标识官方认可的，最近对该生产经营系统履行监督职能的认证机构或主管部门的名称和/或编码。

3.4　第3.3b. 条款的变通条款

a. 制造第1.1 b. 条款提及的产品时，某些农产配料不能满足第3.3 b. 条款要求，但其总重不超过成品中除盐和水以外的总配料重量的5%（质量分数）。

b. 在某农产配料难以获得或数量不足时，可按照本导则第4章中的要求。

3.5　在进一步审核该导则之前，成员国可针对在其领土内销售的第1.1 b. 条款定义的产品考虑如下事宜：

a. 为农产配料含量低于配料总量95%的产品制定专用标识。

b. 以农产配料为基数（除盐分和水分外的配料总量）计算第3.4条款（5%）和第3.5条款（95%）配料的百分含量。

c. 对转换期产品标识中含有一种以上农产配料产品的营销。

3.6　按照上述条款制定有机配料含量低于95%的产品标识条款时，成员国应考虑下列因素，其中特别要考虑有机配料含量为95%和70%的产品：

a. 满足第3.3c.、d.、e.、f. 条款和第g. 条款中要求的产品。

b. 有机生产方式的指标应标注在正面，以占总配料含量的百分含量表示，总配料包括添加剂，但不包括盐和水分。

c. 配料表各种配料按“质量分数”递减顺序排列。

d. 配料表有机配料指标应与其他配料指标一致，采用相同的颜色、字体和字号表示。

有机转换产品标识

3.7 采用有机方式生产12个月后并具备下述条件的转换期产品仅可标为有机转换产品：

a. 完全满足第3.2和3.3条款的要求。

b. 有机转换产品标识不应在其与完成转换的有机产品之间的差别方面误导产品的购买者。

c. 采用如“正在向有机农业转换的产品”或类似的词语表述时，这些词语应被产品营销地所属国家的主管部门接受。且使用的颜色、字号、字体，不得比产品其他文字说明更突出。

d. 由单一配料构成的食品，可以在其产品包装的正面标示“有机转换产品”。

e. 标识应当指明最近对经营者的加工操作进行监督检测的官方或官方认可的认证机构的名称和编码。

非零售产品包装标识

3.8 1.1条款所指的产品非零售包装的标识应符合附录Ⅲ第10条的要求。

4 生产和制造规则

4.1 第1.1 a. 条款中涉及的产品有机生产方式要求：

a. 至少满足附录Ⅰ中规定的生产要求；

b. 若上述第a. 条款不起作用时，附录Ⅱ中的表1、表2所列的物质或已有国家批准符合第5.1条款中限制的物质，可作为植物保护产品、肥料、土壤改良剂使用，前提是这些物质在相关国家规定中，没有禁止在农业生产中使用。

4.2 有机加工方法对制造第1.1 b. 条款中所涉及产品的要求：

a. 至少应满足附录Ⅰ的加工要求；

b. 附录Ⅱ中表3及表4所列的物质或已有国家批准符合第5.1条款中限制的物质，可作为非农业来源配料或加工助剂来使用，前提是这些物质未被相关国家禁止在食品生产中使用，并符合良好生产操作规范。

4.3 有机产品应按照附录Ⅰ的要求贮存和运输。

4.4 主管当局可放宽第4.1条款和第4.2条款限制，按照附录Ⅰ中对牲畜生产的规定，制定更详细的规则并缩短执行期，以允许有机农业实践逐步发展。

5 附录Ⅱ中所列物质的要求及制定国家允许物质清单的标准

5.1 下述标准应当用于修改第4章中允许使用物质的名单。应用这些标准评估有机生产中使用的新物质时，各国应当考虑到所适用的法律和法规规定，并使其可在其他需要的国家使用。

提议加入到附录Ⅱ中的任何新物质，必须符合下述一般性要求：

ⅰ. 与本导则中所列出的有机生产的原则相一致；

ⅱ. 所使用物质在预期的用途中是必需的；

ⅲ. 生产、使用和处置这些物质不会对环境有害；

ⅳ. 对人类或动物的健康及生活质量的负面影响最小；

ⅴ. 不存在可在数量和/或质量上满足需求的已获批准的其他备选物质。

上述标准应进行整体评估，以保护有机生产的完整性。在评价过程中还应使用下述标准：

a. 如果所使用的物质是用于土壤改良和增加土壤肥力的，则该物质应：

➤增强和保持土壤肥力，满足作物或特定土壤条件下的营养需求所必需的，其作用不能由附录Ⅰ中方法，或附录Ⅱ中表2所列的其他产品来满足。

➤组分应来源于植物、动物、微生物或矿物质，可经过物理（例如机械加工、热处理）、酶、微生物（例如堆肥、发酵）加工处理，只有在上述处理无效时，方可考虑化学加工方式，但仅限于提取载体物和黏合物时，方可使用化学处理方法。

➤该组分的使用对土壤生态系统平衡、土壤物理特性、水和空气质量不会产生有害影响。

➤使用应限定在特定条件、特定区域并针对特定商品进行。

b. 如果所使用物质以控制虫害及杂草为目的，则该物质应：

➤对控制有害生物体或特定病害是必不可少的，且不存在其他生物、物理或植物抗性品种等有效的管理方法。

➤已考虑到使用后对环境、生态系统（尤其是非靶标生物）、消费者健康、牲畜和蜜蜂的潜在危害。

➤源自植物、动物、微生物或矿物质，且可经过物理（例如机械加工、热处理）、酶、微生物（例如堆肥、消化）处理。

➤作为一种例外，用于诱捕目的（例如信息素）的，必须在天然产物不能满足需求，不会直接或间接残留在产品的可食部位时，方可考虑将这类化学合成物质纳入使用名单。

➤使用应限于特定条件、特定区域或产品。

c. 如所使用的物质在食品制造或保存过程中被用作添加剂或加工助剂，则该物质：

➤已证明不使用这些物质作为添加剂或加工助剂，就不能生产特定的食品或生产出的食品难以保存，且没有能满足本导则要求的其他可利用的替代技术。

➤是在自然界可以发现的天然物质，且可经过机械/物理加工（如提取、沉淀）、生物或酶处理（如发酵）。

➤如果无法通过上述方法与技术获得，或不能满足数量上的要求，可以考虑将化学合成的该类物质作为例外情况纳入清单。

➢ 使用应维持产品的真实性和可靠性。

➢ 使用不会导致在食品性质、所含物质和食品质量方面欺骗消费者。

➢ 作为添加剂或加工助剂使用不能影响产品的整体质量。

在将物质列入允许使用清单的评估过程中，所有利益相关方均应有参与的机会。

5.2 各国应制定或采用符合第5.1条款标准的物质名单。

6 检查与认证制度

6.1 检查与认证制度用于查证以有机方式生产的食品的标识和宣称。制定该制度时，应考虑《食品进出口监督与认证原则》(CAC/GL 20) 和《食品进出口监督及认证制度的设计、操作、评估和认可导则》(CAC/GL 26) 及其他相关国际标准 (如ISO 65)。

6.2 国家主管部门应制定监督制度，并由一个或多个指定的权威机构和/或官方认可的监督/认证机构对经营者生产、制造或进口的涉及第1.1条款的产品进行监督。

6.3 官方认可的监督与认证制度至少应包括附录Ⅲ中的措施和其他注意事项。

6.4 实施由官方机构或官方授权的机构进行监督的制度时，各国应确定一个国家主管部门负责批准并对这些机构进行监督。该主管部门在保留决策和管理职责的前提下，可以将对私营的检查和认证机构的评估和监督职责委托 (或授权) 给私立或公立的第三方。获得授权的第三方不应从事检查和/或认证业务。当出口国缺少国家主管部门和有机事务管理部门时，进口国可授权一个第三方认可机构。

6.5 为使认证机构或认证团体获得官方认可，国家主管部门或其授权机构在进行评估时应考虑如下情况：

a. 遵循标准化的检查和认证程序，包括该机构承诺为对接受监督检查的经营者施加影响所采取的监督和预防措施的详细描述；

b. 对发现未执行和/或违反规则的机构拟采取的处罚措施；

c. 具有适当的资源保障，包括高素质的人员队伍、管理和技术设施、监督经验和可靠性；

d. 该机构对接受检查的经营者的客观性。

6.6 国家主管部门或其授权机构应：

a. 确保对检查和认证机构进行的监督是客观的；

b. 查证监督的有效性；

c. 对发现的任何不符合规则和/或违反规定的情况进行审理，并进行处罚；

d. 当其不能满足第a. 和b. 条款的要求，不再履行第6.5条款中规定的标准，或不能满足第6.7和6.9条款的要求，则取消该认证机构的认可。

6.7 在第6.2条款中提到的官方和/或官方认可的认证机构应：

a. 确保对接受检查的经营者至少实施附录Ⅲ规定的监督和预防措施；

b. 不得向与监督检查相关人员和主管部门之外的人员泄露在监督或认证过程中获得的机密信息和数据。

6.8 官方或官方认可的监督和/或认证机构应：

a. 允许主管部门或其授权方以审查为目的，进入其办公和设施场所，随机选取其认证的经营者进行审查，进入经营者的设施进行检查，并向主管部门或授权方提供任何必需信息和协助，用以确证本导则得到履行情况；

b. 每年向主管部门或其授权方报送上年度接受检查认证的经营者名单及简明年度报告。

6.9 在6.2条款中涉及的国家指定的主管部门和官方或官方认可的认证机构应：

a. 发现未按规定执行第3和4章规定或附录Ⅲ中的措施时，要求未按规定检查其生产过程的全部产品必须停止按第1.2条款述及的有机生产方式进行的标识；

b. 发现严重违规，或可导致不利影响的违规时，须禁止有关的经营者在一定期限内营销其具有有机标识的产品，禁止的期限由主管部门或其委派方确定。

6.10 当主管部门发现在执行本导则过程中存在不符合规定和/或违反规定的现象时，应执行《拒绝进口食品的国家间信息交换导则》（CAC/GL 25）规定的要求。

7 进口

7.1 若在第1.1条款中指定的产品是进口的，则出口国主管部门或其指定的机构须签发检查证明书，说明证明书中所指的产品是按照本导则各条款及附录中生产、制造、营销及监督规定出口的，并且符合第7.4条款的等效原则。

7.2 前面7.1条款所指的证明书应伴随货物，以原件形式送交第一收货人；其后，进口商应保存该证书2年以上，以备监督和审查。

7.3 进口产品在交付给消费者前均应保持其有机的真实性。如进口的有机产品由于进口国的检疫法规要求采取的检疫处理与本导则的要求不符的，则这些有机产品会丧失其有机地位。

7.4 进口国可以：

a. 要求出口国提供详细信息，包括进口国与出口国主管部门共同认可的独立专家撰写的报告，对与本导则规定一致的国家，出口国依据其法规进行的裁定和决议，进口国依据其法规也可做出；

b. 与出口国共同进行实地考察，以检查出口国的生产和制造规则，包括生产和制造在内的监督/认证措施；

c. 为避免使消费者产生任何混淆，标识应按第3章的规定和该产品进口国的要求标注。

附录Ⅰ　有机生产的原则

A. 植物及植物产品

1. 对于第1.1a. 条款涉及的产品，本附录规定的原则应在产品生产地块、农场或农场中某生产单元实施，单年生作物播种前应有不少于2年的转换期，多年生作物（不包括牧草）则在第一次收获前，至少应有3年的转换期。主管部门或其授权机构以及获得官方认可的认证机构，可视地块使用的具体情况（如闲置2年或2年以上的地块），决定延长或缩短转换期，但转换期不得少于12个月。

2. 不论转换期多长，只要某生产单元开始在第6.2条款要求的监管体系下进行生产，且该生产单元开始执行本导则第4章中的规定，可认定为转换期开始。

3. 在整个农场不是一次性转换的情况下，转换过程可以逐步展开，转换的相关地块须从开始转换之时同步实施本导则。从常规生产向有机生产转换时，应使用本导则允许使用的技术。在整个农场不是同时转换的情况下，必须根据附录Ⅲ中A部分第3条与第11条的规定，将农场划分成若干生产单元。

4. 已完成转换及正在向有机生产转换的区域，不可在有机与常规生产方式间来回转换（变来变去）。

5. 利用下述措施保持或增强土壤的肥力与生物活性：

a. 制订一个适当的多年轮作计划，轮换栽培豆类、绿肥和深根植物。

b. 向土壤施入按照本导则生产的有机物质，熟化（堆肥）或未熟化均可。也可施入按照本导则规定生产的畜牧场的副产品，例如农场厩肥。

只有在上述a. 和b. 条款陈述的方法不能充分达到为作物提供营养和土壤改良的目的，又无法从有机农场获得更多农家肥料的情况下，附录Ⅱ表1中列出的特定物质才可用于有机农业生产。

c. 可以适当地使用微生物或以植物为基础的肥料来活化堆肥。

d. 用石粉、厩肥或植物制成的生物动力制剂也可用于第5章中陈述的目的。

6. 病虫草害应采用下列措施来控制，可单一使用，也可组合使用：

➢选择适当的作物种类和品种；

➢适当的轮作计划；

➢机械耕作；

➢保护有害生物的天敌，可提供适宜的栖息地，如树篱与筑巢，保持原始植被的生态缓冲区；

➢维护生态系统的多样性，即在空间尺度上的变化，例如抵抗侵蚀的缓冲带、农林交错带、作物轮作等。

➢焚烧荒草；

➢天敌，包括释放捕食性和寄生性天敌；

➢用石粉、厩肥或植物制作生物动力肥料；

➢ 地面覆盖和割草；

➢ 放牧；

➢ 机械控制方法，例如诱杀、阻隔、光灯和声音；

➢ 当不能进行土壤恢复性轮作时，进行蒸汽消毒。

7. 只有在作物面临或遭受严重威胁，且上述第 6 条中的措施没有或可能没有效力时，方可使用附录Ⅱ中规定的产品。

8. 种子和植物繁殖材料应来自按照本导则第 4.1 条款规定的种植一代以上的作物（如果是多年生作物，则应种植 2 个生长季节以上）。若经营者能够向官方或官方认可的认证机构提供无法获得满足上述规定的证明时，认证机构可允许：

a. 首先使用未经处理的种子或植物繁殖材料。

b. 在未经处理的种子或植物繁殖材料难以获得时，使用未包括在附录Ⅱ中的物质（按照一般的有机原则，此处应为“使用附录Ⅱ中的物质”——译者注）处理过的种子或植物繁殖材料也可采用。

国家主管部门对以上第 8 条款可制定限制性标准。

9. 在天然区域、森林和农区采集的野生的可食植物及其可食部分，可以被认定为是有机生产方式，只要：

➢ 这些产品是来自受到本导则第 6 章中规定的检查认证制度明确界定的采集区。

➢ 这些区域在采集前 3 年内未接受过在附录Ⅱ中提到的产品之外的其他处理。

➢ 采集活动不干扰自然栖息地的稳定和影响采集区的物种保护。

➢ 产品是由了解、熟悉采集区情况，从事收获或收集的经营者提供。

B. 牲畜和牲畜产品

一般原则

1. 保持有机生产的牲畜应是完整有机农场的重要组成部分，须遵照本导则来饲养管理。

2. 牲畜可对有机农业系统做出重要贡献：

a. 改善和保持土壤肥力；

b. 通过放牧调节植物区系；

c. 提高农场的生物多样性、增进相互补充；

d. 增加农业系统的多样性。

3. 牲畜生产是与土地相关的活动。草食动物必须在牧场饲养，所有其他动物也必须在露天活动；如果动物生理状态、恶劣的气候环境、土地许可状况，或一些传统农业系统的结构限制了牧场的使用时，主管部门可以允许适当的例外情况。

4. 牲畜的存栏率应与当地条件相适应，应考虑到地区的饲料生产力、牲畜健康、营养平衡和环境影响等。

5. 有机牲畜的饲养管理应着眼于运用自然养殖的方法，减少胁迫，预防疾病，逐渐排除使用化学的对抗性兽药（包括抗生素），减少动物饲料中的动物源成分（如肉粉），并维护动物的健康和福利。

牲畜的来源

6. 品种、品系和饲养方法的选择应考虑与有机农业原则的一致性，尤其应考虑到：

a. 牲畜对当地条件的适应能力；

b. 牲畜的生命力和对疾病的抵抗力；

c. 是否有与品种和品系相关的特定疾病或健康问题（如猪的应激综合征、自发性流产等）。

7. 用于生产本导则第 1.1a. 条款所指产品的牲畜，必须来自符合本导则规定的生产单元（从出生或孵化起），或者为在本导则规定条件下所饲养的种牲畜的后代，且其自身整个生命周期的饲养过程都必须符合导则的要求。

➤牲畜不能在有机和非有机单元之间变换饲养。主管部门应制定从其他符合本导则要求的单元购买牲畜的详细规则。

➤有机生产单元如出现不符合本导则要求的牲畜，应进行转换。

8. 如果经营者向官方认可的监督认证机构证明无法获得满足前面条款规定的牲畜，在下列情况下，官方或官方认可的监督认证机构可以允许不按照这些导则饲养牲畜：

a. 农场大规模扩建，品种改变或发展了新的牲畜种类。

b. 需要更新牧群，例如因灾难环境引起的动物高死亡率。

c. 用于配种的雄性动物。

在特定条件下，主管部门可以规定允许或不允许非有机来源的动物，如可考虑是否允许引进刚断奶的幼小动物。

9. 前面规定的放宽限制性要求的牲畜，必须符合第 12 条中列出的条件。如果产品将作为有机产品销售，则必须按照本导则的第 3 章核查它们的转换期。

转换

10. 用于饲料作物生产或牧场的土地的转换，必须遵守本附录 A. 部分的第 1、2、3 条中的规定。

11. 在以下情况，主管部门可以缩短或改变第 10 条款（对土地）和/或第 12 条款（对牲畜和牲畜产品）中规定的转换期或转换条件：

a. 用作非草食动物户外活动的牧场。

b. 在主管部门指定的执行期间，来自广大农业区的牛、马、绵羊和山羊，或第一次进行转换的乳畜群。

c. 同一生产单元的牲畜和放牧的土地同时进行转换时，只有当现有的牲畜及后代主要来自这一单元的产品饲养时，牲畜、牧场和/或种饲料的土地转换期可以减少为 2 年。

12. 当土地已达到有机的状态，又引进了非有机来源的牲畜时，如果其产品要按有机产品销售，则必须按照本导则饲养牲畜时间至少达到以下规定：

牲畜	产品	转换期要求
牛和马	肉制品	12个月，且其生命周期的3/4处于有机管理体系
	小牛肉制品	断奶后即引进或不足6个月大时引进的，6个月
	乳制品	主管部门指定的执行期内为90天，此后为6个月
绵羊和山羊	肉制品	6个月
	乳制品	主管部门指定的执行期为90天，此后为6个月
猪	肉制品	6个月
家禽	肉制品	主管部门确定为整个生命期
	禽蛋	6周

营养

13. 应为所有牲畜饲养系统提供最适宜的饲料，使用100%符合本导则要求的饲料（包括“转换期”的饲料）饲养。

14. 在主管部门指定的执行期内，牲畜产品应保持其有机完整性，提供的饲料应来源于按照本导则生产的有机产品，按干重计算，对于反刍动物至少应有85%为有机来源，对于非反刍动物至少应有80%为有机来源。

15. 虽有上述条款，若经营者能向官方或官方认可的监督认证机构提供令人信服的证据，如因不可预测的严重自然灾害、人为事件或恶劣的气候条件，导致无法满足前述第13条款列出的要求，则监督认证机构可以允许在有限时间内，使用一定比例的不按以上导则规定生产的饲料，前提是饲料中不含转基因生物体及其产品。此外，主管部门还应设定允许饲喂非有机饲料的最大比例及变通条件。

16. 应考虑特定牲畜的日粮配比：

➢ 考虑到幼小哺乳动物的自然需要，最好选择母乳进行喂养。

➢ 草食动物的每日配比中应有大量的由粗饲料、新鲜或晒干的草料或青贮饲料等组成的干物质。

➢ 反刍动物不能单一地饲喂青贮饲料。

➢ 正在增肥期的家禽需要谷物类饲料。

➢ 猪和家禽的日粮中都需要有粗饲料、新鲜或晒干的草料或青贮饲料。

17. 所有的牲畜必须供给足够的淡水，以维持牲畜的健康和强健活力。

18. 如果在饲料的生产阶段需要加入营养成分、饲料添加剂或者加工助剂等物质，主管部门应制定一份符合如下标准的允许添加物质名单。

一般标准

a. 国家动物饲养法规中允许使用的物质；

b. 维持牲畜健康、福利、活力所必需的物质；

c. 某些动物为满足其生理和行为需要所必需的物质；

d. 不应含有转基因生物及其产品；

e. 主要源于植物、矿物和动物。

饲料和营养成分的特定标准

a. 非有机来源的植物性饲料，只能在第 14 条款和第 15 条款规定的条件使用，且在生产过程中应未使用过化学溶剂或化学处理剂。

b. 矿物质来源的饲料、微量元素、维生素或者维生素原，只有它们是天然来源的都可以使用。在缺少这些物质，或者在例外情况下，可以使用化学成分明确的类似物。

c. 动物来源的饲料，除牛乳和乳制品、鱼类、其他海洋动物及其产品外，一般不应使用，或按照国家法律规定。任何情况下都不允许给反刍动物饲喂以哺乳动物为原料的饲料，牛乳和乳制品除外。

d. 不能使用合成的或者非蛋白氮化合物。

添加剂和加工助剂的特定标准

a. 黏合剂、抗结块剂、乳化剂、稳定剂、增稠剂、表面活性剂、凝固剂：只有天然来源的才允许使用。

b. 抗氧化剂：只有天然来源的才允许使用。

c. 防腐剂：只有天然的酸才允许使用。

d. 着色剂（包括色素）、香料和增味剂：只有天然原料才允许使用。

e. 允许使用益生菌、酶和微生物。

f. 在动物饲养过程中不允许使用抗生素、抗球虫剂、药物、生长促进剂或其他任何促进生长和生产的物质。

19. 青贮添加剂和加工助剂不能含有转基因生物及其产品，只能含有：

➢ 海盐；

➢ 粗制岩盐；

➢ 酵母；

➢ 酶；

➢ 乳清；

➢ 糖或糖类产品（如糖浆）；

➢ 蜂蜜；

➢ 乳酸细菌、乙酸细菌、蚁酸细菌和丙酸细菌，或者天气条件不允许充分发酵而产生的天然酸产物，以及经过主管部门批准的其他酸类物质。

卫生保健

20. 有机牲畜生产中的疾病预防应遵循以下原则：

a. 选择适当的动物品种和品系（详见前面第 6 条）。

b. 采用适于该牲畜品种要求的畜牧业操作规范，增强对疾病的抵抗力和预防传染病。

c. 使用高质量的有机饲料，定期锻炼，提供牧场或户外活动场地，有助于提高动物的自然免疫力。

d. 确保控制在一个适当的牲畜密度，以避免存栏过多导致动物疾病等问题。

21. 尽管有上述预防措施，如有动物生病或受伤，必须立即进行处理，必要时将其隔离，在适当的环境下喂养。饲养者应适当用药以减轻牲畜的痛苦，即使这些药物会使动物失去其有机特性。

22. 有机农场中使用兽药应遵循以下原则：

a. 当出现或可能出现某种疾病或健康问题时，在没有可替代使用的治疗方法或管理办法的情况下，经法律允许，可以接种疫苗、使用驱虫剂或者兽药。

b. 与化学对抗性兽药或者抗生素相比，如果有疗效，应优先使用植物疗法(除抗生素外)、顺势疗法或印度草药和微量元素。

c. 如果上述药品对疾病和病情无效，兽医有权使用化学对抗性兽药或抗生素，停药期应是法定的2倍，在任何情况下至少48h。

d. 禁止使用化学对抗性兽药和抗生素进行预防。

23. 激素治疗必须在兽医的监督下，以治疗疾病为目的时才可以使用。

24. 不允许使用生长刺激剂或其他刺激生长或生产的物质。

牲畜饲养、运输和屠宰

25. 应以有爱心、负责任、尊重生命的态度来饲养牲畜。

26. 饲养方法应遵循有机农场原则，并考虑：

a. 该品种或品系是否适应当地条件和有机管理体系。

b. 虽然可以使用人工受精，但优先采用自然繁殖。

c. 不应使用胚胎移植技术和激素刺激的繁殖方法。

d. 不能使用基因工程的繁殖技术。

27. 在有机管理体系中，不允许使用诸如在绵羊尾部系橡皮筋、断尾、切牙、修喙和去角等操作。但在特殊情况下，考虑到安全因素或为提高牲畜的健康，主管部门或其授权机构可批准采取上述的一些措施（如给幼畜切去角)。这些操作必须在动物适当的年龄段进行，还应适当使用麻醉剂，以将痛苦减少到最低。允许进行阉割等传统方法（阉猪、阉牛、阉鸡等）以维持产品质量，但只有为了这些目的时才可使用。

28. 生活条件和环境管理应考虑牲畜的具体行为需要，并为它们提供：

a. 充足的自由活动和表达正常行为的机会。

b. 与其他动物为伴，尤其是相似的种类。

c. 预防异常的行为、伤害和疾病。

d. 对紧急情况的处理安排，例如起火、主要机械设备出现故障和供给中断。

29. 应以平稳、温和的方式运输活牲畜，避免给牲畜造成精神压力、伤害和痛苦。主管部门应制定具体条件以实现这些目标，并制定最长的运输限期。不允许在运输牲畜过程中使用电刺激或镇定药物。

30. 屠宰牲畜时应尽量降低其精神压力和痛苦，并依照国家规定进行。

室内饲养和自由放养条件

31. 气候条件适宜的地方，不强制在室内饲养牲畜，使动物能在室外自由生活。

32. 场舍条件应满足牲畜的生物和行为需要，应为它们提供：

➢ 易获得饲料和饮水。

➢ 场舍配套绝缘、供热和通风设备，保证空气流通，尘土浓度、温度、相对湿度和气体浓度保持在对牲畜不会造成伤害的限度内。

➢ 充足的自然通风和阳光。

33. 在恶劣天气时，由于其健康、安全可能会受到危害，牲畜会被临时限制活动。出于保护植物、土壤和水质的原因，也会对其进行限制。

34. 场舍内存栏密度应符合：

➢ 考虑牲畜的物种、品种和年龄，使其感到舒适和安康。

➢ 牲畜种群的大小和性别组成应考虑牲畜行为的需要。

➢ 提供充足的自由活动空间，容易躺下、能够转身、进行所有的自然动作和活动，如伸展和拍动翅膀等。

35. 舍房、围栏、设备和器具等应适时清洗和消毒，预防交叉感染和产生携带菌的疾病。

36. 必要时，在自由放养场、户外活动区、户外运动场所，应根据当地气候和动物需求，提供足够的可预防雨水、大风、日照和高温的设施。

37. 在牧场、草原及其他天然或半天然栖息地上进行户外放牧，其密度应足够低，以防止土壤退化和植被的过度放牧。

哺乳动物

38. 所有哺乳动物都必须有条件在牧场或户外活动场所（可以部分遮盖）活动，而且只要动物的自身生理状况、天气条件和场地状况允许，都应进行户外活动。

39. 在下列情况，主管部门可以允许例外：

➢ 冬季母牛在户外活动区时，公牛不能进入牧场。

➢ 最后的增肥阶段。

40. 牲畜饲养场舍的地面必须是平整但不会打滑、地面不能整个是板条或者栅格结构。

41. 场舍建筑结构必须坚固，提供足够大的舒适、干净和干燥的休息区。休息区必须铺有大量的干草垫。

42. 未经主管部门允许，不得单独隔离或拴着饲养牲畜。

43. 母猪必须成群饲养，除了怀孕最后阶段和哺乳期。小猪不能被圈在地板上或猪笼中。活动区必须允许动物排便和拱土。

44. 不允许在笼中饲养兔子。

禽类

45. 禽类必须在户外空旷的条件下饲养，只要天气条件允许则可在户外自由活动。不允许在笼中饲养禽类。

46. 只要天气情况允许，水禽必须能在小河、池塘或湖中活动。

47. 所有禽类的场舍的建筑结构必须牢固，并用秸秆、木屑、沙子或草皮等材料铺地。必须为母鸡提供足够大的地方来收集粪便，要根据禽类的品种和群的大小提供栖息区和较高的睡眠区，还要有合适禽类身体大小的出入口。

48. 对母鸡而言，在要用人工光照来延长白天时间时，主管部门应根据品种不同、地理原因的考虑和动物健康的一般要求，设定不同的最长光照时间。

49. 出于健康原因，在每两批家禽饲养的间隔期间，场舍应清空，活动区也要空置一段时间，让植被恢复生长。

粪肥管理

50. 牲畜在场舍、圈养或放养区的粪肥管理应按照以下要求执行：

a. 使土壤和水质退化的可能性降到最低；

b. 保证水源不受硝酸盐和致病菌的严重污染；

c. 优化营养素的循环利用；

d. 不进行包括燃烧或其他与有机操作不符合的活动。

51. 所有贮存和处理粪肥的设施，包括堆肥设施，在设计、修建和操作中应防止对地面和/或地表水的污染。

52. 粪肥使用应保持在不造成地面和/或地表水污染的水平。主管部门可以设定粪肥的最大使用量或养畜密度。使用时间和使用方法不应导致废水流入池塘、河流和小溪的可能性增加。

记录保存和确认

53. 经营者应按照附录Ⅲ中第7～15条款的规定，详细更新记录。

各品种的具体要求

养蜂和蜂产品

一般原则

54. 养蜂是一项重要的活动，通过蜜蜂的授粉活动有助于改善环境、提高农林产品的产量。

55. 蜂巢的处理和管理应遵循有机农场的原则。

56. 采集区必须足够大，以提供充足的营养和水。

57. 天然花蜜、蜜汁和花粉应主要来源于有机栽培的植物和/或野生植被。

58. 蜂的健康应以预防为主，例如选择适当的品种、有利的环境、均衡的喂食和适当的饲养管理。

59. 蜂房应由天然材料构成，对环境和蜂产品不会造成污染。

60. 如果蜂群置于野外，要考虑对当地昆虫种群的影响。

蜂房的选址

61. 蜂房应设置在有机栽培和/或野生植被的地方，这些植物必须符合本导则第4章中的生产规则。

62. 官方认证机构应根据经营者提供的和/或通过检查获得的信息，批准那些能够保证有适当的蜜汁、花蜜和花粉来源的地区。

63. 官方认证机构可以指定在蜂房周围蜜蜂能够获得符合本导则要求的充足营养的特定区域。

64. 认证机构必须识别出存在禁用物质的潜在污染源、转基因生物或者环境污染物等不适于设置蜂房的地区。

饲料

65. 生产季节的最后阶段，蜂房必须贮备大量供蜂群休眠期使用的蜂蜜和花粉。

66. 为克服由于气候或其他意外情况造成的暂时饲料短缺，可能需要对蜂群进行喂养。在这种情况下，如果能获得，应使用有机生产的蜂蜜或糖。但是，认证机构可能会允许使用非有机生产的蜂蜜或糖，但对此必须设定时间限制。只能在收获蜂蜜的最后阶段和下一轮采蜜开始之间进行喂养。

转换期

67. 按照本导则的规定进行养殖至少1年后所产的蜂产品，可视为有机产品进行销售。在转换期内必须更换为有机生产的蜂蜡。如果在1年内，不能更换所有的蜂蜡，认证机构可延长转换期。在无法获得有机生产的蜂蜡时，作为一种变通办法，认证机构可以核准使用不符合本导则要求但来自未使用过禁用物质的区域的蜂蜡。

68. 如果蜂房以前未用过禁用产品，不需更换蜂蜡。

蜂群的来源

69. 蜂群可转换成有机生产，如有可能，引进的蜂群应来自有机生产单位。

70. 在选择蜂群品种时，必须考虑其适应当地条件的能力以及生命力和抗病能力。

蜂群的健康

71. 应通过良好农业规范维持蜂群的健康，重点通过选种和蜂群管理来预防疾病。包括：

a. 使用能够很好适应当地条件的抗逆性品种。

b. 必要时，可以更新蜂皇。

c. 定期清洁和消毒设备。

d. 定期更新蜂蜡。

e. 蜂房有足够的花粉和蜂蜜。

f. 系统检查蜂房，及时发现异常现象。

g. 系统地控制蜂房内的工蜂。

h. 必要时，将出现疾病的蜂房转移到隔离区。

i. 销毁受污染的蜂房和材料。

72. 允许使用以下方法控制有害生物和疾病：

➢乳酸、草酸、乙酸；

➢蚁酸；

➢硫黄；

➢天然醚油（例如薄荷醇、桉油精、樟脑）；

➢苏云金杆菌；

➢蒸汽和明火。

73. 如果预防措施失败，在下列情况下，可以使用兽药产品：

a. 优先使用植物源物质和顺势疗法处理。

b. 如果使用化学合成的对抗药物，蜂产品就不得按有机产品出售。被处理过的蜂房必须隔离，并重新经历为期 1 年的转换，在转换期内，所有蜂蜡必须更换为符合本导则规定的蜂蜡。

c. 每项兽药处理必须详细记录。

74. 只有在受大蜂螨（*Varroa jacobsoni*）感染时，才允许摧毁雄蜂蛹。

饲养管理

75. 基础蜂巢必须由有机生产的蜂蜡构成。

76. 在收取蜂产品时禁止灭杀蜂巢上的蜜蜂。

77. 禁止伤害蜜蜂（如剪掉蜂皇翅膀等）。

78. 取蜜期不允许使用化学合成的驱避剂。

79. 应尽量减少烟熏。可以使用的烟熏材料必须是天然的，或来自符合本导则规定的材料。

80. 提取和处理蜂产品期间，应尽量保持低温。

记录保存

81. 经营者应按附录Ⅲ第 7 条规定，保持详细记录并不断更新，并且有所有蜂房的位置图。

C. 处理、贮存、运输、加工和包装

82. 在整个加工阶段必须保证有机产品的有机完整性。可采用与特定的配料相适应的谨慎加工技术方法，限制使用精炼技术和添加剂及加工助剂。电离辐射不能用于有机产品的有害生物防治、食品保存、杀菌或食品卫生的目的。

有害生物防治

83. 有害生物防治可按如下方法优先选用：

a. 预防应作为有害生物防治的主要方法，如：破坏和消除有害生物的栖息地及其进入生产设施的途径；

b. 如果预防方法效果不显著，则应首先选择物理和生物的控制方法。

c. 如果物理和生物方法仍不足以控制有害生物，可以使用附录Ⅱ中列出的有害生物控制物质（或主管部门依据第5.2条款的规定允许使用的其他物质），条件是要经主管部门同意在处理、贮存、运输或加工设施内使用，并要预防与有机产品接触。

84. 应通过良好生产操作规范防治有害生物。贮存区或运输容器内有害生物的控制可以采用物理屏障或声、超声、光、紫外线、诱捕（信息素诱捕和静态诱饵诱捕）、温度控制、空气成分控制（二氧化碳、氧气、氮气）及硅藻土等其他处理法。

85. 根据本导则，为了采后和检疫目的，也不应允许在产品上使用未在附录Ⅱ中列出的农药，使用将导致原来按有机方式生产的食品丧失其有机状态。

加工和制造

86. 应采用机械、物理或生物学（例如发酵与熏制）的加工方法，并尽可能降低附录Ⅱ表中包括的非农业源配料和添加剂的用量。

包装

87. 应优先从可生物降解的、再生的或可再生的资源中选择包装材料。

贮存和运输

88. 在贮存、运输和处理的全过程中，应通过以下预防措施保持产品的有机完整性：

a. 必须始终预防有机产品与非有机产品混合；

b. 必须始终预防有机产品接触在有机生产中禁用的材料和物质。

89. 若只有部分单元获得了有机认证，则与没有按照本导则生产的其他产品应分开贮存和处理，而且两种产品都应有明显的标识。

90. 有机产品散装仓库应与常规产品仓库分开，并要有明显标识。

91. 有机产品的贮存区和运输容器，应按在有机生产中允许使用的材料和方法清洗，在使用非有机产品专用的贮存区和容器之前，应采取措施防止农药或其他未在附录Ⅱ中列出的处理方式可能导致的任何污染。

附录Ⅱ 准许用于有机食品生产的物质

注意事项

1. 在有机系统内，用于土壤培肥和改良及病虫害防治、牲畜保健和提高畜产品质量、食品制造和保存及贮存的任何物质应符合国家的有关规定。

2. 认证机构可对下列名单中包括的某些物质的使用条件做具体规定，例如用量、施用频率、具体目的等。

3. 应谨慎地使用需要在初级生产阶段使用的物质，应认识到即使是允许使用的物质也可能被滥用，并可能影响土壤或农场的生态系统。

4. 下列清单并没有试图提供一个完整、独有或限定的管理工具，而是将国际上已经认可的投入物信息提供给各国政府。各国政府应把本导则第5章详细说明的产品评估标准体系作为接受或拒绝某些物质的首要决定因素。

表1　土壤培肥和改良物质

物　质	描述、成分要求、使用条件
厩肥和家禽粪肥	来自非有机生产系统的需认证机构认可，不允许来源于工厂化养殖
污泥或尿	若为非有机来源，则需经检查机构认可，经过控制的发酵和/或适当稀释后使用更为合理。不允许来源于工厂化养殖
包括家禽在内的混合动物排泄物	需认证机构或主管部门认可
粪肥和混合厩肥	不允许来源于工厂化养殖
干燥厩肥和脱水的家禽粪肥	需认证机构或主管部门认可，不允许来自工厂化养殖
海鸟粪	需认证机构或主管部门认可
秸秆	需认证机构或主管部门认可
种植蘑菇的废弃底料混合肥	需认证机构或主管部门认可，底料的基本配料必须限制在本表列出的产品范围内
分类的、混合的或发酵的家庭废物肥料	需认证机构或主管部门认可
植物残体堆肥	
屠宰厂和鱼类加工厂处理后的动物产品	需认证机构或主管部门认可
食品与纺织业的副产品，未经合成添加剂处理	需认证机构或主管部门认可
海藻与海藻产品	需认证机构或主管部门认可
锯屑、树皮及废木料	需认证机构或主管部门认可，木料在砍伐后不能用化学处理
木灰和木炭	需认证机构或主管部门认可，所用木料在砍伐后不能进行化学处理
天然磷酸岩	需认证机构或主管部门认可，镉含量不超过90mg/kg(以 P_2O_5 计)
碱性矿渣	需认证机构或主管部门认可
碳酸钾岩、开采的钾盐(例如：钾盐镁矾、钾盐)	氯化物的含量不低于60%
硫酸钾	通过物理而非化学过程强化增加可溶性。需认证机构或主管部门认可
天然碳酸钙(例如白垩、石灰泥、石灰石、白垩磷酸盐)	
镁盐	
石灰质镁盐	
泻盐(硫酸镁)	
石膏(硫酸钙)	仅天然来源

续表

物　质	描述、成分要求、使用条件
酒糟与酒糟榨出物	不包括铵
氯化钠	仅矿盐
磷酸铝钙	镉含量不超过 90mg/kg(以 P_2O_5 计)
微量元素(例如硼、铜、铁、锰、钼、锌)	需认证机构或主管部门认可
硫黄	需认证机构或主管部门认可
石粉	
黏土(例如斑脱土、珍珠岩、沸石)	
自然出现的生物体(例如蠕虫)	
蛭石	
泥炭	不允许添加合成添加剂;允许用作播种和盆栽堆肥,其他使用须认证机构或主管部门认可;不允许用作土壤改良剂
蚯蚓和昆虫腐殖质	
漂白粉	需认证机构或主管部门认可
人类排泄物	需认证机构或主管部门认可。来源应远离可造成化学污染的家庭和工业垃圾,并经过充分处理以消除携带虫害、寄生虫及致病性微生物的危险,不可用于预期供人类食用的作物或植物的可食部分
制糖业副产品(例如糟渣)	需认证机构或主管部门认可
油棕、椰子和可可副产品(包括棕榈油厂废水,可可泥灰和空可可豆荚)	需认证机构或主管部门认可
有机农业配料的工业加工副产品	需认证机构或主管部门认可
氯化钙溶液	在缺钙情况下进行叶面处理

表 2　用于控制植物病虫害的物质

物质	描述、成分要求和使用条件
Ⅰ 植物和动物来源	
以从除虫菊(*Chrysanthemum cinerariaefolium*)提取的除虫菊酯为主的制剂,可能含一种助剂	需认证机构或主管部门认可;2005 年后不允许用增效醚作为一种增效剂
从毛鱼藤(*Derris elliptica*)、*Lonchocarpus* 属和 *Thephrosia* 属植物中提取的鱼藤酮制剂	需认证机构或主管部门认可
苦木(*Quassia amara*)中提取的制剂	需认证机构或主管部门认可
大枫子科灌木尼亚那(*Ryania speciosa*)制剂	需认证机构或主管部门认可
由印度苦楝(*Azadirachta indica*)提炼制成的商品制剂	需认证机构或主管部门认可
蜂胶	需认证机构或主管部门认可
动植物油	

续表

物质	描述、成分要求和使用条件
海藻、海藻粉、海藻提取物、海盐和盐水	需认证机构或主管部门认可。不能使用化学方法处理
白明胶	
卵磷脂	需认证机构或主管部门认可
酪蛋白	
天然酸(例如醋)	需认证机构或主管部门认可
曲霉菌的发酵产品	
菇类(香菇)提取物	需认证机构或主管部门认可
小球藻提取物	
几丁质杀线虫剂	天然产物
天然植物制剂(不包括烟草)	需认证机构或主管部门认可
烟草茶(除纯尼古丁外)	需认证机构或主管部门认可
沙巴藜芦	
蜂蜡	
Ⅱ矿物质	
以氢氧化铜、氯氧化铜、硫酸铜(三价)、氧化亚铜、波尔多液和伯更狄(Burgtmdy)混合液	配方和剂量需认证机构或主管部门认可。在保证土壤中铜的累积量最小化的前提下,可作为杀真菌剂使用
硫黄	需认证机构或主管部门认可
矿物粉末(石粉、硅酸盐)	
硅藻土	需认证机构或主管部门认可
硅酸盐、黏土(斑脱土)	
硅酸钠	
碳酸氢钠	
高锰酸钾	需认证机构或主管部门认可
磷酸铁	作为灭螺剂
石蜡油	需认证机构或主管部门认可
Ⅲ用于害虫生物防治使用的微生物	
微生物(细菌、病毒、真菌),例如苏云金杆菌、颗粒体病毒等	需认证机构或主管部门认可
Ⅳ其他	
二氧化碳与氮气	需认证机构或主管部门认可
钾皂(软皂)	
酒精	需认证机构或主管部门认可
顺势疗法及印度草药制剂	
草药与生物动力制剂	

续表

物质	描述、成分要求和使用条件
不育处理后的雄性昆虫	需认证机构或主管部门认可
灭鼠剂	用于控制牲畜养殖场或设施中虫害的产品。需认证机构或主管部门认可
Ⅴ诱捕物质	
信息素制剂	
以聚乙醛为主的制品，含有高等动物忌避剂，而且只用于诱捕器	需认证机构或主管部门认可
矿物油	需认证机构或主管部门认可
机械控制设备，例如庄稼保护网、螺旋障碍物、塑料诱虫粘胶板、胶带	

表 3　本导则第 3 章中规定的非农业源的配料

3.1 某些有机食品类型或种类在特定条件下允许使用的添加剂：下面是允许在有机食品生产中使用的食品添加剂及其助剂，每一种食品添加剂的允许功用和允许使用的食品类别（或种类）均需符合已被国际食品法典委员会采纳的“食品添加剂通用标准(GSFA)”中表 1～表 3 以及其他标准；本表是有机食品加工的指导性清单，各国可制定满足本导则 5.2 节要求的在本国使用的物质清单；下面的食品添加剂可用于特定食品的指定功用

INS 号	名称	允许功用	允许使用的食品类别	
			植物源	动物源
170i	碳酸钙	全部	允许，但 GSFA 中除外的情况仍然适用	01.0 奶制品及类似物，不包括食品类别 02.0
220	二氧化硫	全部	14.2.2 苹果酒和梨酒 14.2.3 葡萄酒 14.2.4 其他酒类(除葡萄酒)	14.2.5 蜂蜜酒
270	乳酸（L-D-和 DL-)	全部	04.2.2.7 发酵蔬菜(包括蘑菇、真菌、根、块茎类、豆类、豆荚、芦荟制品)，海藻产品，但食品种类 12.10 中发酵的大豆产品除外	01.0 奶制品及类似物，除食品类别 02.0 08.4 可食的皮(例如香肠外皮)
290	二氧化碳	全部	允许，但 GSFA 中除外的情况仍然适用	允许，但 GSFA 中除外的情况仍然适用
296	苹果酸(DL-)	全部	允许，但 GSFA 中除外的情况仍然适用	不允许
300	维生素 C	全部	天然含量不足时允许使用，但 GSFA 中除外的情况仍然适用	天然含量不足时可以使用 08.2 整片或切块的肉类、家禽和野生动物产品 08.3 肉类、家禽和野生动物制品
307	维生素 E（混合天然浓缩物）	全部	允许，但 GSFA 中除外的情况仍然适用	GSFA 和 CAC 采纳的其他标准允许的所有混合食品

续表

INS 号	名称	允许功用	允许使用的食品类别	
			植物源	动物源
322	卵磷脂(未使用漂白剂和有机溶剂)	全部	允许,但 GSFA 中除外的情况仍然适用	01.0 奶制品及类似物,但食品类别 02.0 除外;02.0 脂肪、油类和脂肪乳剂;12.6.1 乳化调味汁(例如蛋黄酱、色拉调味品);13.1 婴儿配方食品和较大婴儿配方食品;13.2 婴幼儿及小孩的辅助食品
327	乳酸钙	全部	不允许	01.0 奶制品及类似物,食品类别 02.0 除外
330	柠檬酸	全部	水果和蔬菜(包括蘑菇、真菌、根、块茎类、豆类、豆荚、芦荟制品),海藻类、坚果和种子	作为特殊奶酪产品和熟鸡蛋的凝结剂;01.6 奶酪及其类似物;02.1 无水油脂;10.0 蛋及蛋制品
3311	柠檬酸二氢钠	全部	不允许	01.1.1.2 纯酸奶(仅作为稳定剂);01.1.2 乳品的饮料,调味和/或发酵制品(如巧克力奶、可可、蛋酒、酸奶、乳清蛋白型饮料);01.2.1.2 纯发酵乳,发酵后热处理(仅作为稳定剂);01.2.2 凝乳(仅作为稳定剂);01.3 浓缩纯牛奶及其类似物(仅作为稳定剂);01.4 纯奶酪等(仅作为稳定剂);01.5.1 纯奶粉和奶酪粉(仅作为稳定剂);01.6.1 未成熟干酪(仅作为稳定剂);01.6.4 加工干酪(仅作为稳定剂);01.8.2 干乳清和乳清制品,不包括乳清干酪;08.3 粉碎加工的肉类、家禽和野味,但限制用于香肠;10.2 蛋制品中的巴氏杀菌蛋清
3321	柠檬酸二氢钾	全部	不允许	允许,但 GSFA 中除外的情况仍然适用
333	柠檬酸钙	全部	允许,但 GSFA 中除外的情况仍然适用	01.0 奶制品及类似物,食品类别 02.0 除外
334	酒石酸	全部	允许,但 GSFA 中除外的情况仍然适用	不允许
335i	酒石酸钠 酒石酸二钠	全部	05.0 糖果 07.2.1 蛋糕	不允许
336i 336ii	酒石酸钾 酒石酸二钾	全部	05.0 糖果 06.2 面粉和淀粉 07.2.1 蛋糕	不允许
341i	正磷酸钙	全部	06.2.1 面粉	不允许
400	褐藻酸	全部	允许,但 GSFA 中除外的情况仍然适用	01.0 奶制品及类似物,食品类别 02.0 除外

续表

INS号	名称	允许功用	允许使用的食品类别	
			植物源	动物源
401	藻酸钠	全部	允许，但GSFA中除外的情况仍然适用	01.0 奶制品及类似物，食品类别02.0除外；GSFA和CAC采纳的其他标准允许的所有混合食品
402	藻酸钾	全部	允许，但GSFA中除外的情况仍然适用	01.0 奶制品及类似物，食品类别02.0除外；GSFA和CAC采纳的其他标准允许的所有混合食品
406	琼脂	全部	允许，但GSFA中除外的情况仍然适用	允许，但GSFA中除外的情况仍然适用
407	卡拉胶	全部	允许，但GSFA中除外的情况仍然适用	01.0 奶制品及类似物，食品类别02.0除外
410	角豆胶	全部	允许，但GSFA中除外的情况仍然适用	01.1 乳和含乳饮料；01.2 纯发酵乳和凝乳产品，不包括01.1.2乳制品型饮料； 01.3 纯炼乳和类似物；01.4 纯奶酪等；01.5 纯奶粉和奶酪粉及其类似物；01.6 干酪及其类似物；01.7 含乳甜点（例如布丁、水果或调味酸乳）；01.8.1 液体乳清和乳清制品，不包括乳清干酪；08.1.2 新鲜肉类、家禽及野味，粉末；08.2 整片或切块的肉类、家禽和野味；08.3 粉碎加工的肉类、家禽、野味；08.4 食用肠衣（如香肠肠衣）
412	瓜尔胶	全部	允许，但GSFA中除外的情况仍然适用	01.0 奶制品及类似物，但食品类别02.0除外；8.2.2 热处理加工的整片或切块的肉类、家禽和野味；8.3.2 热处理加工的粉碎肉类、家禽和野味；10.2 蛋制品
413	黄芪胶	全部	允许，但GSFA中除外的情况仍然适用	允许，但GSFA中除外的情况仍然适用
414	阿拉伯胶	全部	05.0 糖果	01.0 奶制品及类似物，但食品类别02.0除外；02.0 脂肪和油类，脂肪乳剂
415	黄原胶	全部	02.0 脂肪和油类，脂肪乳剂；04.0 水果和蔬菜（包括蘑菇、真菌、根、块茎类、豆类、豆荚、芦荟制品），海藻类、坚果和种子；07.0 焙烤制品；12.7 沙拉（例如：通心粉沙拉，土豆沙拉）	不允许
416	梧桐胶	全部	允许，但GSFA中除外的情况仍然适用	不允许

续表

INS 号	名称	允许功用	允许使用的食品类别	
			植物源	动物源
422	甘油	全部	植物源;以植物提取物为载体 04.1.1.1 没有处理过的新鲜水果;04:1.1.2 表面处理过的新鲜水果;04.1.2 加工水果;04.2.1.2 表面处理过的新鲜蔬菜(包括蘑菇、真菌、根、块茎类、豆类、豆荚、芦荟制品)、海藻类、坚果和种子;04.2.2.2 脱水蔬菜(包括蘑菇、真菌、根、块茎类、豆类、豆荚、芦荟制品),海藻类、坚果和种子;04.2.2.3 用醋、油、盐水、酱油浸泡的蔬菜(包括蘑菇、真菌、根、块茎类、豆类、豆荚、芦荟制品)和海藻类;04.2.2.4 罐装(巴氏杀菌)或蒸煮袋蔬菜(包括蘑菇、真菌、根、块茎类、豆类、豆荚、芦荟制品)和海藻类;04.2.2.5 煮成浓汤或流质的蔬菜(包括蘑菇、真菌、根、块茎类、豆类、豆荚、芦荟制品)、海藻类、坚果和种子(如花生);04.2.2.6 浆状蔬菜(包括蘑菇、真菌、根、块茎类、豆类、豆荚、芦荟制品)、海藻、坚果和种子(如蔬菜甜品、酱和蔬菜蜜饯),不包括的食品类别 04.2.2.5;04.2.2.7 发酵蔬菜(包括蘑菇、真菌、根、块茎类、豆类、豆荚、芦荟制品)和海藻产品,不包括食品类别 12.10 中的大豆发酵制品;12.2 香草、香料、调味品和调料(如方便面佐料)	
440	果胶(非酰胺化)	全部	允许,但 GSFA 中除外的情况仍然适用	01.0 奶制品及类似物,食品类别 02.0 除外
500ii 500iii	碳酸氢钠 倍半碳酸钠	全部	05.0 糖果 07.0 面包制品	01.0 奶制品及类似物,食品类别 02.0 除外
501i	碳酸钾	全部	05.0 糖果 06.0 源自谷粒、根、块茎的谷类和谷物制品及豆类,不包括食品类别 07.0 的面包制品 07.2 精制面包制品(甜的、咸的、香的)及调拌料	不允许
503i 503ii	碳酸铵 碳酸氢铵	酸度调节剂和膨松剂	允许,但 GSFA 中除外的情况仍然适用	不允许

续表

INS号	名称	允许功用	允许使用的食品类别	
			植物源	动物源
504i 504ii	碳酸镁 碳酸氢镁	全部	允许，但GSFA中除外的情况仍然适用	不允许
508	氯化钾	全部	04.0 水果、蔬菜（包括蘑菇、真菌、根、块茎类、豆类、豆荚、芦荟制品）、海藻类、坚果和种子；12.4 芥末；12.6.2 非乳化沙司（如番茄酱、奶酪酱、奶油酱汁、肉汁）	不允许
509	氯化钙	全部	04.0 水果、蔬菜（包括蘑菇、真菌、根、块茎类、豆类、豆荚、芦荟制品）、海藻类、坚果和种子；06.8 大豆制品（不包括食品类别12.9中的大豆制品和食品类别12.10中的发酵大豆制品）；12.9.1 大豆蛋白制品；12.10 发酵豆制品	01.0 奶制品及类似物，但食品类别02.0除外；08.2 整片或切块的肉类、家禽和野味；08.3 粉碎加工的肉类、家禽和野味；08.4 食用肠衣（如香肠肠衣）
511	氯化镁	全部	06.8大豆制品（不包括食品类别12.9中的大豆制品和食品类别12.10中的发酵大豆制品）；12.9.1 大豆蛋白制品；12.10 发酵豆制品	不允许
516	硫酸钙	全部	06.8大豆制品（不包括食品类别12.9中的大豆制品和食品类别12.10中的发酵大豆制品）；07.2.1 蛋糕、饼干和馅饼（例如水果馅或奶油类）；12.8 酵母和类似产品；12.9.1 大豆蛋白制品；12.10 发酵豆制品	不允许
524	氢氧化钠	全部	06.0 源自谷粒、根、块茎的谷类和谷物制品及豆类，不包括食品类别07.0的面包制品；07.1.1.1 加酵母的面包和特色面包	不允许
551	二氧化硅（无定形）	全部	12.2 香草、香料、调味品和调料（如方便面佐料）	不允许
941	氮	全部	允许，但GSFA中除外的情况仍然适用	允许，但GSFA中除外的情况仍然适用

3.2 调味料：根据《天然调味品通用要求》(CAC/GL 29—1987)的定义标明为天然调味物质或天然调味制品的物质和产品

3.3 水和食盐：饮用水；食盐（以通常用于食品加工的氯化钠或氯化钾为基本成分）

3.4 微生物和酶：通常用于食品加工的任何微生物和酶，但转基因微生物体或来源于基因工程的酶除外

3.5 矿物质（包括微量元素）、维生素、必需脂肪酸和氨基酸以及其他含氮化合物：仅批准要求用于所加入食品中的这些合法物质

表 4 用于本导则第 3 章中涉及的农业来源产品的加工助剂

物质名称	具体条件
植物产品	
水	
氯化钙	凝固剂
碳酸钙	
氢氧化钙	
硫酸钙	凝固剂
氯化镁(或盐卤)	凝固剂
碳酸钾	葡萄干的干制
二氧化碳	
氮	
乙醇	溶剂
单宁酸	过滤助剂
卵清白蛋白	
酪蛋白	
明胶	
鱼胶	
植物油	润滑或脱模剂
二氧化硅	作为凝胶或胶体溶液
活性炭	
滑石粉	
膨润土	
高岭土	
硅藻土	
珍珠岩	
榛子壳	
蜂蜡	脱模剂
棕榈蜡	脱模剂
硫酸	糖生产中提取用水的 pH 调节
氢氧化钠	糖生产中的 pH 调节
酒石酸和盐	
碳酸钠	糖生产
树皮制剂成分	
氢氧化钾	糖加工时的 pH 调节
柠檬酸	pH 调整剂

续表

物质名称	具体条件
微生物和酶制剂 通常用作食品加工助剂的任何微生物和酶制剂，但不包括转基因生物体及其酶制剂	
牲畜和蜂产品 下列物质仅为用于加工牲畜和蜂产品的暂定名单。各国可按照第 5.2 条款的建议为本国制定满足本导则要求的物质名单	
碳酸钙	
氯化钙	乳酪制作过程中的固化剂和凝结剂
高岭土	蜂胶提炼
乳酸	乳制品：凝固剂，乳酪盐浴时 pH 的调节
碳酸钠	乳制品：中和物质
水	

附录Ⅲ　检查认证制度的最低检查要求和预防措施

1. 检查措施有必要覆盖整个食物链，以验证根据导则第 3 章规定标识的食品是否符合国际推荐的操作规范。官方或官方认可的认证机构或主管部门应根据本导则制定政策和程序。

2. 接受检查的经营者必须向检查部门提供各种书面文件和/或档案记录，还应为主管部门或其指定的检查机构提供准入权，并为进行审核目的的第三方提供必需的任何信息。

A. 生产单元

3. 按照本导则的生产应在一个单元内进行，此单元的场址、生产区域、农场建筑和作物及牲畜贮存设施，与未按照本导则进行生产的其他单元应清楚隔开；制作和/或包装车间可成为该生产单元的一部分，但其活动只限于制作和包装该单元出产的农产品。

4. 在进行首次检查时，经营者与官方或官方认可的认证机构应起草并签署一份文件，该文件应包含以下内容：

a. 对生产单元和/或收获区的全面描述，说明生产和房屋建筑及场址的情况，包括可进行某些制作和/或包装操作的厂房。

b. 对于野生植物的采集，必要时，生产者可出具第三方提供的担保，以满足附录Ⅰ中第 10 条款的规定。

c. 生产单元应采取各种有效措施以保证遵守本导则。

d. 在有关的地块和/或采集区域，最后一次使用不符合导则第 4 章规定产品的日期。

e. 由经营者承担按照第 3 章及第 4 章的规定进行生产操作，一旦发生违反规定时，接受按本导则第 6.9 条规定采取措施。

5. 每年在认证机构指定的日期之前，经营者应向官方或官方认可的认证机构通告其作物及牲畜生产计划，按场址、牧群、羊群或蜂房分别说明。

6. 书面材料、记录和账目应保存，使官方或官方认可的认证机构能够追溯所有采购原材料的来源、性质和数量，以及使用情况；此外，应保留关于所有已售出农产品的性质、数量和收货人的书面材料和记录的账目。直接出售给最终消费者的数量应按日记账。如果该生产单元自行加工农产品，其账目必须包括本附录Ⅲ第 B.2. 条所要求的信息。

7. 所有牲畜应单独标记，如幼小的哺乳动物或家禽按照群标记、蜂类按照蜂房标记。应保留书面材料和记录，使之在接受审查时能够在该体系中一直追溯到每一牲畜和蜂群。操作者应保证详细和及时记录以下内容：

a. 牲畜的品种和来源；

b. 任何购买的记录；

c. 预防和管理疾病、受伤和繁殖过程中使用的保健计划；

d. 为任何目的进行的处理和药物管理，包括检疫期和对接受处理的动物和蜂箱的标记；

e. 饲料供应和来源；

f. 在地图中标明畜群在指定的放牧区内的转移和蜂房在指定采蜜区内的转移；

g. 运输、屠宰和销售情况；

h. 蜂产品的提取、加工和贮存。

8. 在有机单元内，禁止存放本导则第 4.1 b. 条款允许使用物质之外的其他物质。

9. 官方或官方认可的认证机构每年应确保对该有机单元进行至少一次现场检验。在怀疑使用了某些物质时，可以进行本导则中未列出的产品抽样检验。每次检查后均应撰写检验报告。此外，还应根据需要或随机抽取进行临时增加的、预先未通知的检查。

10. 为了执行检查目的，经营者应向认证机构提供进入仓库、生产经营场所以及查阅账目和相关支持性文件的权利。只要检查部门认为是检查目的所必需时，经营者也应提供任何其他信息。

11. 在本导则第 1 章中提到的产品，如果未采用提供给最终消费者的包装时，其运输方式应能够防止污染，并能预防在不影响法律要求的其他标识的情况下，其内容物被不符合本导则和下列信息的物质或产品替换：

➢ 负责该产品生产或制作人员的姓名和地址；

➢ 产品名称；

➢ 产品具有的有机状态。

12. 若经营者在同一地区经营几个生产单元（平行生产），则在该区域内生产非第1章所涵盖的作物及其产品的生产单元，也应根据上述第4条以及第6条和第8条内容接受检查。在下列生产单元内不应种植与上述第3条涉及的作物不能明显区分的非有机生产的作物品种：

➢如果主管部门允许采取变通的方法，则必须明确规定生产的品种和允许变通的条件以及补充检查要求，需要落实和执行无预先通知的实地检查、收获期间的额外检查、附加记录文件、经营者对防止相互混杂能力的评估等。

➢在对本导则进行进一步修订之前，即使是难以区分的品种，只要采取适当的检查措施，成员国也可接受相同品种的平行生产。

13. 在有机牲畜生产中，同一生产单元内的所有牲畜必须按照本导则的规定进行饲养。但是未按照本导则规定饲养的牲畜，如果与按照本导则饲养的牲畜能严格分开，也可放在有机区域内饲养。主管部门可以规定更加严格的限制性措施（如要求用不同品种等）。

14. 主管部门可以允许按照本导则规定饲养的动物在常规土地上放牧，只要：

a. 这些土地至少在3年内没有使用过第4.1a. 和b. 条款允许使用的产品之外的产品；

b. 能够将按照本导则规定饲养的动物与其他动物明确隔离。

15. 主管部门应在不影响本附录其他规定的情况下，保证牲畜产品从生产和制备直到销售给消费者的各个有关阶段得到检查，只要技术上允许，应保证对牲畜和牲畜产品的可追溯性，包括从牲畜养殖单元到加工和任何其他制作过程，直到最终的包装和标识。

B. 制备和包装单元

1. 生产经营者应提供：

➢对该生产单元的全面描述，包括说明农产品制备和包装以及操作前后的存贮条件等；

➢生产单元为保证遵守本导则规定而采取的全部切实可行的措施。

生产单元与认证机构的负责人应在有关描述及措施上签名；报告中还应包括经营者关于按照导则第4章规定方式进行操作，一旦发生违反规定事件时，接受对其执行导则第6.9条款规定的措施，并由双方共同签署。

2. 应保留书面记录，使认证机构或主管部门能够追踪到下列情况：

➢已交到该单元的本导则第1章中涉及的农产品的来源、性质及数量。

➢已从该单元提走的本导则第1章中涉及的农产品性质、数量及收货人。

➢认证机构为了对操作进行适当检查要求提供的其他任何信息，如已交付至该单元的配料、添加剂及加工助剂的来源、性质和数量，以及加工产品的组分等。

3. 若本导则第1章中未涉及的产品也在该生产单元加工、包装或贮存，则：

➢在生产操作前后，该单元应有隔离区存放本导则第1章涉及的产品。

➢ 非本导则第1章规定范围之内的产品所涉及的类似操作，应连续进行直至全部完成，并应在时间或地点上保持间隔。

➢ 如果此类操作不是经常进行，则应预先通知，并有一个由认证机构同意的截止期。

➢ 应采取一切措施保证能够鉴别产品批次，避免与未按导则要求获得的产品混合。

4. 官方或官方认可的认证机构应确保每年对该单元至少进行一次全面的检查。对未在本导则中列出的产品的用途产生怀疑时，可进行抽样检验。每次检查均应撰写检查报告，被检验单元的负责人应在报告上签名。还应根据需要或随机抽取进行无预先通知的检查。

5. 经营者应向官方或官方认可的认证机构提供因检查需要而进入该单元，以及查阅记录账目和相关支持文件的权利。经营者也应向检查部门提供检查所必需的任何信息。

6. 本附录Ⅲ第A.10条款规定的关于运输的要求，在此也适用。

7. 在收到本导则第1章中涉及的产品时，操作者应检查：

➢ 所要求的包装或容器是否封装完好；

➢ 是否有本附录第A.10条款要求的说明。核实的结果应在涉及本附录第B.2条款的记录中明确述及。根据本导则第6章提供的生产系统不能确证该产品时，投放市场时不能有涉及有机生产方式的说明。

C. 进口

进口国应对进口商和进口的有机产品制定适当的检查要求。

有机标准和技术法规的等同性评估指南

目 录

序 言
1 范围
2 定义
3 等同性评估要素
3.1 基础标准的选择
3.2 评估专家小组的任务及任命
3.3 参照目标的确定
3.4 对标准范围及其法律背景的说明
3.5 评估的方法
3.6 依据设定准则进行等同性评估
3.7 对专家小组评估结论的接受和对突出问题的解决办法
3.8 透明度
4 等同性评估程序
4.1 启动
4.2 明确目标
4.3 要求的比较和等同性评估
4.4 突出问题的解决
附件1 程序流程图
附件2 有机标准体系共同目标举例
附件3 标准变异准则
附件4 等同性比较、评估和结论模板
附件5 国际工作小组等同性指南框架参考

序 言

2003～2008年，联合国粮农组织（FAO）、国际有机农业运动联盟（IFOAM）和联合国贸易与发展会议（UNCTAD）等国际组织组建了有机农业一致性和等同性国际工作小组（ITF）。它为私立和公立机构在有机农业贸易和管理活动中提供自由的对话平台。该国际工作小组的总体目标是推动有机产品贸易，因为世界范围内存在数以百计不同的关于有机产品的规章、标准和标签，这给有机产品生产商和出口商带来很多不便。

在有机生产、加工标准和技术规范方面的区域性差异往往是合理的，甚至是可取的，因为世界范围内的有机农业存在不同的地理农艺条件、文化基础和发展阶段。但在另一方面，由于标准的差异，政府和认证机构在认证和接受其他系统或计划已经认证的有机产品时面临困难，因此也使得有机产品生产者难以使其产品在不同市场上得到认证。

推进等同性可以解决这一问题，于是ITF制定了一个指导性的文件，即《有机标准和技术法规等同性评估指南》。这个指南的目的是促进和协调不同有机产品生产和加工标准及技术法规的等同性评估。该指南的范围仅限于等同性的评估过程。它不涉及等同性协议的编制和维护。这种协议往往既涉及一致性评价的等同性又涉及有机生产的标准和技术规范。在实践中，在没有正式的等同性协议框架的情况下，也可以实现等同性。

《有机标准和技术法规等同性评估指南》是一份公开文件，政府和私营机构不需申请即可使用。各国政府和私营利益相关方可以根据需要全部或部分使用该文件，但不得用于商业出版。比如可以用作参考的文献。

该评估指南的制定咨询了世界范围内私有及政府部门的利益相关者。

有关本文件的进一步信息（包括联系方式）可参阅ITF网站：www.itf-organic.org。

为了有利于正确地理解本指南，先做以下说明：

（1）等同性概念　有机农业是一个整体的系统，与当地农业生态条件密切相连。有机规范的制定涉及地方环境、国家环境和区域环境，包括发展状态和市场条件。

接受不同的有机农业标准或技术法规来实现共同的目标（或称等同性），可以减少因为标准和法规太多而产生的越来越多的贸易壁垒。在存在多个模式的情形下，等同性概念在国际贸易政策中很常见。在有机农业中使用等同性概念有利于推动全球有机产品贸易，扩大有机农业的收益。

政府及私营机构使用共同的程序和评估工具，以此形成和承认同等的标准。这样就有利于所有合法团体的市场行为，无论其所在国是否有有机生产、加工或标签的法规。

本文件和相应附件所述的程序和工具是确定有机生产和加工不同标准等同性的建议性指南，是根据世贸组织技术性贸易壁垒（WTO-TBT）和国际食品法典框架中有关等同性的内容制定（见附件5），同时考虑了世界范围内等同性评估的经验，特别是国际有机农业运动联合会的经验。适用于政府间以及政府与私营部门间的等同性判定（包括多边和单边）。

当然，等同性的判定不一定非要使用本指南。例如，也可以通过区域或双边的贸易协定（利用谈判定下的程序）或单方面确定。

（2）国际标准的使用或参照　在等同性的确定过程中，建议使用国际标准。

目前有两种有机农业国际参考标准，即国际食品法典标准《有机食品生产、加工、标签指南（CAC/GL 32）》以及 IFOAM 有机生产和加工基础标准（IBS）。

（3）根据共同目标确定等同性　WTO 和国际食品法典委员会均提到，等同性的判定要以目标为基础。但是，许多法规和标准，无论有机与否，没有陈述设定要求的具体目标。然而，通过对这类标准或法规进行分析理解，可以确定有机标准所暗指的目标，甚至是共同目标。

（4）清晰的程序（包括判别和查证的准则）　等同性判定过程的关键要素包括：相关文件的准备、全面对比、考虑在措施和要求方面差异的准则和程序等。

这个文件包括有机标准法规具体要求方面变化的评估准则。这些具体要求可以是单独的要求，也可以是一系列相关的要求。

最后，鉴于需要将有问题的要求排除在等同性范围之外，文件还提供了排除条款，以此来排除或减轻这些要求的影响。

（5）排除条款　实践中未必总能获得完全的等同性。当在一些要素上难以获得一致或者评估过程受阻时，列举排除条款是允许的。例如，某一法规允许的有机农业投入物可能在另一法规下不被接受，在建立等同性时这类投入物可以列入排除条款。随后各方可以对这类条款进行审核，作必要的修改或校订。

将一些投入物、产品种类或技术从等同性中予以排除并不意味着受以上因素影响的产品不能交易。这些产品可以通过其他途径进入市场，如用标签补充说明。

（6）透明条款　建立在市场上的信任对等同性协议在市场上的接受尤为重要。透明性是建立信任的关键要求，需在等同性评估的全程中予以保证。

1. 范围

本指南提供一般的程序和评估工具，用于建立和认可有机生产、加工及标签方面标准的等同性。

本指南可供政府间或政府与私立部门间使用。既可以用于双边或多边谈判，也可以在对标准进行单方面的等同性评估中采用。

本指南也是今后推动等同性发展，进一步发展相关法规和程序的资源。

2. 定义

术　语	定　义
基础标准	构成等同性评估基础的标准或法规
基础标准当事方	构成等同性评估基础的标准或技术法规的主要当事方
被评估的标准	等同性评估中基础标准的对应标准或法规
被评估的标准当事方	等同性评估中基础标准的对应标准或技术法规的代表方
参与方	彼此之间寻求等同性协议的各方
标准	由公认的机构批准，可供共同和重复使用，但非强制遵守的文件，包括产品或相关生产过程和生产方法方面的规则、指南或特征，也包括或者专门用来处理术语、符号、包装、标记或标签方面的要求

续表

术　语	定　　义
技术法规	用于说明产品特征或其相关过程和生产方法，要求强制性遵守的文件，包括管理规定，也包括或者专门用来处理术语、符号、包装、标记或标签方面的要求
符合性评估	直接或间接确定相关要求是否得到满足的活动
协调	标准、技术法规和符合性评估被建立产品和过程内部可互换性的不同机构团体批准的过程，这个过程的目的是建立等同的标准、技术法规和符合性评估要求
等同性	接受同一主题的不同标准或技术法规来实现共同的目标
认可	对符合性评估结果予以使用或者接受的安排（包括单边、双边或多边安排）

3　等同性评估要素

3.1　基础标准的选择

参与方需选择基础标准，其他标准/规范与基础标准的等同性是评估的基本内容。

在选择基础标准时，可能要考虑以下情形。

a. 多边等同性评估

基础标准可以是一个国际标准或者众多参与评估的标准/规范中的一个。每一个参与评估的标准都需依据基础标准进行评估。被选择的基础标准的等同性也认可了所有其他参与标准/规范的等同性。

b. 双边等同性评估

基础标准可以是一个国际标准或者是两个参与评估的标准/规范之一。如果采用后一种，则二者互相依次进行评估。

c. 单边等同性评估

最好选择一个国际标准或者被评估的标准/规范为基础标准。

3.2　评估专家小组的任务及任命

公平的评估可以增强过程的可信性，有利于评估结果被参与方及其他利益相关方接受。除了各自的谈判代表，参与方还应考虑联合建立独立的评估专家小组，以便为各自的评估决策提供专业建议。

评估专家小组的成员选定需得到参与方的一致同意。

如参与方不愿建立独立的评估专家小组，则可由参与方的谈判代表组成评估小组。

3.3　参照目标的确定

在开始对具体的要求进行评估之前，需明确具体的参照目标，并达成一致。在评估一开始，就应先确定基础标准所对应的目标，包括有机生产和加工涉及的不同方面所对应的具体目标，目标由基础标准方确定，并需获得被评估标准方的同意。

如基础标准描述了具体的目标，则这些具体目标优先成为参照目标。如未描述或者并不明确，则参与方应就具体参照目标协商一致。如选定了专家小组，则专家小组需努力协助促成明确参照目标，并协调参与方取得一致。附件 2 中所述的生产和加工的“共同目标”可以借鉴利用（见参考书目）。

本指南编制的目的是判断某一套标准法规是否能够满足另一套标准法规所追求的有机生产和加工目标。有些有机标准法规首先就包括或者附带了规定的目标（如保护消费者）。在开始等同性评估之前，参与方需确定与评估有关的目标是否包括了可用的基础标准法规的目标。

3.4 对标准范围及其法律背景的说明

参与方在开始须确立等同性评估的范围。范围需包括适用的地理区域、产品范围和涉及到的过程。

参与方须公开各自的与执行基础标准和被评估的标准相关的其他法律文本。例如，有机标准没有描述到的植物检疫要求，以及这些要求与基础标准和被评估标准的应用之间的关系。

3.5 评估的方法

为获得等同性评估的结论，参与方在决策时应以专家小组的评估为基础。

专家小组必要时可以要求参与一方或多方就具体的要求予以说明和解释。

专家小组须考虑邀请公众对评估进行评论。

专家小组的评估意见须一致，如不能达成一致，则需注明不同的观点。

3.6 依据设定准则进行等同性评估

被评估的标准能否与参照目标相符是等同性评估关注的焦点。评估过程和依据应包括以下几点：

a. 与某国际标准等同或相符可作为与基础标准等同的依据

总的来说，认可被评估的标准与一种或两种国际标准（国际食品法典标准和 IFOAM 标准）均一致或等同，是与基础标准等同的依据。

b. 单独要求或/和成套要求的等同性

如上述评估还显不够，参与方可以考虑对相关标准下的要求作等同性评估，既可以是单个要求也可以是成套的相关联要求。

评估时，对指定的要求进行比较是必要的。如参与方能一致同意，可以仅对相关标准法规及法律文本的简明版或者释义版进行比较，而不需要对实际的全部文本进行比较。整合版或者释义版强调的是结果，而不是标准法规的细节说明，因此评估起来更方便。

如果被评估标准中的要求与基础标准不同，在其能够在类似水平上实现基础标准所追求的目标的前提下，可以将它们视为具有等同性。

如果被评估的标准中有个别要求未能符合等同性，或者被评估标准中没有与基础标准对应的要求，在以下前提下可以确立等同性：被评估标准中的一系列相关联的要求（包括相关联的法律文本）能够在类似水平上实现基础标准所追求的目标，例如土壤肥力管理。

c. 具体要求的变异准则

对标准要求（单个或成套要求）的等同性评估应包括接受被评估标准中的要求具有变异性，所依据的准则如下：①合法的理由，包括气候、地理、技术问题等，以及经济、管理或文化因素，这些理由应能够使得与基础标准的差异合理化，即差异可以作为具有等同性的变异性要求；②能够证明被评估的标准反映了在特定问题上的有机一致性；③不同的标准都保持了区别于非有机农业的操作规范。详情参见变异准则（附件3）。

3.7 对专家小组评估结论的接受和对突出问题的解决办法

专家小组的评估为参与方的决策提供依据。参与方应接受专家小组的等同性评估意见，并且着力解决存在的问题，以便形成等同性协议。

突出的问题可以通过以下方式解决：

a. 被评估一方（多方）对具体要求进行修订，并/或增加其他条款

有关修订或者增加条款的建议得到基础标准方接受即可，不需要由专家小组额外进行评估。

b. 基础标准方将涉及的具体要求放弃或者修改

由被评估方提出申请，基础标准方可以根据被评估标准所处的条件，放弃或者修改与突出问题相关的具体要求。

c. 范围的排除或缩小

如不能获得完全的等同性，需退一步考虑进行一些排除，如将一定的具体要求、生产投入物或产品类别从等同性协议中排除，或者缩小等同性协议范围（如仅限于作物生产）。

3.8 透明度

参与方应确保等同性的确定过程尽可能透明，同时能照顾到合理的外交约束和商业机密。应对重要事件进行公告，公告内容至少应包括对开始阶段的描述和对最终协议的解释。公告应至少以所有参与方的官方语言公布，除此以外，建议使用其他语言（如英语），以增强透明性，并有利于非参与方查阅。

如果可能，应鼓励在等同性评估中增加利益相关方。

政府参与方可以依据 WTO-TBT 要求（见参考书目）在最终协议前发布决议公告。

4 等同性评估程序

4.1 启动

在启动阶段，参与方应完成以下步骤：

a. 彼此知会对方寻求等同性的意向。

b. 对协议是多边、双边还是单边进行明确，并取得一致。

c. 明确以本指南和/或其他协议为确认等同性的工具。

d. 明确除了有机生产和加工标准的目标以外，是否考虑其他事项。

e. 对本指南进行回顾，并就修正和可选择的程序和工具达成一致，包括：基础标准的选择（见 3.1）；等同性评估的适用范围（见 3.4）；包括变异准则在内的等同性依据（见 3.6 及附件 3）；对程序、指南（见 4）和备选方案做的修改；计划开始和完成的日期；费用来源；各方的负责人。

f. 明确透明程度并达成一致，包括哪些步骤和信息可以公开，哪些不能。

g. 任命专家小组（见 3.4），成员可由独立专家或参与方代表组成。

4.2 明确目标

无论是否有专家小组的支持，参与方均应继续做好以下工作：

a. 明确基础标准的目标（见 3.3），包括有机生产和加工不同方面的要求所要达到的具体目标。

b. 披露所有相关的法律文本和文件（见 3.4）。

c. 在对具体要求进行评估前，理出一套共同的参考目标，并达成一致。

4.3 要求的比较和等同性评估

单个和/或成套要求之间的等同性评估应以对等同性和变异准则的一致意见为基础。

在共同的参考目标确立以后，参与方应（或者委托专家小组）对标准（包括相关的法律文本）进行比较，辨别出被评估标准与基础标准的不同的、遗漏的或者额外的具体要求（见附件 4 的比较模板）。

然后，专家小组应完成以下工作：

a. 将被评估标准与基础标准进行等同性评估（见 3.6）。

b. 发布初步的评估建议。

c. 收集来自被评估标准方和基础标准方的意见，包括补充信息（此时还应考虑向公众发布初步的评估结果，以便收集公众意见）。

d. 根据收集的意见，对等同性评估和等同性评估结果作修改。

e. 将修改后的评估结果和建议提交给参与方。

参与方提交文件时需同时将复印件转给其他参与方。

4.4 突出问题的解决

根据专家小组的最终评估报告，可以通过以下方式解决存在的突出问题（见 3.7）：

a. 被评估方对具体要求进行修订，并/或增加其他条款。

b. 基础标准方将涉及的具体要求放弃或者修改。

c. 范围的排除或缩小。

如果必要，为解决问题的讨论（包括面对面的讨论）可以持续下去，直到达成一致或决定终止讨论过程。

需告知公众最终的等同性决议或者终止过程的决定，包括过程摘要和最终结果的解释。

附件 1　程序流程图

第一阶段：启动（公布意向并就程度术语和条件达成一致）

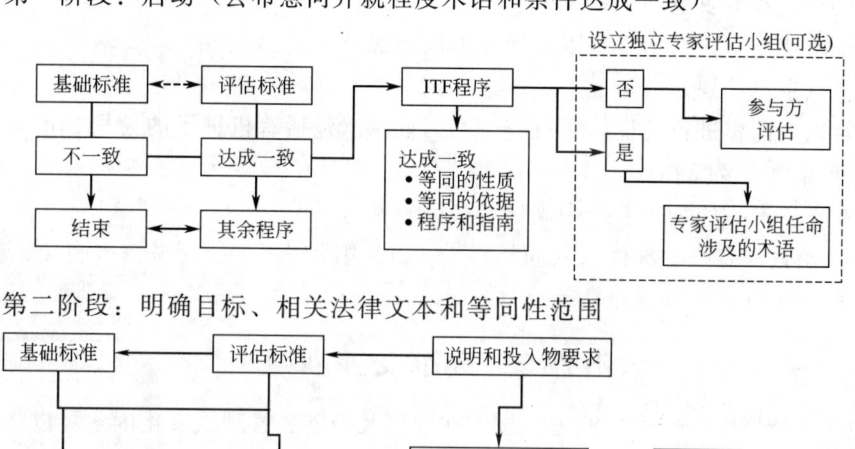

第二阶段：明确目标、相关法律文本和等同性范围

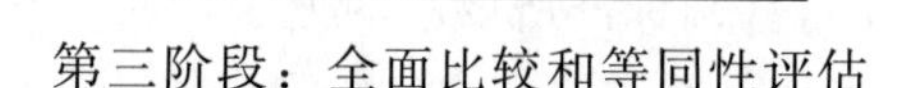

第三阶段：全面比较和等同性评估

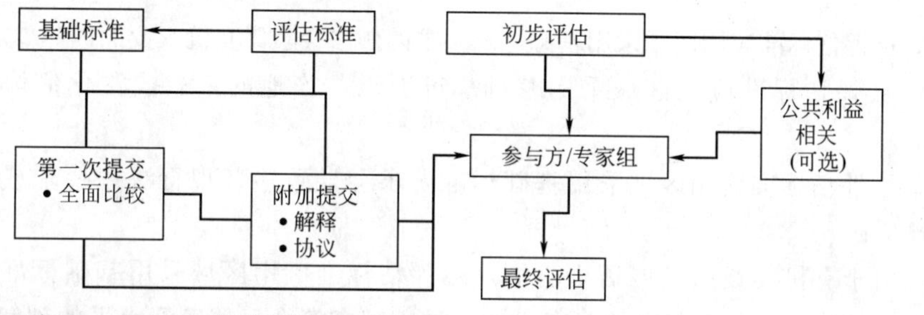

第四阶段：做出决定并解决突出问题

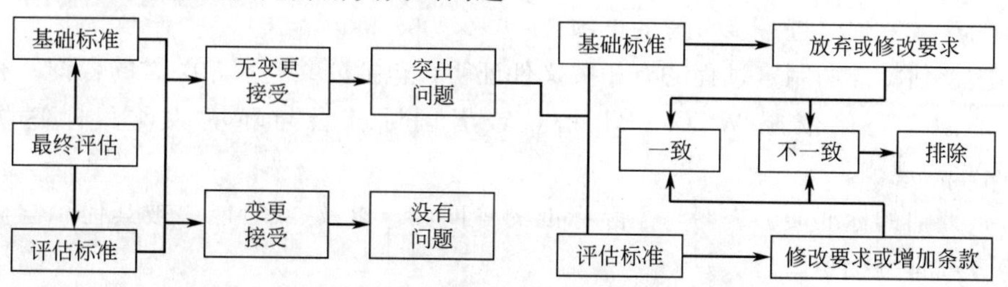

附件 2　有机标准体系共同目标举例

• 保护和提高土壤质量；

- 避免使用合成化学肥料、杀虫剂和杀菌剂；
- 保护和提高生物多样性；
- 避免污染；
- 负责地使用资源（如土壤、水和空气）；
- 负责地对待农场动物；
- 禁止使用一些技术（基因工程和电离辐射）；
- 有机生产计划；
- 对以上内容进行验证，并可查到书面证明（包括有机种子的使用、审计、产品的可溯源性以及标签）；
- 在有机产品的加工系统中确保有机完整性。

注：摘自《有机标准体系共同目标》（ITF 第六次会议）。举例来自于研究工作，并非由利益方正式通过协商确立。

附件 3 标准变异准则

在一些情形下，气候、地理、技术问题以及经济、管理或文化因素可以将偏离基础标准的差异合理化。

在以下至少一种条件下，应确立标准变异：

a. 被评估标准应用区域的气候、地理和/或建筑条件无法有效实现基础标准要求；

b. 应用被评估标准的生产经营者无法获得基础标准所要求的方法，或者方法不可行；

c. 被评估标准应用区域采用基础标准要求的做法会阻碍有机农业的进一步发展；

d. 被评估标准应用区域采用基础标准要求与当地的宗教或文化信仰有严重抵触；

e. 被评估标准应用区域采用基础标准要求会导致违背现行法律要求或合法的部门规章；

f. 由于有机实践的发展历史不同，被评估标准应用区域采用基础标准要求会导致不能维持已经建立起来的对有机的一致理解或符合目前发展水平的理解。

为达成一致需进一步考虑的事项：

被评估标准的制定过程需有相关文件证明，包括公共利益相关方的咨询。有关标准的制定可以依照 WTO-TBT 协议或者国际社会与环境认证和标签联盟（ISEAL）规范。

被评估的标准能够表明与国际标准的等同性，以及/或者能够被其他私立标准制定方或官方接受。

被评估标准（包括变异）能够保持清晰地将有机规范与非有机生产和加工规范相区别。

被评估标准（包括变异）不会与基础标准所追求的目标相违背。

对变异标准的接受不会损害公平竞争、消费者对有机的信任以及国际贸易所需要的和谐一致。

注：摘自 IFOAM 政策 42 号　依据 IFOAM 基本标准来识别认证标准的政策。

附件 4　等同性比较、评估和结论模板（参见 3.6）

下述模板以矩阵工具为基础（实际模板为一个 Excel 文件），用于 IFOAM 对其他标准的识别。目的是提供一个怎样比较被评估标准与基础标准方法概要（注：以下标准实例来自于 IFOAM 基本标准）。

尽管本案例是为单个要求的对比而设计，但也可以将模板进行修改，用于对简明版和/或释义版的要求进行比较。

1	2	3	4	5					6
基础标准章节号	基础标准内容 以颁布的格式或者简明版本为准，顺序为： —章标题 —具体目标 —节标题 —要求 —附加法律文本	被评估标准或相关法律文本内容依照基础标准的顺序	被评估标准章节号	评估 E：等同 N：不等同 A：附加 O：省略 U：不能决定					评估参与方的意见
				E	N	A	O	U	
	特定目标 保护和提高生物多样性								
2.	章标题 有机生态系统	被评估标准的相应内容							
2.1	节标题 生态系统管理(2) 括弧里的数字代表要求在副标题中的编号	被评估标准的相应内容							
2.1.1	具体要求 生产经营者应采取措施保持和改善景观并提高生物多样性	被评估标准的相应内容							对具体要求的评估进行解释
	进一步的说明、阐释或额外的法律文本 没有	被评估标准的相应内容							
2.1.2	禁止破坏初始的生态系统	被评估标准的相应内容							对具体评估进行解释
	进一步的说明、阐释或额外的法律文本	如果有的话，额外说明、阐释或法律文本							
		如果有的话，额外的被评估标准要求							
此部分中被评估的标准要求和相关法律文本作为整体能够等同地实现基础标准所追求的目标吗？									对成套要求的等同性评估进行解释

栏目说明

序号	说　明
1	基础标准内容所涉及的章节号
2	基础标准内容以颁布的版式或简明版本分级排列，顺序为： —章标题 —具体目标 —节标题 —要求 —进一步的说明、释义或附加的法律文本（如可用的话）
3	将被评估标准的相应内容（依据颁布的版式或简明版本）与基础标准作比较
4	被评估标准内容所涉及的章节号
5	被评估标准与基础标准等同性评估的不同情形： E(等同)：标准要求等同，包括根据变异准则获得的等同 N(不等同)：标准要求被判定为不等同 A(附加)：被评估标准中存在基础标准未涉及的要求。基础标准对应处使用空白表示 O(省略)：基础标准中存在被评估标准未涉及的要求，被评估标准处使用空白表示 U(不能决定)：指评估当事人此时难以决定是否等同 将不同的评估情形分列在不同的栏目中，以便于整理和编号
6	与所做的评估相关的评估方的意见

模板实例中展示的是基本的栏目设置方法。需要时，可以增加栏目，加入其他注解与建议修订的目标和/或要求，以及随着时间推移，评估过程或者标准法规的变化等方面的信息。

行的设置

基础标准的每一部分都应占用单独的行，即每个章标题、目标、节标题和具体要求均应单独占行。与某一要求有关的解释、说明和法律文本应占用该要求所在行的下一行，如果这些解释、说明和法律文本与任何具体要求均不相关，则将其放置于相关节标题下的最后一行。

每一章节的最后为结论行，在结论行内注明该章节的等同性情况。

为便于识别，标题、目标、要求和补充说明以及法律文本所在行应使用不同颜色。

附件 5　国际工作小组等同性指南框架参考

WTO-TBT 协议

技术性贸易壁垒协议（TBT 协议）在第 2.4 条中规定："在需制定技术法规时，有关的国际标准已经存在或即将形成，则各成员应使用这些国际标准或其中的相关部分作为其技术法规的基础，除非由于基本气候因素或地理因素或基本技术问题等类似因素，这些国际标准或其中的相关部分对达到其追求的合法目标无效或不适当。"

当一个国家不能采用国家标准或者以国家标准为基础来建立自己的技术法规时，WTO-TBT 协议的 2.7 条规定："各成员应积极考虑将其他成员的技术法规作为等效法规加以接受，即使这些法规不同于自己的法规，只要它们确信这些法规足以实现与自己的法规相同的目标。"

食品法典

尽管 CAC/GL 34（食品进出口检验与认证体系等效协议制定导则）涉及的是一致性评价以及政府间订立的协议的问题，但是该标准的许多条款也可以为标准的等同性判定以及私立部门间订立协议提供实用指南。

该标准前言中提到"正如《食品进出口检验和认证原则》所规定的，设立进口方要求应遵循等同性和透明性原则。"

该标准包含以下适用条款：

章节号	条款内容
5.7	进口国考虑并确定对方的措施是否与进口国的要求相符。但是做任何决定均必须以客观的标准为基础
5.10	进入等同性协议谈判以后，参与国家应在协议达成前和达成后做好相关准备，积极为评估和查证活动提供便利
7.16	作为咨询过程的第一步，进口国应准备好相关措施的文本资料，明确这些措施所追求的目标是什么
7.17	出口国应该提供相关证明信息，表明其安全控制系统能够保证进口国目标的实现，以及/或者确保能起到合适水平的保护作用
18	双方应使用法典的标准、建议和指南，这有利于推进等同性协议的达成
19	为推进咨询过程，应依据法律框架适当地进行信息交换，包括所有法律文书，以便为"食品控制系统的统一和一致的执行"这一协议的主题提供法律基础
20	相关国家可以编制并行的表格，用来对上述信息进行组织编排，识别措施/要求方面的差异
21	进口国和出口国应确定一个过程，用来供双方联合对措施/要求进行考虑
22	参与方应能够实现以下两点：a. 使自己满意，并且验证等同性协议达成后，等同性将继续存在；b. 解决审查和核实过程中出现的任何问题
28	当双方均对协议不满意时，协议参与方应对协议终止程序表示同意

有机认证机构的国际要求

目 录

引 言
缩略词
1 前言
1.1 序
1.2 范围
1.2.1 评估方法
1.2.2 监管链
2 一般要求
2.1 职责
2.1.1 法定体系
2.1.2 认证协议
2.1.3 对认证决定责任
2.1.4 对先前认证的接受
2.2 人员配备
2.2.1 概述
2.2.2 资格标准和文档
2.2.3 能力建设
2.2.4 认证人员任务
2.2.5 委员会的任务
2.2.6 业务外包
2.3 公正性和客观性
2.3.1 组织结构和利益相关方
2.3.2 公正性管理
2.3.3 功能区分
2.3.4 可提供的服务范围
2.4 信息的获取
2.4.1 公共渠道信息
2.4.2 机密性
2.4.3 获得认证的表述和认证标识（标志）的使用
2.5 质量管理体系
2.5.1 概述

2.5.2　管理体系手册
2.5.3　文件管理
2.5.4　记录的保存和管理
2.5.5　内部审计和管理评审
2.5.6　投诉和抱怨
3　有机认证过程中的要求
3.1　申请程序
3.1.1　给生产经营者的信息
3.1.2　申请表和生产经营者的义务
3.2　评估
3.2.1　范围
3.2.2　申请评审和检查准备
3.2.3　检查计划
3.2.4　对于高风险情形的特别要求
3.2.5　对团组认证体系的要求
3.2.6　报告
3.3　认证决定
3.3.1　职能部门
3.3.2　决定的根据
3.3.3　文档记录
3.3.4　对于不符合情况的处理
3.3.5　认证要求的例外情况
3.3.6　认证文件的发放
3.4　认证的扩项和更新
3.4.1　再评审
3.4.2　检查频率
3.4.3　经营者需对变化情况进行通告
3.4.4　认证要求的变化
附件

引　言

2003～2008 年，联合国粮农组织（FAO）、国际有机农业运动联盟（IFOAM）和联合国贸易与发展组织（UNCTAD）等国际组织组建了有机农业一致性和等同性国际特别小组（ITF)。它为私立和公立机构就有机农业领域的贸易和管理活动提供一个自由的对话平台，进而推动有机产品的贸易。由于有机产品在世界上存在数以百计的不同规章、标准和标签，这给有机产品生产商和出口商带来不少麻烦。不仅有机产品的标准存在区别，作为提供第三方认证评估的认证机构的建立条件也千差万别。这使得政府和认证机构难以认可和接受其他认证体系或程序所认定的有机产品，同时，造成有机产品生产商难以使自己的产品在其他市场上获得认可。为了克服上述困难，国际特别小组制定了《有机认证机构的国际要求（IROCB)》，各国政府和有机认证和认可机构可以利用这个标准来对本系统以外的认证机构进行评判和鉴定，以便确定是否接受这些机构所认证的有机产品。

本标准的制定得到了捐赠资金的资助，制定过程中在世界范围内广泛咨询了各类利益相关方，包括私立机构和政府部门。该标准也可以直接用于对有机认证机构的资格认定。

IROCB是一个公用标准，政府部门和私立机构都可以采用，不需要专门许可。政府和非政府组织均可以全部或部分地将本标准以单独文本的形式在非商业出版物中刊出。

制定本标准的资金来源于瑞典国际发展合作署（SDCA)、挪威发展合作署（NORAD)和瑞士政府。

有关本标准的更多信息，包括联系方式，可以浏览ITF的网站www. itf-organic. org。

缩略词

ITF：International Task Force on Harmonization and Equivalence in Organic Agriculture，有机农业一致性和等同性国际特别小组

IROCB：International Requirements for Organic Certification Bodies，有机认证机构的国际要求

IAC：IFOAM Accreditation Criteria for Bodies Certifying Organic Production and Processing，国际有机农业运动联盟对有机生产和加工认证机构的认可标准

ISO：International Organization for Standardization，国际标准化组织

IAF：International Accreditation Forum，国际认可论坛

IEC：International Electro technical Commission，国际电工委员会

1 前言

1.1 序

本文件规定了有机认证机构的国际要求。这些要求的制定旨在建立对私立和公立有机认证机构认证行为的一致性要求。在一个特定的有机系统之外，存在多种认证机构的认证服务，制定这些要求的目标就是为评价这些服务的一致性提供一个底线。因此，有机认证机构的国际要求（IROCB）可以成为一个工具，帮助其他认证机构和认证体系确定是否承认该机构的认证服务。这样，政府或者认证认可机构就可以视这些要求具有等同性，允许其认证的产品进入本系统。

认证机构满足了这些条件，就能确保对有机生产者提供一致和可信的第三方认证，即被认为有能力进行有机认证。

有机认证机构的国际要求的设立基础是 ISO/IEC 指南 65：1996（E）"产品认证机构的一般要求"。然而，考虑到有机认证与 ISO/IEC 指南 65 提到的产品和服务认证的不同之处，有机认证机构的国际要求还涵盖了"国际有机农业运动联盟对有机生产和加工认证机构的认可标准"（Accreditation Criteria for Bodies Certifying Organic Production and Processing）（IAC）❶ 以及特殊要求❷。同时，还包含了 ISO 指南的某些修订内容和一些附加要求，确保认证机构能够应对各种问题。

总的来说，现有的法规都必须付诸实施，法律也必须得到遵守。而且，与 ISO/IEC 指南 65 和 IAC 的要求相比，认证机构的权威常常受限于监管系统。认证机构必须站在主管部门的立场上，主管部门有权做最终决定或采取控制措施（如投诉处理、认证撤销和标志所有权等）。本文件不包含有机产品标准。有关对有机产品标准的一致性判断问题，建议参考相关国际通行标准或指南，如"IFOAM 有机生产和加工基础标准"和"国际食品法典 CAC/GL 32：有机产品的生产、加工、标识和销售指南"等。

附件 1 中的定义适用于本文件。

1.2　范围

本文件规定了有机认证机构胜任有机认证服务所必须具备的条件。

1.2.1　评估方法

评估方法包括文档评审、质量管理体系评价以及现场检查，样本分析测试将为资料审核提供支持手段。根据既定的程序，系统地使用评价手段。所用程序需与初始的和进行中的评价行为相对应，以便评价某生产过程是否能够持续地符合有机标准。

1.2.2　监管链

认证机构需确保生产经营者所使用的任何与认证有关的产品都得到了适当的认证（关于对先前认证的认可，参见 2.1.4）*。

*注：例如，一项认证需购买原料，该原料已由另一个项目在多原料产品中进行了认证，这时，相应的生产经营者可能寻求相应的认证许可。

2　一般要求

2.1　职责

2.1.1　法定体系

认证机构的法定体系须有助于提高认证行为的可信性。尤其要符合以下条件：

a. 有文件证明其法律实体的地位；

b. 以文件形式明确了与认证活动相关的权利和职责；

---

❶ 2005 年版，由 IFOAM 出版。

❷ 在一些有机管理系统，如美国国家有机项目和 European Union Regulation EEC 834/2007，存在附件的或者与 ISO/IEC Guide 65 有分歧的要求条件。

c. 要明确认证活动的主体（包括团体、组织或个人）对其认证活动负有全部的责任（包括财务方面）。

2.1.2 认证协议

认证机构需根据与申请者和生产经营者签订的协议来提供认证服务。协议特别应包括以下条款：

a. 包含对提出产品认证的申请者及生产经营者的权利和义务的描述，也包括遵守认证程序相关规定的承诺。

b. 须明确指定的认证标识语的使用要求和限制性条款，同时，也需明确对于已批准的认证的表述方式，以此来避免出现误导性的使用或声称；

c. 作为评定过程的一部分，需要进行信息验证（特别是产品认证的状态），因此需有允许认证机构与其他认证机构或者主管部门（审批或认可部门）进行信息交换的规定。

d. 认证机构或者主管部门有对所有相应设施（包括同一生产单元或相关生产单元中的非有机生产）以及所有的相关文档和记录（包括财务记录）进行检查的权利。

2.1.3 对认证决定责任

认证机构需对认证的批准、持续、扩项、暂停和撤销负最终责任。

2.1.4 对先前认证的接受

如果生产链中的产品已经在其他认证机构获得认证，认证机构可以根据特定的程序确认先前的认证已经经过了等同的认证程序，然后可以接受*先前的认证。

*注：所谓接受，有不同的情形。比如，对处于同一个认证程序和同一个主管部门管理认证机构所提供的认证的接受；对不同认证程序和不同主管部门管理下的认证机构所提供的认证的接受；认证机构根据协议进行合作。

2.2 人员配备

2.2.1 概述

a. 认证机构需雇佣足够的人员，且这些人员能够胜任认证工作，熟练运作这一认证体系。

b. 认证机构需确保从业人员具备与认证相关的专业知识（如农业操作、加工设备、地理区域、团组认证等）。

c. 认证机构需对人员信息进行及时更新。

2.2.2 资格标准和文档

a. 认证机构需规定从业人员的最低能力标准。包括与认证范围相关的最低教育、培训、技术知识、工作经验等方面的详细信息。

b. 认证机构需对所指派的人员的相应职责作文档记录，并保持更新。

2.2.3 能力建设

认证机构需确保参与认证的人员（如检查员、技术委员会成员以及其他认证人员）具备相关领域的技术知识，并不断更新，以便这些人员能够有效和一致地从事评定和认证活动。认证机构尤其要做到以下两点：

a. 根据认证人员的表现来评估其能力，以便确定培训方向；

b. 确保新的参与人员具备足够的能力*。

*注：比如，可以要求新加入人员完成从事有机检查和评定的课程，或者采用学徒形式进行一定时期的现场实习。

2.2.4　认证人员任务

认证机构需对参与人员（包括委员会成员）提出以下要求：

a. 严格遵守认证机构的政策和程序；

b. 如果认证人员与认证服务对象存在联系，则参与认证人员应以本人或者单位名义作出声明。

2.2.5　委员会的任务

针对参与认证过程的所有委员会的任命及其运作情况，认证机构均需有正式的规定和组织结构，且符合2.2.1和2.2.2所列的要求。

2.2.6　业务外包

如认证机构决定将与认证有关的业务外包给外部机构或个人，需与之签订协议，规定好各种安排，包括机密性和利益冲突。认证机构需做到以下几点：

a. 对此类外包业务承担责任。

b. 对认证的授权、延续、更新、扩项、暂停和撤销承担最终责任。认证决定的代理行为必须遵循ISO/IEC指南68：2002（E）规定的要求。

c. 确保外包机构或个人具备以下条件：有从事该外包业务的能力；不得直接或间接通过机构或个人的雇佣方，与相关的操作、过程或者产品发生违规的联系，以免损害真正的公正性；遵循认证机构确定的政策和程序。

d. 监督外包机构或个人的工作。

2.3　公正性和客观性

2.3.1　组织结构和利益相关方

认证机构需确保公正，不应在财政上依靠影响其认证公正性的任何一个生产经营主体。

特别是，认证机构需有文件确保其公正性，该文件包含以下规定：

a. 确保认证机构认证行为的公正性规定；

b. 确保相关各方参与的规定：规定需能平衡各方利益，避免商业利益或其他利益对认证决定造成不当影响*。

*注：可以成立一个代表主要利益方的委员会，利益方包括客户、其他行业代表、政府部门代表、非政府组织（包括消费者组织）代表等。该委员会功能在于考察认证机构是否遵循体系要求。

2.3.2　公正性管理

认证机构需确定、分析并记录利益冲突的各种可能性，这些冲突产生的起因在于认证规定，同时还包括因关联产生的冲突。因此，需建立一定的规则和程序，防止利益冲突，或者将冲突威胁最小化。认证机构尤其需做到以下两点：

a. 要求认证人员、委员会和董事会成员就现有的或先前的与认证对象的联系作出声明。如果这种联系会影响认证的公正性，认证机构需在认证全过程中将这些人员排除在外，使其不得参与相关工作、讨论或决议。

b. 遵守有关规定，规范认证活动中委员会的任命和运作，确保决议的形成不受商业利益、财务利益或其他利益的影响。

2.3.3 功能区分

认证机构不得提供可能损害认证过程决议之机密性、客观性或公正性的任何产品或服务。如果认证机构除了认证以外还从事其他活动，则需采取附加措施，保证这些活动不会影响认证的机密性、客观性和公正性。尤其，认证机构不得有以下行为：

a. 生产或提供其认证的同类型产品；

b. 为申请者或生产经营者提供有关应付处理认证阻碍*的建议或咨询服务**。

*注：比如在认证过程中发现的不一致性。

**注：有关生产标准的解释不属于建议或咨询服务，如果做到一视同仁，提供一般信息或培训也是被允许的。

2.3.4 可提供的服务范围

认证机构需在其声明的业务范围内平等地向所有申请者提供服务。

要遵守相关政策和程序，不得有歧视行为，禁止以不当的经济条件（如涉及费用结构）或其他条件*作为开展工作的前提。

*注：如，服务的提供不以供应商的规模、团体或组织会籍或者已授予认证的数量为条件。

2.4 信息的获取

2.4.1 公共渠道信息

认证机构需提供信息获取渠道，以确保其认证的完整性和可信性。

认证机构需按要求（通过出版物、电子媒体或其他方式）提供以下信息：

a. 生产经营者为取得或维持认证需满足的标准。

b. 有关判断经营者是否符合标准的评价程序信息。

c. 有关认证扩展的程序信息。

d. 当发现与标准不一致时，将采取的程序和制裁措施的相关信息；

e. 服务的费用构成。

f. 对生产经营者权利和义务的描述，包括认证标识的使用及表述获得认证等方面的要求和限制等。

g. 有关处理对认证结论的投诉或上诉的程序信息。

h. 认证程序和范围清单。

2.4.2　机密性

为确保获取信息的专有特权，认证机构需妥善安排来确保认证活动中所得信息的机密性，该项要求适用于认证组织的各个层面，包括为认证机构工作的各委员会、外部机构或个人。这些安排需能够保证以下两点：

a. 保护客户专有的信息不被误用和非经授权外泄。

b. 授予认证机构与其他认证机构或主管部门进行信息交换的权利，以便检验信息的真实性。

2.4.3　获得认证的表述和认证标识（标志）的使用

认证机构应：

a. 允许已获认证的生产经营者使用许可证、证书和标识，但需要对以上物件的所有权、使用和展示实施控制。

b. 能够要求生产经营者停止使用已授权使用的证书和标识。

c. 采取适当的行动，处理不当的表述行为或对许可证、证书、标识的误导性使用行为。

2.5　质量管理体系

2.5.1　概述

a. 认证机构需明确界定、形成文件并实施质量管理体系，该体系需根据相关要求制定，旨在树立机构对从事有机认证能力的信心。质量管理体系的执行在工作类型、工作范围和工作量方面应是有效而适当的。

b. 质量管理体系需能够在认证组织的各个层面上得到理解、实施和维持。

2.5.2　管理体系手册

a. 认证机构需将所有实施程序文件化，形式可以是手册或相关文件，以确保程序实施的一致性和连续性。

b. 手册和相关文件的制定需与工作类型、工作范围和工作量相适应，并考虑到参与人员的数量。内容须包含以下几点：①组织结构图，该图需显示权力、责任以及功能分配；②认证机构实施有机认证的程序描述，包括认证的授予、延续、更新、扩项、暂停和撤销；③认证人员的招聘、选择、培训、委派等程序（如2.2所述）；④处理投诉等问题的政策和程序；⑤质量检查方面的政策和程序（如内部审计，管理复核等）。

c. 认证机构需确保所有相关人员可以获得手册和相关文件。

2.5.3　文件管理

认证机构需建立并维护必要的程序对与其认证相关的文件进行控制，尤其要做到以下几点：

a. 由获得授权和有能力胜任的人员在文件初次颁布前或后续修订前，对文档进行复核审批，以确保准确性。

b. 对所有文件制作清单，列出颁布日期和修订情况。

c. 对这些文件的分发进行控制，确保将适当的文件提供给认证机构人员或者其分包者，避免误用已作废的文件。

2.5.4 记录的保存和管理

a. 认证机构需建立并维护记录系统（以电子文档或纸质文档形式），以便证明认证程序得到了有效实施，尤其需对以下文档进行记录：申请表格、评估或再评估报告，以及其他与认证的授予、延续、更新、暂停或撤销相关的文档。

b. 在对文档进行识辨、管理和处置时，须确保过程的整体性和信息的机密性。

c. 有关生产经营者的信息需及时更新，并且信息要完整，包括检查报告和认证历史。

d. 记录范围须涵盖准许的例外情况、上诉以及后续采取的行动。

e. 记录的保存至少需五年或者按照法规要求，目的是为了证明认证的实施情况。

2.5.5 内部审核和管理评审

认证机构应该展示寻求和实施持续的质量提升，并根据已完成认证的类型、范围和工作量，实施管理评审和内部审核。

a. 认证机构尤其须周期性地对所有控制程序进行有计划、系统性的复核，以便确定质量体系和各程序均得到了实施，具备实效性。周期性的绩效评审[1]也是整个评审的一部分。

b. 评审间隔时间应足够的短，以确保质量提升的目标得到实现，同时需对质量评审做好记录。

2.5.6 投诉和抱怨

认证机构需制定用于解决投诉和上诉的政策和程序。这些投诉和上诉可能来自生产经营者，也可能来自其他方面。

a. 采取适当的行动来解决投诉和上诉。

b. 对行动和结果进行记录。

3 有机认证过程中的要求

3.1 申请程序

3.1.1 给生产经营者的信息

认证机构需向生产经营者提供有关认证程序的最新信息，要通知以下几点：

a. 合同条件，包括费用和可能发生的处罚；

b. 经营者的权利和义务，包括上诉程序；

c. 适用标准；

d. 计划变化，包括程序和标准的更新；

---

[1] 每年对负责评价、检查和认证的人员表现进行评审是业界的常见做法。

e. 认证过程中认证机构采用的评估和检查程序；

f. 经营者应保存的文档记录，以备认证机构查证是否与适用标准相符。

3.1.2　申请表和生产经营者的义务

认证机构应要求生产经营者填写申请表，并由具备适当权限的生产经营者代表签字。

a. 提供需要认证的范围，包括要详细说明生产过程、产品和区域；

b. 申明是否有其他认证机构拒绝过该申请。

3.2　评估

3.2.1　范围

a. 认证机构需就所有的认证要求对生产经营者进行评估。评估活动既包括文档评审，也包括现场检查。

b. 如认证范围是对有机转换进行确认，则需在转换期间对是否符合这些要求进行评审。

3.2.2　申请评审和检查准备

a. 在检查之前，认证机构需先查验申请文档，以确保认证活动能够进行，以及认证程序能够适用。其中尤其需注意以下几点：①生产经营者提交的文件是完整的；②生产经营者看起来能够符合所有认证要求（适用程序和标准）；③认证申请在认证机构服务范围内（认证机构很少涉及的地区也属于新范围）。

b. 认证机构需根据前述 2.2 和 2.3 的要求，指派有资格的人员去从事评估活动，并为他们提供相关工作的文档。

c. 认证机构需告知检查员先前是否存在与标准不一致的情况、有没有提出纠正要求，以便让检查员确认这些不一致问题是否已经解决。

3.2.3　检查计划

执行检查的目的在于对信息进行校验，并检验生产经营是否符合认证要求。检查行为需按计划执行，以确保非歧视性和客观性。

检查计划至少应包含以下内容：

a. 通过现场检查各种设施、农场和储藏单元，对生产和加工系统进行评价（如需要，也包括对非有机区域的访问）。

b. 对记录和帐目进行检查，以便检验商品的流通情况（包括农场生产和销售平衡、投入和产出的平衡以及加工和处理设施的审查追溯）。

c. 确认那些损害有机完整性的风险区域。

d. 查证标准和认证机构要求方面的变化已经被有效地执行。

e. 确认纠正措施已经得以实施。

3.2.4　对于高风险情形的特别要求

认证机构应修订其认证程序以应对有机认证中发现的高风险情形。

潜在的高风险情形以及相关的应对措施包括：

a. 部分转换和平行生产。为了防止有机产品与不符合标准的产品的混合或被其污染，认证机构需确认生产、加工、储存和销售等环节操作和管理是否得当并明确区分已认证和未认证的产品。遇到产品区别不明显时，需在收获时和收获后采取措施，以便减少风险。

b. 集中生产、过分依赖外部投入、生产周期缩短。认证机构应根据风险情况确定是否增加检查频率。

c. 如生产经营者在相同的有机范围得到其他机构的认证，则应与该机构进行信息交流，以便避免误用证书。

3.2.5 对团组认证体系的要求

a. 如认证机构实施的是基于内部质量管理体系的团组认证，则应采用特定的团组认证程序。

b. 团组认证程序需明确团组认证的范围和对团组的要求，包括对内部质量管理体系的要求，以便确保所有团组成员都符合标准。这些操作需遵循通过协商议定的良好操作规范。

c. 对于团组认证，在评价内部质量管理体系实施的有效性时，认证机构应根据协商确定的良好操作规范，采取适当的措施实施现场检查。

3.2.6 报告

认证机构需根据文件确定的报告程序，对评估中发现的情况进行报告。

a. 检查报告需遵循一定的格式，格式要适合于所检查的类型。报告需有助于对相应生产系统的公正、客观、全面的分析。

b. 检查报告须涵盖标准的所有相关方面，并对经营者提供的信息进行充分验证。报告应包括以下几点内容：①对与认证标准相符情况的陈述；②检查的日期和持续时间、访问的对象、现场评审的田块和设施；③评审的文件类型。

c. 认证机构需及时通知生产经营者需要解决的不一致情况，以便达到认证要求。

d. 认证机构需记录并采取措施对生产经营者为达到标准要求所采取的纠正措施进行验证。

3.3 认证决定

3.3.1 职能部门

认证机构需确保每个有关认证的决定都是由实施检查以外的人员或委员会作出的。

3.3.2 决定的根据

要根据评估过程中获得的信息来做决定，判断的唯一依据是生产经营者的操作要与认证要求相一致。

3.3.3 文档记录

对认证决定的记录须包含决定的主要理由。

3.3.4　对于不符合情况的处理

a. 在认证决定中，可以包含次要的不符合要求的操作在一定时间内作出纠正的要求。但如遇到较为严重的不符合情况，则需暂停认证，直到有证据表明实施了纠正行为。严重情形下，则应不通过或撤销认证。

b. 对于不通过、撤销或暂停认证，需说明原因，并指出所违反的标准或认证要求。

3.3.5　认证要求的例外情况

a. 若准许例外情况，认证机构需有明确的标准和程序来核准。

b. 例外情况需有期限，不得永久有效。

c. 对例外情况的记录，需包括准许例外的基本根据和要点。

3.3.6　认证文件的发放

认证机构需向每个生产经营者发放正式认证文件。文件需包含以下信息：

a. 认证对象所有人（即生产经营者）的姓名和地址。

b. 颁发认证证书的机构名称和地址。

c. 通过认证的范围，包括：认证产品（可用产品类型或产品范围来识别）；生产标准（认证的基础）；认证生效期。

3.4　认证的扩项和更新

3.4.1　再评审

a. 认证机构需定期对生产经营者实施再评审，以便确定其是否继续遵循标准。还要建立实施相关机制，以便有效地监测是否实施了纠正行为。

b. 认证机构须报告和记录其再评审活动，并且将相关认证状态告知生产经营者。

c. 再评审一般须遵循 3.2 所述的程序（即评价部分）。然而，以更新认证为目的的评审活动可以集中关注与风险有关的措施，不一定要重复 3.2 所述的所有程序。

3.4.2　检查频率

a. 认证机构需确定常规检查的频率[1]。

b. 除了常规现场检查，认证机构还需在不事先通知的情况下，进行现场检查。可以随机选择生产经营者，也可以根据生产或产品有机完整性所面临的风险，来选择经营者。

3.4.3　经营者需对变化情况进行通告

a. 认证机构应要求生产经营者把在 3.1.2 所述方面的变化情况告知认证机构。

b. 认证机构应决定是否对告知的变化情况进行调查。如需调查，则在获得认证机构的通知之前，生产经营者不得向市场投放在变化条件下生产的认证产品。

---

[1] 目前通常的做法是至少每年检查一次，无论是否存在风险。

c. 对于认证范围变更的申请，认证机构需确定应采用何种评估程序，以便决定是否进行变更，继而采取相应的行动。

3.4.4 认证要求的变化

a. 认证机构应保证及时将认证要求的变化告知每个生产经营者。

b. 认证机构应在既定时间内及时查证生产经营者对要求变化的履行情况。

附件

1. 认可（accreditation）：主管部门或其代理机构根据有机标准，正式认定认证机构具备实施认证能力的程序。

2. 投诉（appeal）：生产经营者就认证机构所作的对其不利（如拒绝申请请求、拒绝继续进行检查/审核、提出纠正要求、认证范围变化、不通过认证、暂停或撤销认证决定、其他阻碍认证获得的情形）的决定提出重新考虑的请求。

3. 认证（certification）：第三方（认证机构）对某个过程进行系统评估，确信特定产品符合特定的标准，并给出书面担保的程序。

4. 认证机构（certification body）：从事有机认证的机构。

5. 认证计划（certification program）：认证机构实施的，具有明确的要求、程序和管理措施的某个具体的符合性证明系统。

6. 抱怨（complaint）：个人或组织向认证机构就该机构或获得认证的生产经营者的活动表达的不满（不同于上诉），并期望获得答复。

7. 符合（conformity）：按要求履行。

8. 符合性评估（conformity assessment）：与确定相关要求是否得到履行直接或间接有关的活动。

9. 纠正行动（corrective action）：排除潜在的不一致情况或其他情况的行动。

10. 评价（evaluation）：根据获得的相关信息进行系统的评估行为，目的是作出认证决定。评价包括但不限于检查。

11. 例外（exception）：生产经营者获得认证机构许可的与标准要求不一致的行为。

12. 团组认证（group certification）：对一个有组织的生产者群体进行的认证，该群体应有一个中心管理机构，有相似的农业生产系统和共同的内部质量管理体系，并一直接受中央管理机构的监督。团组认证要以团组为单位，认证许可发给中心管理机构，不应该由单个团组成员使用。

13. 检查（inspection）：对生产经营者的行为是否与适用标准的要求一致进行的现场确认。

14. （内部）质量管理体系（internal quality management system）：用于指导和控制一个组织与质量有关的管理系统。

15. 不符合（non-conformity）：与特定的标准或认证要求不相符的情况。重要不符合：违背适应标准；次要不符合：违背认证要求，而不是标准（产品的有机完整性不受影响）。

16. 生产经营者（operator）：负责确保生产行为持续符合有机认证所依据的标准要求的个人和企业。

17. 要求（requirement）：设定的需要或期望，通常可以是暗指的或必需的。暗指意味着习惯或常见的做法，组织、客户或其他利益团体均知晓。具体的要求类型可以使用限定词来描述，如产品要求、质量管理要求或客户要求等。要求可以由不同的利益方制定。

18. 标准（standards）：标准是指公认机构批准的文件，可供公用和重复使用，包括与产品、相关过程、生产方法有关的非强制性规则、导则或特性。在产品、过程或生产方法方面，标准也包括术语、符号、包装、标记和标签要求。

欧盟有机产品生产和标识法规

欧盟理事会第 EC/834/2007 号法规

有机产品生产和标识并废除欧共体第 EEC/2092/91 号法规

（2007 年 6 月 28 日）

目 录

第一主题 目的、范围和定义
第一条 目的和范围
第二条 定义
第二主题 有机生产的目标和原则
第三条 目标
第四条 总原则
第五条 适用于农场的特定原则
第六条 适用于有机食品加工的特定原则
第七条 适用于有机饲料加工的特定原则
第三主题 生产规则
第一章 基本生产规则
第八条 基本要求
第九条 禁止使用转基因生物
第十条 禁止使用电离辐射
第二章 农场生产
第十一条 农场基本生产规则
第十二条 植物生产规则
第十三条 海藻的生产规则
第十四条 畜牧业生产规则
第十五条 水产品的生产规则
第十六条 用于农业中的产品、物质及其授权标准
第十七条 转换
第三章 加工饲料的生产
第十八条 加工饲料生产的基本规则
第四章 加工食品的生产
第十九条 加工食品生产的基本规则
第二十条 有机酵母生产的基本规则
第二十一条 加工用产品和物质的标准

第五章 灵活性
第二十二条 生产规则的例外
第四主题 标识
第二十三条 有机生产相关术语的使用
第二十四条 必需的标识
第二十五条 有机生产标识语
第二十六条 特殊的标识要求
第五主题 管理
第二十七条 管理系统
第二十八条 管理系统运行
第二十九条 证明文件
第三十条 侵权和违规情况下的管理措施
第三十一条 信息交流
第六主题 与第三国的贸易
第三十二条 符合标准产品的进口
第三十三条 提供同等保证的产品的进口
第七主题 最终和过渡规则
第三十四条 有机产品的自由流通
第三十五条 向委员会提交信息
第三十六条 统计信息
第三十七条 有机生产委员会
第三十八条 实施细则
第三十九条 废除 EEC/2092/91 号法规
第四十条 过渡措施
第四十一条 向理事会的报告
第四十二条 生效及实施

欧盟理事会：

考虑到欧共体成立协约，尤其是第三十七条规定；

考虑到委员会的建议；

考虑到欧洲议会观点；

鉴于：

（1）有机生产是一个农业管理和食品生产的综合系统，融合了良好的环境规范、生物多样性、自然资源保护、动物福利以及采用自然物质和一些消费者偏爱的生产方式。因此，有机生产方式扮演了双重的社会角色，一方面满足了消费者对有机产品的市场需求，另一方面提供了有利于环境保护、动物福利以及农村发展的公共产品。

（2）许多成员国有机农业的土地份额在不断增加。近几年来，消费者的需求增长也很快。最近，共同农业政策的改革，强调以市场为中心、供应满足消费者需求的高质量产品，有可能进一步刺激有机产品市场。在这种背景下，有机生产相关的法律法规在农业政策框架中扮演越来越重要的角色，并与农产品市场的发展紧密联系。

(3) 管理有机生产领域的共同体法律框架应当追求以下目标：确保有机产品的公平竞争和正常的市场功能，维护和保证消费者对贴有有机标识产品的信心，并提供进一步的条件以促进有机产品生产和市场的发展。

(4) 来自委员会、理事会及议会的关于有机食品和农业生产的行动计划，建议改善和加强有机种植标准及进口和检查要求。在 2004 年 12 月 18 日的决议中，理事会要求委员会对该领域的共同体法规框架进行审查，目的是确保简明和全面的一致性，建立鼓励标准协调性的原则，并尽可能减少对细节叙述。

(5) 因此，为了提高消费者的信心以及对有机生产概念的理解，应该更明确地定义有机生产的目的、原理和规则。

(6) 欧共体关于有机农产品的生产、农产品及食品标识的第 2092/91 号法规 (1991 年 6 月 24 日) 将被废止，并由新的法规代替。

(7) 应当建立共同体关于植物产品、畜牧产品和水产品有机生产规程的基本框架，包括野生植物和海藻收获规程、转换规程以及加工食品（包括酒）、饲料、酵母的生产规程。委员会将对有机农业和有机食品加工过程中使用的产品和物质进行授权，并确定使用方法。

(8) 通过鼓励更加适合于有机生产的新技术和物质的应用，进一步推进有机生产的发展。

(9) 转基因生物、以转基因生物为原料以及生产过程中采用了转基因生物的产品都有悖于有机生产的概念和消费者对有机产品的理解，因此不应该用在有机农业或有机加工过程中。

(10) 要把转基因成分在有机产品存在的可能性降至最低。现有标签上的阈值只代表偶然的和技术上不可避免的转基因成分的上限。

(11) 有机农业首先依赖于当地农业系统中的可再生资源。为了减少不可再生资源的使用，植物源和动物源的废物、副产品应当作为养分循环回到土壤中。

(12) 有机植物生产应有助于保持和提高土壤的肥力，并防止土壤侵蚀。植物更适合通过土壤生态系统获得营养，而不是通过加入到土壤中的可溶性肥料。

(13) 有机种植管理系统最重要的要素是土壤培肥管理、作物种类和品种的选择及其多年度的轮作、有机物质的循环利用及其栽培技术。只有与有机生产的目的和原则相适应时，才使用外来的肥料、土壤调节剂和植保产品。

(14) 畜牧养殖是有机农业生产系统的基本组分，它可以为植物生产的土地提供必要的有机物质和养分，从而有助于土壤改良和农业的可持续发展。

(15) 为了避免环境（特别是土壤和水体等自然资源）的污染，畜牧业的有机生产应当与有机植物生产的土地紧密联系，提供适当的长期循环系统，用本系统或相邻系统生产的有机植物产品饲养牲畜。

(16) 有机畜牧业是与土地相联系的活动，牲畜可随时接近露天和草地。

(17) 有机畜牧业应遵守较高的动物福利标准，满足动物特殊的行为要求，而动物的健康管理应基于疾病预防的需要。在这方面，应该特别关注圈舍的条件和管理及圈养密度。此外，品种的选择应该考虑它们适应当地条件的能力。畜牧业和水产品生产的执行规则要遵从欧洲保护农畜动物公约的规定及其欧盟常设委员会后续制定的相关推荐规范。

(18) 有机畜牧业生产应当建立饲养不同牲畜的完整的循环生产系统。因此应该鼓励增加有机动物的基因库，改善内部循环能力，确保该有机畜牧业的发展。

(19) 有机加工产品的生产应当使用适当的生产方式，这些方式要确保产品的有机完整性，食品的质量通过生产链的所有阶段来维持。

(20) 只有所有的或几乎所有的农业源成分是有机的，加工食品才能贴上有机标识。有些有机农业成分在市场上没有销售，如打猎和捕鱼获得的产品，如果加工中含有这些成分应当制定特别的规则。此外，为了给消费者提供信息、保持市场透明度以及鼓励有机成分的使用，某些条件下应当在成分列表中指出是否为有机生产。

(21) 生产规则应具备一定的灵活性，以便在当地的气候或地理条件、特别的生产规范和发展阶段下采用有机标准和要求成为可能。应该允许例外规则的应用，但必须在共同体制定的特殊条件的限度内。

(22) 维护消费者对有机产品的信任是非常重要的；例外规则应该严格限于合理的应用。

(23) 为了保护消费者和公平竞争，用于表示有机产品的术语应当受到保护，在整个共同体内都不得用于非有机产品。无论是单独使用或联合使用，这些术语常用的派生词或词缀也应该受到保护。

(24) 为了让共同体市场中的所有消费者清楚，共同体范围内所有有机预包装食品必须有欧盟标识语。共同体范围内生产的非预包装有机食品或从第三国进口的有机食品在自愿的基础上，应以其他方式使用欧盟标识语。

(25) 为了不误导消费者，欧盟有机标识语应该只用于完全（或几乎完全）有机成分的产品。因此，有机转换产品或农业源成分中有机成分低于95%的加工食品，不允许使用有机标识语。

(26) 不允许同时使用欧盟标识语和国家及企业的标识语。

(27) 对于共同体来源或者非共同体来源的产品，为了避免欺骗行为和消费者中的任何混乱，当使用欧盟标识语时，应该告知产品中农业源原料的种植地。

(28) 共同体法规应当促进有机生产。当有机产品获得了另一个成员国的权威机构或团体认证，主管机关、管理机关和管理人应当避免对该产品的自由流通设置障碍。特别不应当强加任何的额外控制和经济负担。

（29）考虑到与共同体其他法规的一致性，有机农业生产应当允许成员国在本国范围内使用本国的生产法规，但这些法规应严于共同体的有机生产法规。

（30）在有机生产中禁止使用转基因生物（GMO）。当产品中包含转基因生物、转基因成分或者采用转基因生物生产的产品时，不能贴有机标识。

（31）为了确保有机产品按照共同体有机生产法规框架的要求进行生产，生产者生产、制备和分销有机产品的所有活动信息都应提交给按照欧洲议会和理事会的882/2004号法规（2004年4月29日，确保饲料和食品法、动物健康、动物福利法规一致性的官方管理措施）建立的管理系统。

（32）某些情况下，有些零售商（如向最终消费者和使用者直接出售产品的零售商）对有机产品法规通告和管理要求并不明确。因此，允许成员国可以免除对这些零售商的要求。然而，如果零售商除了与销售点有联系外，还生产、制备和销售产品，或进口有机产品，或立约把上述活动包给第三方，为了避免欺诈行为，则这些零售商不能豁免。

（33）如果产品按照生产规则生产，并按照共同体制定的或同等的措施进行管理，那么有机产品可以进口和投放到欧共体市场上。按同等管理条件进口的有机产品应包括获得第三国主管当局认可的控制机构或团体认证。

（34）关于进口产品的等同性评估应当考虑食品法典委员会制定的国际标准。

（35）当生产标准和控制管理与共同体法规等同时，维持被委员会认可的第三国列表是合适的。对于没有被包括在这个列表中的第三国，委员会应该建立被认可的能胜任在该第三国实施有效控制和认证的管理机构和团体列表。

（36）应收集执行情况、执行效果的相关可靠数据，供生产者、市场经营者、政策制定者使用。这些统计信息应该被限定在共同体统计程序范围内。

（37）该法规应该从某个日期开始应用，这个日期应给委员会有足够的时间为执行采取必需的措施。

（38）执行该法规所必需的措施应该依照委员会1999年6月28日的1999/468号决议来批准（该决议制定了授予委员会执行权的程序）。

（39）考虑到对有机领域和有机生产方式中的一些高度敏感的问题进行动态评估、确保国际市场和控制系统平稳功能的需要，对共同体法规进行前瞻性回顾、考虑从执行这些法规过程中获得的经验是适宜的。

（40）由于未批准某些动物、水生植物、微型海藻的共同体详细法规，成员国可以使用国家标准，如果没有国家标准，应该使用被成员国接受或认可的民间标准。

本法规已被采纳：

第一主题　目的、范围和定义

第一条　目的和范围

1. 本法规确保了内部市场的高效运行、维护了公平竞争、确保了消费者信心、保护了消费者利益，同时也提供了有机生产发展的基础。

本法规建立了共同的目标和原则以支撑在该法规下制定的下列规则：

(a) 有机产品的生产、加工、分销等所有阶段及其管理。

(b) 标签和广告中涉及的有机产品的标志使用。

2. 本法规适用于市场上或即将上市的下列农产品（包括水产品）：

(a) 活的或未加工的农产品；

(b) 用作食品的加工农产品；

(c) 饲料；

(d) 用于栽培的植物繁殖材料和种子。

打猎和捕鱼所得的野生动物不作为有机生产。

该法规也适用于作为食品和饲料的酵母。

3. 本法规适用于上面第2款所列产品有关的生产、加工和分销阶段的任何人。

事实上，大多数的饮食业不受该法规限制；成员国可以使用国家有关此类产品销售和标识的法规，如果没有国家法规，可以采用企业标准，只要这些法规或标准符合共同体法规的基本要求。

4. 本法规与本条所列产品有关的其他共同体法律（如食品和动物营养的生产、制备、销售、标识、控制的管理规定）一致，不违反共同体或国家的其他规定。

第二条　定义

本法规使用以下定义：

(a) 有机生产（organic production）：在生产、加工和销售的所有阶段，依照本法规建立的规则进行生产的方式。

(b) 生产、加工储运和销售阶段（stages of production，preparation and distribution）：包括从有机产品的初级生产到储藏、加工、运输、出售或提供给最后的消费者以及标识、广告、进口、出口和转包等活动。

(c) 有机（organic）：来自有机生产或与有机生产有关。

(d) 生产经营者（operator）：在有机生产管理中，对确保本法规实施有责任的自然人或法人。

(e) 植物生产（plant production）：农作物产品的生产，也包括为了商业目的采收野生植物产品。

(f) 家畜生产（livestock production）：家养或驯化的陆生动物的生产（包括昆虫）。

(g) 水产养殖的定义在委员会关于渔业基金的第1198/2006号法规中（2006年7月27日）给出。

(h) 转换（conversion）：在给定的时间内从非有机生产向有机生产转变。

(i) 加工储运（preparation）：指有机产品的保存和（或）加工操作，包括屠宰和分割家畜产品，也包括包装、标识和（或）关于有机生产方式标识的变更。

(j) 食品、饲料和投放市场的定义在欧洲议会和委员会的第178/2002号法规中（2002年1月28日）给出。

(k) 标识（labelling）：置于包装、文件、通知、标签、布告牌、环或项圈上，有关产品的术语、词语、详细说明、贸易标志、商标名、图示的内容或符号。

(l) 预包装食品（pre-packaged foodstuff）：在欧洲议会和委员会2000/13号指令第一条1（3）（b）中（2000年3月20日）给出。

(m) 广告（advertising）：除了标识外，为了直接和间接促进有机产品的销售，向公众所作的有可能影响他们态度、信念和行为的任何描述。

(n) 主管部门（competent authority）：根据该法规的规定，有机生产领域有资格组织官方管理的成员国中心机构或其他授权的机构；也包括第三国的相应机构。

(o) 管理机构（control authority）：主管部门全部或部分授权的成员国管理组织，有权根据该法规建立的规则在有机生产领域进行检查和认证；也包括第三国的相应机构或在第三国运作的相应机构。

(p) 管理团体（control body）：根据该法规建立的规则，在有机生产领域进行检查和认证的独立的民间中介团体；也包括第三国相应团体或在第三国运作的相应团体。

(q) 一致性标志（mark of conformity）：关于标志形式方面的一系列特别标准或其他标准文件的一致性声明。

(r) 成分（ingredients）：定义在欧盟2000/13号指令6（4）条中给出。

(s) 植保产品（plant protection products）：定义在关于向市场投放植保产品的欧共体委员会91/414号指令（1991年7月15日）中给出。

(t) 转基因生物（genetically modified organism，GMO）：定义在欧洲议会和委员会2001/18指令（2001年3月12）中给出，该指令考虑向环境中释放转基因生物；终止了欧共体90/220号指令，没有通过的转基因技术在该指令附录ⅠB.中列出。

(u) 转基因生物产品（products produced from GMO）：产品全部或部分来源于转基因生物，但不含有转基因生物。

(v) 转基因技术产品（products produced by GMO）：在生产过程中借助转基因生物获得；但成品中不包含转基因生物，也不含转基因生物产品的成分。

(w) 饲料添加剂（feed additives）：定义在欧洲议会和委员会关于在动物营养中使用添加剂的1831/2003指令（2003年9月22日）中给出。

(x) 等同（equivalent）：在描述不同系统和措施时，通过运用确保一致性水平的准则，可以满足相同的目标和原则。

(y) 加工助剂（processing aid）：本身不是食品成分，在处理或加工过程中为达到某些技术目的故意用在原料、食品或其成分的加工过程中；不是故意但不可避免地导致这些物质或其派生物在最终产品中的残留，这些残留没有任何的健康风险，对最终的产品也没有任何技术影响。

(z) 辐照 (ionising radiation)：在欧洲原子能共同体委员会96/29/号指令中 (1996年5月13日) 给出，该指令制定了保护工作人员和普通公众健康的基础安全标准，以防御辐照带来的危险；并由欧盟议会和委员会1999/2号指令的第1 (2) 条限定。

(aa) 公共餐饮服务 (mass catering operations)：餐馆、医院、食堂、接近出售或交付给最终消费者的其他类似服务中有机产品的制备。

第二主题 有机生产的目标和原则

第三条 目标

有机生产将追求以下的基本目标：

(a) 建立农业可持续管理系统

(ⅰ) 尊重自然系统及其循环，维持和增强土壤、水、植物和动物的健康以及它们之间的平衡；

(ⅱ) 有助于提高生物多样性水平；

(ⅲ) 负责任地使用能源以及水、土壤、有机物、空气等自然资源；

(ⅳ) 遵循高标准的动物福利，满足动物的特别行为需求。

(b) 生产高质量的产品。

(c) 使用不损坏环境、人类健康、植物健康、动物健康及福利的生产方式，生产满足消费者需求的食品和其他农产品。

第四条 总原则

有机生产要基于以下原则：

(a) 基于生态系统，利用系统内部的自然资源，合理地设计和管理生物过程。

(ⅰ) 使用天然的生物体和机械生产方式；

(ⅱ) 遵循可持续原则实现农作物栽培、牲畜饲养或渔业开发；

(ⅲ) 除了兽医药产品，排除转基因生物、转基因生物产品和转基因技术产品；

(ⅳ) 基于风险评估，在适当的时候采用预防和防护措施。

(b) 当 (a) 提到的措施或方法不存在，需要外部输入时，外部输入的使用要限于：

(ⅰ) 有机产品的输入；

(ⅱ) 自然或自然获得的物质；

(ⅲ) 低可溶性的矿物质肥料。

(c) 严格限制合成化学品的使用，除非：

(ⅰ) 没有合适的管理措施；

(ⅱ) 提到的外部物质在市场上不能获得；

（ⅲ）提到的外部物质对环境的影响不可接受。

第五条　适用于农场的特定原则

除了第四条的总原则外，有机农场要基于以下特殊的原则：

（a）防止土壤板结和侵蚀，主要通过土壤生态系统维持和提高土壤的生命活力、自然肥力、稳定性、生物多样性及为植物提供营养的能力。

（b）减少非再生性资源的使用和非农业投入。

（c）在作物和畜牧生产投入中，使动植物源废物和副产品得到循环。

（d）做出生产决定时，应考虑当地或区域的生态平衡。

（e）鼓励利用自然免疫维持动物健康，并选择合适的饲料和管理措施。

（f）采用适当的抗病虫品种、作物轮作、机械和物理方法、害虫自然天敌保护等有害生物预防性措施，维护植物的健康。

（g）采用适宜于当地条件和土地特点的牲畜的生产管理规范。

（h）遵守高水平动物福利的特殊要求。

（i）有机畜产品应来自于从出生或孵化开始、一生都以有机方式饲养的动物。

（j）根据对当地条件的适应性、生命力、抗病性和健康问题选择适当的品种。

（k）由来自于有机农业的农产品成分和自然的非农业产物组成的有机饲料饲养牲畜。

（l）应采用提高免疫力和抗病力等自然防护能力的管理措施，包括定期的放养活动，开放通风的饲养场所和牧场。

（m）不应包括多倍体动物的人工饲养。

（n）维持自然水生生态系统的生物多样性、水环境的持续健康、水产品生产中周边水生和陆生生态系统的质量。

（o）用来自于可持续渔业开发系统（2002 年 12 月 20 日颁布的欧盟第 2371/2002 号法规关于在共同渔业政策下渔业资源的维护和可持续开发中有定义）的饵料或来自于有机农业的农产品成分和自然的非农业产物组成的有机饵料喂养水生生物。

第六条　适用于有机食品加工的特定原则

除了第四条制定的总原则外，有机加工食品的生产还要基于以下特殊原则：

（a）以有机农产品成分生产有机食品，除非该有机成分在市场上没有销售；

（b）限制使用食品添加剂、主要为了技术和感觉作用的非有机成分、微量营养素及加工助剂，只能在必要的技术需要或特别营养目的情况下，才可最小量地使用；

（c）不应采用可能误导产品纯真特性的物质和加工方法；

（d）关注食品的加工过程，完善生物、机械和物理方法的使用。

第七条　适用于有机饲料加工的特定原则

除了第四条规定的总原则外，有机加工饲料的生产还要基于以下特殊原则：

（a）用有机原料生产有机饲料，除非某一饲料原料在市场上没有销售；

（b）限制饲料添加剂和加工助剂的使用，只有必要的技术或畜牧学需要或为了特别营养目的，才可最小量地使用；

（c）不应采用可能误导产品纯真特性的物质和加工方法；

（d）关注饲料的加工过程，完善生物、机械和物理方法的使用。

第三主题　生产规则

第一章　基本生产规则

第八条　基本要求

生产者应遵守本主题列出的生产规则和第三十八条（a）款提出的执行规则。

第九条　禁止使用转基因生物

1. 转基因生物、转基因生物产品和转基因技术产品不得用作食品、饲料、加工助剂、植物保护产品、肥料、土壤调节剂、种子、无性繁殖材料、有机生产中的微生物和动物。

2. 遵照欧盟 2001/18 号根据指令、欧洲议会和委员会的欧盟 1829/2003 号法规（2003 年 9 月 22 日，关于转基因食品和饲料）、欧盟 1830/2003 号法规（关于追踪和标识转基因生物、由转基因生物生产的食品和饲料产品），为了避免第 1. 款中提到的转基因生物或转基因生物产品用于食品和饲料，经营者可以依靠伴随产品的标签或其他伴随文件或附录。当没有标识或没有伴随文件时，除非有其他资料表明产品的标签不符合上述法规，生产经营者可以假定购买的食品和饲料在生产过程中没有使用转基因生物或由转基因生物生产的产品。

3. 为了避免使用第 1. 款中提到的非食品和饲料产品及转基因技术产品，经营者使用从第三方购买的非有机产品时，应要求供应商确认该产品不是转基因生物产品或转基因技术产品。

4. 委员会将依照第三十七条第 2. 款提到的程序，决定禁止使用转基因生物、转基因生物产品和转基因技术产品的措施。

第十条　禁止使用电离辐射

在有机食品和饲料以及有机食品或饲料的原料处理中，禁止使用电离辐射。

第二章　农场生产

第十一条　农场基本生产规则

所有农场经营单位应当依照适宜于有机生产的要求进行管理。

按照第三十七条第 2. 款条提到的具体规定，如果不是所有的生产单元或水产生产点都进行有机生产管理，经营单位应当明确划分生产单元或水产业生产点。只要保证不同生产单元之间有足够的隔离，可以在农场中饲养不同物种的动物、相同物种的水生生物以及容易区分的不同品种的植物等。

经营单位的所有单元并不全用于有机生产，经营者应将有机单元的土地、动物、使用的产品或生产的产品与非有机单元分开，并保存充分的隔离记录。

第十二条　植物生产规则

1. 除了第十一条的农场生产的基本规则外，下列规则适用于有机植物的生产：

(a) 有机植物生产应当使用有利于保持或增加土壤有机质、提高土壤稳定性和土壤生物多样性、防止土壤板结和水土流失的耕作和栽培措施。

(b) 应通过多种作物轮作（包括豆类和其他绿肥作物），并使用来源于有机生产体系的牲畜粪便或有机物质（经过堆肥的更适宜）来保持和提高土壤肥力和生物活力。

(c) 允许使用生物制剂。

(d) 有机生产中只能使用第十六条规定的肥料和土壤调节剂。

(e) 不得使用矿质氮肥。

(f) 使用的生产技术应防止和尽量减少环境污染。

(g) 主要通过自然天敌、作物种类或品种的选择、作物轮作、栽培技术和热处理过程来防治病虫害和杂草。

(h) 有机生产中，当确定农作物将受到危害的情况下，只能使用第十六条规定的植保产品。

(i) 种子、无性繁殖材料以外的产品生产，只能使用有机生产的种子和繁殖材料。为此，植物种子的母本和无性繁殖材料的亲本至少一代，或两个生长季节（对于多年生作物）应遵守本法规的规定进行生产。

(j) 有机生产过程中，只能使用第十六条规定的清洁和消毒产品。

2. 对于自然地区、林区和农区自然生长的野生植物的采集，在下列情况下被认为是有机生产方式：

(a) 至少在采集前 3 年，这些地区没有使用第十六条规定之外的产品；

(b) 采集不影响自然产地的稳定性或采集地区物种的可持续性。

3. 执行本条所包含规则的必要措施应与第三十七条第 2. 款条提到的程序一致。

第十三条　海藻的生产规则

1. 采集海洋中自然生长的野生海藻，在下列情况下被认为是有机生产方式：

(a) 生长的区域符合欧洲议会和委员会第 2000/60/EC 号指令（建立了水事政策方面的行动框架，2000 年 10 月 23 日颁布）定义的高生态质量要求；在执行期间，质量要求等同于欧洲议会和委员会的第 2006/113/EC 号指令（关于贝类水域的质量要求，2006 年 12 月 12 日颁布）指定的水域。达不到欧洲议会和委员会第 EC/854/2004 号法规附录 2 中确定 A 级或 B 级标准的区域（该法规制定了用于人类消费的动物源产品官方控制机构的特殊规则），不得收集野生可食用的海藻类。

(b) 采集活动不会影响自然栖息地和收集区物种的长期稳定。

2. 为了达到有机生产的目的，海藻种植区的环境和健康条件至少等同于第 1.

款所述。此外，

(a) 从采集幼藻到收获的各个生产阶段，都要应用可持续措施；

(b) 确保维持广泛的基因库，采集野生幼藻应在有规律补充种质库的基础上进行；

(c) 不得使用肥料，除了室内设施在第十六条目的下的有机生产才被授权使用。

3. 执行本条所包含生产规则的必要措施应与第三十七条第2. 款提到的程序一致。

第十四条　畜牧业生产规则

1. 除了第十一条农业生产的基本规则外，下列规则适用于牲畜生产：

(a) 关于动物的来源

(ⅰ) 有机牲畜应在有机场所下出生和饲养；

(ⅱ) 为了繁殖目的，非有机饲养的动物可以在特殊条件的场所进行饲养；在根据第十七条1. (c) 条款所述的转换期后，这些动物及其产品可以被认为是有机的；

(ⅲ) 转换期开始时的原有动物及其产品，在根据第十七条1. (c) 条款所述的转换期后可以被认为是有机的。

(b) 关于管理措施和圈舍条件

(ⅰ) 动物饲养人员应具备动物健康和福利需要的必要的基本知识和技能；

(ⅱ) 包括饲养密度在内的管理措施、圈舍条件，应确保满足动物发育、生理和行为需要；

(ⅲ) 牲畜应永久处于开阔区域，最好是牧场；除非有天气条件、地面状况及其他方面的限制，都应该如此；

(ⅳ) 牲畜的数量应加以限制，以期尽量减少过度放牧、践踏和侵蚀土壤及通过动物或粪便传播造成的污染；

(ⅴ) 有机牲畜应与其他牲畜分开，但在某些限制性条件下，允许在普通土地上放牧有机动物和在有机土地上放牧非有机动物；

(ⅵ) 应当禁止圈养或孤立牲畜，除非个别动物在有限时间内，因为安全、福利或兽医的原因；

(ⅶ) 运输牲畜的持续时间应尽量减少；

(ⅷ) 在动物的整个生命过程中（包括屠宰环节）任何痛苦（包括残缺）应最小化；

(ⅸ) 蜂房应放置在确保花蜜和花粉源基本上由有机生产作物，或者自然产生的植物，或者用对环境影响小的方式处理的非有机管理的森林、作物组成的地区；蜂房应当与蜂产品污染源或蜜蜂疾病传染源保持足够的距离；

(ⅹ) 蜂房和养蜂的材料应当主要以天然材料制成；

(ⅺ) 在蜂产品采收环节，禁止毁灭蜂巢中蜜蜂的行为。

(c) 关于繁殖

(ⅰ) 应当采用自然繁殖的方法，但允许人工授精；

(ⅱ) 繁殖不得以激素或类似物质进行诱导，除非是兽医治疗个别动物的需要；

(ⅲ) 不得使用其他形式的人工繁殖，如克隆、胚胎移植；

(ⅳ) 应当选择合适的繁殖方式，所选的繁殖方式应有助于防止痛苦和避免需要致残动物。

(d) 关于饲料：

(ⅰ) 牲畜的饲料主要来源于动物的饲养地或同一地区的其他有机场所；

(ⅱ) 牲畜应当以满足动物不同生长阶段营养需要的有机饲料饲养，部分配给可以含有正在向有机种植转化的农场的饲料；

(ⅲ) 除蜜蜂，牲畜应永久进入牧场或喂养粗饲料；

(ⅳ) 只有第十六条规定的植物源非有机饲料材料、动物和矿物源饲料材料、饲料添加剂、用于动物营养和加工助剂的某些产品，才能在有机生产中使用；

(ⅴ) 不得使用生长促进剂和人工合成的氨基酸；

(ⅵ) 哺乳动物幼崽应当用天然奶喂养，最好是母乳。

(e) 关于疾病预防和兽医治疗

(ⅰ) 疾病的预防应主要依靠动物种类和品种的选择、饲养管理规范、高质量的饲料、良好的活动条件、适当的放养密度、卫生条件良好的合适处所等；

(ⅱ) 应当及时治疗疾病，以避免动物遭受的痛苦，当不适合使用植物疗法、顺势疗法和其他产品时，可以使用化学合成的对抗性兽药产品（包括抗生素），但是一定要在必要情况和严格条件下使用，治疗过程和停药期应有特别的限制；

(ⅲ) 允许使用免疫兽药；

(ⅳ) 允许基于共同体法规，实施与保护人类和动物健康有关的治疗措施。

(f) 关于清洁和消毒

只有在第十六条规定的情况下，牲畜栏舍和设施的清洁和消毒产品才能在有机生产中使用。

2. 执行本条所包含规则的必要措施和条件应与第三十七条第2. 款提到的程序一致。

第十五条　水产品的生产规则

1. 除了第十一条的农业生产基本规则外，下列规则适用于水产品生产：

(a) 水产动物的来源

(ⅰ) 有机水产业的种苗应来源于有机孵化箱和有机场所；

(ⅱ) 在种苗不能从有机孵化箱和场所获得时，可以从特定场所引进非有机生产的动物。

(b) 管理措施

（ⅰ）动物饲养人员应具备动物健康和福利需要的必要的基本知识和技能；

（ⅱ）包括喂养、设施设计、放养密度、水质量等在内的管理措施，应当确保满足动物生长发育、生理和行为的需要；

（ⅲ）管理措施应当将对环境的不利影响最小化，包括饲养动物的逃逸；

（ⅳ）有机水产品应当与其他水产品分开；

（ⅴ）运输应确保动物的福利得到维护；

（ⅵ）任何对动物造成的痛苦（包括屠宰环节）应该最小化。

（c）繁殖

（ⅰ）除了辅助选择外，不应使用人工诱导多倍体、人工杂交、克隆、单性株系生产等；

（ⅱ）应选择适当的品种；

（ⅲ）应当建立孵化箱管理、繁殖、幼苗生产的特殊种质条件。

（d）鱼和甲壳类动物的饲养

（ⅰ）应当投喂饵料，以满足动物在各个阶段生长发育所需的营养；

（ⅱ）饲料中的植物性成分应来源于有机生产，水产品成分应来源于可持续开发的渔业；

（ⅲ）只有第十六条规定的植物源非有机饵料材料、动物源和矿物源饵料材料、饵料添加剂、用于动物营养和加工助剂的某些产品，才能在有机生产中使用；

（ⅳ）不得使用生长促进剂和人工合成的氨基酸。

（e）关于以自然浮游生物为食物、不需人类喂养的双壳类软体动物和其他品种

（ⅰ）除了在孵化场和保育场的幼期阶段外，该类动物可以从自然中获得所有需要的营养；

（ⅱ）该类动物应当在达到欧盟第 EC/854/2004 号法规定义的 A 级或 B 级标准的水域生长；

（ⅲ）生长区应当是欧盟第 2000/60/EC 号指令定义的高生态质量区，实施中其生态质量把握相当于欧盟第 2006/113/EC 指令指定的水域。

（f）关于疾病的预防和兽医治疗

（ⅰ）应通过适当的选址、最佳的场所设计、良好的管理和处置措施（包括房舍的定期清洗和消毒、高质量的饲料、适当的放养密度以及种类和品种的选择等）使动物处于最理想的条件下，以预防疾病；

（ⅱ）应及时治疗疾病，以避免动物遭受的痛苦，如果不能使用植物疗法、顺势疗法和其他产品达到防治效果，可以在必要情况和严格条件下使用化学合成的对抗性兽药产品（包括抗生素），但对治疗过程和停药期应予以特别的限制；

（ⅲ）允许使用免疫兽药；

（ⅳ）允许基于共同体法规，采取与保护人类和动物健康有关治疗措施。

（g）关于清洁和消毒

只有在第十六条规定的情况下，池塘、笼子、建筑物、设施的清洁和消毒产品，才能在有机生产中使用。

2. 执行本条所包含规则的必要措施和条件应与第三十七条第 2. 款提到的程序一致。

第十六条　用于农业中的产品、物质及其授权标准

1. 依照第三十七条第 2. 款提到的程序，委员会应当授权在有机生产中使用，包括出于以下目的需要在有机农业中使用而列出限定的产品和物质清单：

(a) 作为植保产品；

(b) 作为肥料和土壤调节剂；

(c) 植物源非有机饲料原料、动物源和矿物质源的饲料原料、用于动物营养的某些物质等；

(d) 作为饲料添加剂和加工助剂；

(e) 动物生产中，作为池塘、笼子、建筑物、设施的清洁和消毒产品；

(f) 植物生产场所（包括存储场所）和装置的清洁和消毒产品。

只有在国家的有关规定与共同体法律一致，且在成员国一般农业生产中授权使用时，才能使用限定性清单中的产品和物质。

2. 第 1. 款提到的产品、物质的授权受第二主题制定的目标、原则以及以下总的和特殊标准限定，这些总的和特殊标准应作为一个整体评价：

(a) 它们的使用对可持续生产是必需的、对预定用途是必不可少的。

(b) 所有产品和物质应当是植物、动物、微生物或矿物质来源，除非这些来源产品和物质不具备足够的数量、质量或者其他替代品无法得到。

(c) 第 1. 款 (a) 中提到的产品，适用于：

(ⅰ) 它们的使用对控制有害生物或某一特定疾病是必不可少的，而没有其他生物的、物理的、饲养方式或栽培措施等其他有效的控制方法；

(ⅱ) 如果产品不是植物、动物、微生物或矿物质来源，并且与它们的自然形式不完全相同，只有排除任何直接接触作物的食用部分的情况下，才能被授权。

(d) 在第 1. 款 (b) 中提到的产品，其使用对于获取或保持土壤肥力，满足作物的特殊营养要求或特殊的土壤调节目的是必不可少的。

(e) 第 1. 款 (c) 和 (d) 中提到的产品，适用于：

(ⅰ) 它们必须能维持动物健康、福利和活力，有助于满足相关物种生理和行为需求，或者不借助于这些物质就不可能生产或保存这些饲料；

(ⅱ) 矿物源饲料、微量元素、维生素或维生素原应当是自然来源。在这些物质不可获得的情况下，有机生产中可以授权使用化学上明确界定的类似物质。

3.

(a) 依照第三十七条第 2. 款提到的程序，委员会可以制定关于第 1. 款提到的产品与物质应用到农产品的条件和限制性规定，如：哪类产品和物质可以使用、使用方式、剂量、与农产品接触的时间限制，并在有必要时决定撤销这些产品和物质。

（b）当某个成员国认为第 1. 款提到的列表应当添加或删除某种产品或物质，或者下一款提到的使用规范应当修改时，该成员国应当说明撤销、修改的理由，并确保将卷宗正式送达委员会和各成员国。修改或撤销的请求以及随后的决定应当公开发布。

（c）本法规实施前使用的产品和物质，与本条第 1. 款所列目的一致的，可以在该法规实施后继续使用。委员会可以依照第三十七条第 2. 款在任何情况下撤销这些产品或物质。

4. 成员国可以在其领土范围内的有机农业中调整上述产品和物质的用途，可以与第 1. 款提到的目的不同，只要符合第二主题制订的目标和原则及总的和特殊的标准，并遵守共同体的法律。该成员国应将该国的规则告知其他成员国和委员会。

5. 第 1. 款和第 4. 款没有涉及的产品和物质，如果符合主题二制订的目标和原则以及本条的基本标准，在有机农业中被允许使用。

第十七条　转换

1. 下列规定适用于开始有机生产的农场：

（a）在生产者向主管部门通报其活动，并按照第二十八条第 1. 款对拟进行有机转换的区域实施系统控制后，转换期才能开始；

（b）在有机转换期间，应采用本法规建立的准则；

（c）应按照作物或动物生产的类型确定相应的转换期；

（d）对于部分进行有机生产、部分进行有机转换的生产单元，生产者应当将有机生产和转换期的产品或动物分开，对于容易区分的产品，也应保留显示分离的充足记录；

（e）为了确定上面提到的转换期，应考虑转换期开始前的一个时期的一些条件是否一致；

（f）在（c）款中提到的转换期内生产的动物和动物产品不应当用第二十三条和第二十四条提到的标志（用在产品标签和广告中）上市。

2. 执行本条规则的措施和条件、特别是第一款中（c）至（f）提到的转换期应当依照第三十七条第 2. 款提到的程序来确定。

第三章　加工饲料的生产

第十八条　加工饲料生产的基本规则

1. 有机加工饲料的生产应在时间或空间上与非有机加工饲料的生产分开。

2. 有机的饲料原料或转换期的饲料原料，不得与非有机方式生产的同种饲料原料同时进入饲料成分中。

3. 有机生产中使用和加工的任何饲料原料，不得在化学合成溶剂的帮助下加工生产。

4. 不得使用能导致有机饲料在加工和储存中丧失的性质得以恢复，或纠正加工过程中疏忽造成的结果，或误导产品真正性质的物质和技术。

5. 执行本条生产规则的必要措施和条件，应当依照第三十七条第2. 款提到的程序选定。

第四章　加工食品的生产

第十九条　加工食品生产的基本规则

1. 有机加工食品的加工储运应当在时间或空间上与非有机食品分开。

2. 下列条件适用于有机加工食品的组成：

(a) 产品应当主要由农业源成分组成，但添加的水和食用盐应不予考虑；

(b) 只有按照第二十一条规定被授权在有机生产中使用的添加剂、加工助剂、调味剂、水、盐、微生物和酶的制剂、矿物质、微量元素、维生素以及氨基酸和其他微量营养成分，才能在有机生产中使用；

(c) 只有按照第二十一条规定或成员国临时规定被授权用于有机生产的非有机农产品成分，才能在有机生产中使用；

(d) 有机成分不得与非有机或转换中的同种成分一起存在；

(e) 用转换期作物产品生产的食品只能包含一种农业源的作物成分。

3. 不得使用能导致有机食品在加工和储存中丧失的性质得以恢复，或纠正加工过程中疏忽造成的结果，或误导产品真正性质的物质和技术。

执行本条生产规则的必要措施和条件、特别是第2款(c)项提到的成员国临时授权的加工方法和条件应当依照第三十七条第2款提到的程序选定。

第二十条　有机酵母生产的基本规则

1. 为了生产有机酵母，只能使用有机生产的酶。其他产品和物质只有在按照第二十一条规定获得有机生产使用授权时才能在有机生产中使用；

2. 有机食品或饲料中，有机酵母不得与非有机酵母同时存在。

3. 可以按照第三十七条第2. 款提到的程序制订详细的生产细则。

第二十一条　加工用产品和物质的标准

1. 允许有机生产中使用的产品和物质授权及其列入第十九条第2. 款(b)和(c)项提到的限定性产品和物质清单应当符合第二主题制定的目标和原则以及以下标准，且应当作为一个整体评估：

(ⅰ) 按照本章授权的替代产品无法得到；

(ⅱ) 在共同体法律的基础上，不借助这些产品和物质，不可能生产和保存食品，或不可能满足饮食要求。

此外，在第十九条第2. 款(b)项中提到的产品和物质是指在自然界中发现，并只能经过机械、物理、生物、酶或微生物处理过程，除非这些来源的产品和物质在市场上无法得到足够的数量或质量。

2. 按照第三十七条第2. 款提到的程序，委员会应当确定授权的产品、物质以及本条第1. 款提到的限制性清单，制定特殊的使用和限制条件，并在必要时确定撤销的产品。

如果一个成员国认为某种产品或物质应当加入或撤出第1. 款提到的清单、或者本款提到的规范应当修改，该成员国应当将包括说明撤销和修改理由的卷宗正式送达委员会和各成员国。

修改或撤销的请求以及随后的决定应当公开发布。

本法规实施前使用的产品、物质以及第十九条第2. 款（b）和（c）项规定的产品、物质可以继续使用。依照第三十七条第2. 款，委员会可在任何情况下撤销这些产品或物质。

第五章　灵　活　性

第二十二条　生产规则的例外

1. 根据第三十七条第2. 款中提到的程序、本条第2. 款规定的条件、第二主题中制定的目标和原则，委员会可以批准第1～4章规定的生产规则以外的例外。

2. 第1. 款提到的例外应保持最小，如果适用应在时间上进行限制，并只能用于下列情况：

（a）为了确保开始有机生产，或者为了克服气候、地理和结构性阻碍是必要的；

（b）为了确保获得饲料、种子、植物性繁殖材料、活体动物及其他农业输入物（这些输入物在市场上不能以有机的形式获得）是必要的；

（c）为了确保获得农业源成分（这些成分在市场上不能以有机形式获得）是必要的；

（d）为了解决有机牲畜管理有关的特殊问题是必要的；

（e）为了确保建立起完善的食品有机生产方式，涉及到第十九条第2. 款（b）项提到的加工中使用的产品或物质是必要的；

（f）在发生灾害的情况下，为了继续和重新开始有机生产，临时措施是必要的；

（g）使用第十九条第2. 款（b）项中的规定的食品添加剂和其他物质、第十六条第1. 款（d）项中规定的饲料添加剂和其他物质（转基因技术产品之外的此类物质不能在市场上获得）是必要的；

（h）需要在共同体法规或国内法规基础上，使用第十九条第2. 款（b）项中规定的食品添加剂和第十六条第1. 款（d）项规定的食品添加剂。

3. 委员会可以按照第三十七条第2. 款中提到的程序，制定例外（第1. 条）适用的条件。

第四主题　标　　识

第二十三条　有机生产相关术语的使用

1. 与有机生产有关的产品应该使用相关术语；标签、广告或商业文件中，此类产品、成分或饲料原料应当以术语描述；产品的标签和广告中，术语（特别是附录中列出的）、派生词或前缀（单独或一起使用的“生物”和“生态”之类），可以在共同体内以各种共同体语言使用。在鲜活或未加工农产品的标志和广告中，只有所有成分都是按照法规制定的要求进行生产的情况下才能使用与有机生产方式有关的术语。

2. 如果产品不能满足法规制定的要求，第1. 款提到的术语不得以任何共同体语言在共同体范围内的标签、广告或商业文件中使用；此外，禁止在商标、标识或广告中使用可能误导消费者或顾客（通过暗示产品或其成分满足法规制定的要求）的任何术语。

3. 在标志或广告中，对含有转基因生物、由转基因生物组成或根据共同体规定由转基因生物生产的产品，不能使用第1. 款提到的术语。

4. 关于加工食品，第1. 款提到的术语可用于：

(a) 销售说明书中，要求：

(ⅰ) 符合第十九条的加工食品；

(ⅱ) 农业源成分中至少有95%（重量）是有机的；

(b) 符合第十九条第1. 款、第十九条第2. 款（a)、第十九条第2. 款（b）及（d）规定食品的成分列表中。

(c) 销售说明书的成分列表或相同的可见范围内，要求：

(ⅰ) 主要成分是狩猎或捕鱼的产品；

(ⅱ) 全部是有机农业源的其他成分；

(ⅲ) 符合第十九条第1. 款、第十九条第2. 款（a）和（b）及（d）的食品。

成分列表应说明哪种成分是有机的。

在本款（b）和（c）项提到的情况下，有机生产方式的介绍只可以出现在有关的有机成分中；营养成分列表中应包括有机成分占农业源成分总量的总比例指标。

前款提到的术语和百分比指标应当与成分列表中的其他指标以相同的颜色、相同的尺寸和样式的文字出现。

5. 成员国应当采取必要措施确保遵守本条。

6. 委员会可以按照第三十七条第2. 款提到的程序，调整附录中的术语列表。

第二十四条　必需的标识

1. 第二十三条第1. 款提到的术语适用于：

(a) 第二十七条第10. 款提到的生产经营者所隶属的管理机构或管理团体的编码，应当出现在标签中；

(b) 第二十五条第1. 款提到的关于预包装食品的标识语，也应当出现在包装上；

(c) 同标识语一样，产品所包含的农业源原料的种植地标识，应当出现在可见范围内：

—“欧盟农业”，农业源原材料在欧盟种植；

—“非欧盟农业”，农业源原材料在第三国种植；

—“欧盟/非欧盟农业”，其中一部分农业源原材料在欧盟种植、另一部分在第三国种植。当组成产品的所有原材料都在一个国家种植的情况下，上面提到的“欧盟”或“非欧盟”标识，可以被该国替换或补充。

上面提到的“欧盟”或“非欧盟”标识，假如某成分为农业源的原材料、重量不超过总量的2%，该成分可以忽略。

上面提到的“欧盟”或“非欧盟”标识，在颜色、尺寸和字体风格方面，不应比产品的销售说明更突出。

对于从第三国进口的产品，第二十五条第1. 款提到的共同体标识语和第1. 款提到的标识，应当选择使用。

2. 第1. 款提到的标识应当以容易看见、清晰、擦拭不掉的方式，在显著的地方标出。

3. 委员会应当按照第三十七条第2. 款提到的程序，制定第1. 款 (a) 和 (c) 项提到的标志的介绍、布局、尺寸有关的特殊标准。

第二十五条　有机生产标识语

1. 共同体有机生产的标识语可用于产品（满足本法规制定的要求）的标签、介绍和广告。共同体标识语不能用于第二十（三）条第4款 (b) 和 (c) 项提到的转换期的产品和食品。

2. 国家和私人的标识语可用于产品（满足本法规制定的要求）的标签、介绍和广告。

3. 委员会可以按照第三十七条 (2) 款提到的程序，制定标识语的外观、内容、尺寸和设计的特殊标准。

第二十六条　特殊的标识要求

委员会应当按照第三十七条第2. 款提到的程序，建立特殊的标识和内容要求，并适用于：

(a) 有机饲料；

(b) 转换期的植物源产品；

(c) 植物繁殖材料和用于培育的种子。

第五主题　管　　理

第二十七条　管理系统

1. 成员国应建立管理系统，并指定一个或多个主管部门，负责本法规与欧盟第 EC/882/2004 号法规建立的管理职责。

2. 除了欧盟第 EC/882/2004 号法规制定的条件外，本法规建立的管理系统应当至少包括预防和控制措施（委员会按照第三十七条第 2. 款提到的程序采用的措施）。

3. 管理的性质和频率应当在风险评估的基础上确定。除了只涉及预包装产品的批发商和向最终消费者或使用者销售的经营者外的所有生产经营者，在任何情况下应接受每年至少一次的核查。

4. 主管部门可以：

(a) 赋予其他管理机构管理权。管理机构应当提供足够的客观性和公正性保证，配备合格的工作人员和必要的资源。

(b) 委派管理任务给一个或多个管理机构。这种情况下，成员国应当指派机构负责这些实体的审批和监督。

5. 如果满足欧盟 EC/882/2004 号法规第五条第 2. 款的要求，主管部门可以指派管理任务给特定的管理机构，尤其是：

(a) 管理机构具备完成任务的条件。

(b) 管理机构可以证明：

(ⅰ) 具备执行指派任务要求的专业技术、设备和基础；

(ⅱ) 有足够数量的具有相应资格和经验的工作人员；

(ⅲ) 具有公正性，与指派给它的任务没有任何利益冲突。

(c) 管理机构大都以近期公告的形式授权，通过欧盟官方杂志 C 版、欧盟标准 EN 45011 或 ISO 指南 65（从事产品证明系统的实体的基本要求）发布，并由主管部门批准。

(d) 管理机构应定期或在要求的时间内向主管部门汇报管理结果。如果管理结果发现没有遵守或者有可能不遵守的情况，管理机构应当立即通知主管部门。

(e) 主管部门和管理机构之间存在有效的协调。

6. 除了第 5. 款的规定，主管部门在批准管理机构时，还应考虑以下因素：

(a) 管理程序、管理机构对经营者管理和预防措施的详细说明；

(b) 管理机构对发现的无规律和/或违规情形，打算采取的措施。

7. 主管部门不能给管理机构指派以下任务：

(a) 监督和审计其他管理机构；

(b) 准予例外（第二十二条提到的）的权利，除非是委员会根据第二十二条第 3. 款规定的特殊情况。

8. 根据欧盟 EC/882/2004 号法规第五条第 3. 款，指派管理任务给管理机构的主管部门应当对管理机构组织必要的审计或检查。如果审计或检查的结果表明该机构不能较好地执行指派给他们的任务，指派的主管部门可以撤销指派。如果管理机构未能采取适当和及时的补救措施，应当毫不拖延地撤销。

9. 除了第 8. 款的规定，主管部门应当：

(a) 确保管理团体进行的管理是客观和独立的；

(b) 验证管理的有效性；

(c) 对发现的异常或违规情形及其采取的纠正措施进行审理；

(d) 不能满足 (a) 和 (b) 项提到的要求，或不再满足第 5.、6. 款列出的标准，或不能满足第 11.、12.、14. 款的要求，应撤销对该机构的认可。

10. 成员国应当给管理机构和管理团体及其所履行的控制任务进行编号。

11. 管理机构和管理团体应当让主管部门了解他们的办公和设施条件，提供主管部门认为履行本条职责所必要的信息。

12. 管理机构和管理团体应确保其管理的生产经营者执行第 2. 款提到的预防和管理措施。

13. 成员国应根据欧盟 EC/178/2002 号法规第 18 条，确保建立的管理系统可以追溯生产、加工储运和销售阶段的所有产品；特别是能够保证有机产品是按照法规的要求进行生产的。

14. 管理机构和管理团体应于每年 1 月 31 日前将上一年其管理的生产经营者名单上报主管部门；上一年履行管理活动的总结报告也应于每年的 3 月 31 日前上报。

第二十八条　管理系统运行

1. 产品的生产、加工储运和从第三国进口或将此类产品投放到市场的经营者，在将有机或有机转换中的产品投放到市场前，应当：

(a) 通报成员国的主管部门；

(b) 向第二十七条提到的管理系统提交承诺。

第 1. 款也适用于按照本法规制定的生产规则生产产品的出口者。

经营者同第三方签署的任何合约，都要遵守 (a) 和 (b) 项提到的要求；转包活动也要纳入到管理系统管理。

2. 经营者直接将产品卖给最终消费者和使用者（除了与销售点有联系外，不生产和加工储运，不从第三国进口，不同第三方签署合约），可以免除本条经营者限制。

3. 成员国应当授权或批准相应机构接受此类通报。

4. 成员国应确保管理系统包含了遵守本法规规定并支付合理费用的经营者。

5. 应当保持管理机构和管理团体列表（包含他们管理下的经营者名称和地址）的及时更新，并使相关各方能够得到列表。

6. 委员会应当按照第三十七条第 2. 款提到的程序，制定本条第 1. 款提到的公告细节和提交程序（特别是包括在通告中的有关信息）规则。

第二十九条　证明文件

1. 第二十七条第 4. 款提到的管理机构和管理团体应当为他们管理的生产经营

者提供证明文件。证明文件至少应明确生产经营者的身份、产品的类型和范围、有效期。

2. 生产经营者应当核实证明文件。

3. 第1. 款提到的证明文件的形式，应当按照第三十七条第2. 款制定的程序确定，并考虑电子化认证的优势。

第三十条 侵权和违规情况下的管理措施

1. 根据法规的要求，当发现违规情况，管理机构或管理团体应当确保这种违规不会影响到标识和广告中提到的有机生产方式。当发现严重违规时，管理机构或管理团体应当在一段时期内禁止生产经营者从事标识和广告中提到的有机生产经营活动。

2. 发现影响有机产品的违规情况或侵权信息应当立即与有关管理机构、管理团体、主管部门和成员国（如果必要，还包括欧盟委员会）沟通。沟通的级别应当根据发现的严重程度和范围确定。

根据三十七条第2. 款提到的程序，委员会应当制定相应的规范。

第三十一条 信息交流

为确保有机产品能够根据本法规生产，主管部门、管理机构和管理团体应当与其他主管部门、管理机构和管理团体交流相关的管理信息，也可以主动进行信息交流。

第六主题 与第三国的贸易

第三十二条 符合标准产品的进口

1. 从第三国进口的有机产品在市场上投放，要满足下列要求：

（a）产品符合第二、三、四主题以及本法规相关实施细则的规定；

（b）所有的生产经营者（包括出口商），都在第二条认可的管理机构或管理团体的管理下；

（c）所有的生产经营者都能向进口国提供第二十九条提到的证明文件。

2. 委员会应当按照第三十七条第2. 款提到的程序，认可本条第1.（b）款提到的管理机构和管理团体［包括第二十七条提到的有能力进行管理和发布本条第1.（c）款提到的第三国证明文件的管理机构和管理团体］，并建立管理机构和管理团体清单。

管理机构（团体）应当接受授权机构例行的现场评估、监管及一年多次的评估。

委员会应当要求管理机构和管理团体提供所有必要的信息。委员会也可以委托专家现场检查管理机构和管理团体涉及的第三国的管理活动。

认可的管理机构或管理团体应当提供授权主体或主管部门发布的关于现场评估、监管、一年多次评估的评估报告。

根据评估报告，在成员国协助下，委员会可以通过例行的检查，确保对认可的管理机构和管理团体的适当监管。

第三十三条 提供同等保证的产品的进口

1. 第三国进口的产品可以作为有机产品在市场上投放的条件是：

(a) 根据第三、四主题提到的等同的生产规则生产的产品；

(b) 生产经营者长期按照第五主题提到的等效的管理措施实施管理，并得到有效应用。

(c) 第三国中生产、加工储运和销售所有阶段的生产经营者的活动应接受第2. 款认可的管理系统的管理，或者被第3. 款认可的管理机构或管理团体认证；

(d) 产品具有由第2. 款认可的主管部门、管理机构和管理团体，或第3. 款认可的管理机构和管理团体颁发检查证书。

本款提到的证书原文应当伴随货物发给第一代销人；进口商保存证书不得少于2年。

2. 委员会可以按照第三十七条第2. 款提到的程序，认可第三国（其生产系统符合第二、三、四主题的等同原则和生产规则，其管理措施与第五主题规定的等效)，并建立这些认可的国家清单。等效的评估应当考虑国际食品法典标准CAC/GL 32。

在审查认可申请时，委员会应当邀请第三国提供所有必要的信息。委员会可以委托专家审查相关第三国的现场生产规则和管理措施。

每年的3月31日前，第三国应当发送一份关于第三国执行和实施管理措施的年度报告给委员会。

基于年度报告的信息，委员会应当在成员国的协助下，通过定期审查，确保对认可的第三国进行适当的监管。监管的性质应当在风险评估的基础上确定。

3. 第三十二条和本条第2. 款以外认可的第三国进口的商品，委员会可根据第三十七条第2. 款提到的程序，认可管理机构和管理团体（包括第二十七条提到的管理机构和管理团体)，并建立这些管理机构和管理团体的清单。等效的评估应当考虑国际食品法典标准CAC/GL 32。

委员会应当审查第三国管理机构和管理团体提出的任何认可请求。

在审查认可申请时，委员会应当要求第三国提供所有必要的信息。如果适合，主管部门应当对管理团体或管理机构进行现场评估、监管和一年多次的评估。委员会可以委托专家对第三国执行的生产规则和管理措施检查。

被认可的管理团体或管理机构，应当提供授权主体或主管部门发布的关于现场评估、监管和一年多次评估的评估报告。基于这些评估报告，委员会应当在成员国的协助下，通过定期审查，确保对被认可的第三国进行适当的监管。监管的性质应当在对违反规定（本法规制定）的风险进行评估的基础上确定。

第七主题　最终和过渡规则

第三十四条　有机产品的自由流通

1. 只要产品满足本法规的要求，主管部门、管理机构和管理团体不能因为生产方法、标识、方法陈述的原因，禁止或限制由另一个成员国管理机构或管理团体管理的有机产品的销售。特别是不能强加额外的控制措施和财政负担。

2. 成员国可以在其领土范围内对有机植物和畜牧生产使用更严格的规则；假如这些规则符合共同体法律，不能禁止或限制该成员国的有机产品在领土外的销售。

第三十五条　向委员会提交信息

成员国应当定期向委员会提交以下信息：

(a) 主管部门的名称、地址以及他们的代码和一致性标志；

(b) 管理机构和管理团体清单以及它们的代码、一致性标志。委员会应当定期公布管理机构和管理团体清单。

第三十六条　统计信息

成员国应当向委员会上报本法规执行及后续的必要的统计信息，这个统计信息应当定位在共同体统计程序范围内。

第三十七条　有机生产委员会

1. 委员会应当有一个有机生产管理委员会来协助。

2. 本款引用欧盟 1999/468/EC 号决议的第五和七条。1999/468/EC 号决议第五条第 6. 款提供的期限应定为 3 个月。

第三十八条　实施细则

按照第三十七条第 2. 款规定的程序以及主题二规定的目标和原则，委员会将采纳本法规的实施细则。实施细则特别应当包括以下内容：

(a) 第三主题中生产规则的相关细则，特别是关于生产经营者的具体要求和条件；

(b) 第四主题中标签规则的相关细则；

(c) 第五主题中管理系统的相关细则，特别是关于最低管理要求、监管、审计的相关细则，以及将任务委派给民间管理团体的特别标准，批准和撤销这些团体及第二十九条提到的证明文件的标准；

(d) 第六主题中从第三国进口规则的相关细则，特别是第三十二和三十三条规定的第三国和管理团体应遵循的标准和程序，包括认可的第三国和管理机构清单的发布，第三十三条第 1. 款 (d) 项提到的证书考虑采用电子证书的优势等；

(e) 第三十四条中有机产品自由流通和第三十五条中向委员会提交信息的相关细则。

第三十九条　废除 EEC/2092/91 号法规

1. 欧共体 EEC/2092/91 号法规从 2009 年 1 月 1 日起废除。

2. 对被废止的 EEC/2092/91 号法规的引用应当被解释为对本法规的引用。

第四十条　过渡措施

应当按照第二十七条第 2. 款规定的程序采纳必要的措施，以促进从欧共体 EEC/2092/91 号法规向本法规的过渡。

第四十一条　向理事会的报告

1. 2011 年 12 月 31 日前，委员会应当向欧盟理事会提交报告。

2. 报告应当回顾实施本法规取得的经验，并特别考虑下列问题：

(a) 本法规的范围，特别是关于大型餐饮企业制作的有机食品；

(b) 禁止使用转基因生物，包括不使用转基因生物来生产产品的可行性、销售方声明，以及具体允许阈值的可行性及对有机区域的影响；

(c) 内部市场和管理系统的作用，特别是评估建立的措施是否导致不公平的竞争、是否对有机产品的生产和销售产生障碍。

3. 在适当的情况下，委员会应当在报告的同时提交相应的建议。

第四十二条　生效及实施

本法规在欧盟官方杂志公布七天后生效。

对某些动物物种、水生植物和微型藻类，没有制定详细的生产规则，应当使用第二十三条提供的标识规则和第五主题提供的管理规则。在本法规没有详细的生产规则，也没有国家相关法规的情况下，可以应用成员国接受或认可的非政府组织标准。

本法规从 2009 年 1 月 1 日开始施行。

本法规适用于所有成员国。

美国国家有机大纲

美国联邦法典第205部分

目　录

A. 定义
§ 205.1　词的含义
§ 205.2　术语定义
B. 适用范围
§ 205.100　认证的对象
§ 205.101　认证的免除和例外
§ 205.102　“有机”术语的使用
§ 205.103　获证系统的记录保存
§ 205.105　允许使用和禁止使用的物质、方法及有机生产加工中的配料
C. 有机生产经营要求
§ 205.200　通则
§ 205.201　有机生产经营的系统计划
§ 205.202　土地的要求
§ 205.203　土壤肥力和作物营养管理操作规范
§ 205.204　种子和苗木管理规范
§ 205.205　作物轮作规范
§ 205.206　作物病虫草害管理操作规范
§ 205.207　野生植物采集操作规范
§ 205.236　畜禽的来源
§ 205.237　畜禽饲料
§ 205.238　畜禽保健操作规范
§ 205.239　畜禽的生活条件
§ 205.270　有机加工要求
§ 205.271　设施中有害生物的管理规范
§ 205.272　防止混入和接触禁用物质的管理规范
§ 205.290　暂时的不符合
D. 标签、标识及市场信息
§ 205.300　“有机”术语的使用
§ 205.301　产品成分
§ 205.302　有机生产成分的百分比计算

§ 205.303　标示为“100%有机”或“有机”的包装产品
§ 205.304　标示为“有机制造（特定原料或食物组分）”的包装产品
§ 205.305　有机生产成分少于70%的多成分包装农产品
§ 205.306　畜禽饲料的标识
§ 205.307　仅用作标示为“100%有机”或“有机”或“有机制造”的初级或者加工农产品的储运用非零售包装的标识
§ 205.308　零售时标示为或以“100%有机”或“有机”销售的未包装农产品
§ 205.309　零售时标示为或以“有机制造（特定原料或者食物组）”销售的未包装农产品
§ 205.310　由豁免或例外操作生产的农产品
§ 205.311　农业部有机标志

E. 认证

§ 205.400　认证的一般要求
§ 205.401　认证申请
§ 205.402　申请的审查
§ 205.403　现场检查
§ 205.404　颁发证书
§ 205.405　认证的拒绝
§ 205.406　认证的延续

F. 认证机构的认可

§ 205.500　认可的范围和持续时间
§ 205.501　认可的一般要求
§ 205.502　申请认可
§ 205.503　申请者信息
§ 205.504　专业知识和能力的证明
§ 205.505　同意声明
§ 205.506　认可的核准
§ 205.507　认可否决
§ 205.508　现场评估
§ 205.509　专家评议小组
§ 205.510　年度报告、记录保存和再认可

G. 行政管理

1. 允许和禁止使用物质的国家清单

§ 205.600　允许和禁止使用的物质、方法及材料的评价标准
§ 205.601　允许用于有机作物生产的合成物质
§ 205.602　禁止用于有机作物生产中的非合成物质

§ 205.603 允许用于有机畜禽生产的合成物质
§ 205.604 禁止用于有机畜禽生产中的非合成物质
§ 205.605 可以用作标为“有机”或“有机制造（特定原料或食品组分）”的加工产品配料的非农业（非有机）物质
§ 205.606 允许用作标为“有机”的加工产品的配料的非有机农产品
§ 205.607 国家清单的修订
2. 州级有机大纲
§ 205.620 州级有机大纲的要求
§ 205.621 拟议的州有机大纲及其修正案在审批过程中的提交和决定
§ 205.622 已批准的州有机大纲的复审
3. 费用
§ 205.640 认可费用和其他收费
§ 205.641 认可费和其他费用的支付
§ 205.642 认证的费用或其他收费
4. 符合性
§ 205.660 总则
§ 205.661 获证系统的检查
§ 205.662 获证系统的不符合处理程序
§ 205.663 调解
§ 205.665 认证机构的不符合处理程序
§ 205.668 州有机大纲的不符合处理程序
5. 检查、检测、报告和禁售
§ 205.670 标示为或以“有机”销售的农产品的检查和检测
§ 205.671 禁止作为有机销售
§ 205.672 紧急病虫害的防治
6. 不利裁决的上诉程序
§ 205.680 总则
§ 205.681 上诉
7. 其他
§ 205.690 管理和预算办公室管理编号

A. 定　　义

§ 205.1 词的含义

为了叙述方便，定义部分中以单数形式出现的词也可以是复数形式，反之亦然。

§ 205.2 术语定义

1. 认可（accreditation）：国家对私有单位、国外单位以及州属单位实施认证活动进行授权的决定。

2. 有机法案（act）：1990年的有机食品生产法案修订版（7 U. S. C. 6501及其以后版本）。

3. 行动限量（action level）：处于行动限量或者在该限量以上时，食品药品监督管理局就可以采取法律手段，从市场上撤离该产品。行动限量是根据不可避免的有毒有害物质制定的，若为可避免时，则并不代表允许的污染水平。

4. 行政官（administrator）：美国农业部市场局行政官员或者被委派代替该行政官员执行其管理任务的代表。

5. 农业投入（agricultural inputs）：所有应用于有机农产品生产操作过程的物质和材料。

6. 农产品：在美国市场上市并用于人类或者畜禽消费的所有农业产品，包括初级产品和加工产品，也包括畜禽产品。

7. 农业市场局（agricultural Marketing Service，AMS）：美国农业部农业市场局。

8. 允许的合成物（allowed synthetic）：国家允许用于有机生产操作的合成物质清单上列出的物质。

9. 动物医药使用分类法（AMDUCA）：1994年的动物医药使用分类法(Pub. L. 103－396)。

10. 兽药（animal drug）：《联邦食品、药品和化妆品法》修订版（21 U. S. C. 321）第201部分规定的，用于畜禽和畜禽饲料的任何药物（但不包括这些畜禽饲料本身）。

11. 一年生作物（annual seedling）：从播种到完成它的生命周期或者产出可收获的农产品在同一个作物年或者季节内的植物。

12. 经营范围（area of operation）：包括按照国家有机规范，由获得认可的有机认证机构认证的作物生产、畜禽养殖、野生植物采集、采后处理及其这些不同经营类型的组合。

13. 审查跟踪（audit trail）：对于被标为“100 %有机”的农产品、被标为“有机”或“由有机原料制造（指定成分）”的任何农产品的有机成分，以及有机成分在70%以下的任何农产品的有机成分进行审查，确认是否有足够的文件资料证明其来源、所有权转移和运输过程符合在配料声明中作为“有机”的要求。

14. 可生物降解（biodegradable）：可被生物分解成较简单的生物化学物质或者化学物质。

15. 生物制剂（biologics）：所有的用于诊断、治疗或者预防动物疾病的病毒、血清、毒素和自然或者合成的类似物，如诊断试剂、抗毒素、疫苗、活着的微生物有机体、死的微生物有机体以及微生物抗原或免疫成分。

16. 养殖场内部血统（breeder stock）：雌性的种畜的后代在其出生的时候就遵

循有机规范。

17. 缓冲区（buffer zone）：位于认证的有机管理区域或者部分认证的有机管理区域和临近的非有机管理区域之间的地带。该地带应该有足够的面积，或者具备其他特点（如防风带或者分水渠）来防止在临近地段使用的禁用物质可能的无意识接触。

18. 散装（bulk）：在农作物零售时，以未包装的形式、散开的形式向消费者出售，消费者能够查看每一块或者任何分量的产品。

19. 证明或者证书（certification or certified）：认证机构出具的对某一产品或者生产方式符合国家有机法案和本大纲中的法规要求的文件。

20. 获得认证的生产系统（certified operation）：一种作物或者畜禽产品、野生作物采集或其经营管理系统以及类似的部分系统，由获得认可的认证机构认定，使用了符合有机法案和本大纲中的相关法规的有机生产和经营管理系统。

21. 认证机构（certifying agent）：通过国家认证的有能力对有机生产或者有机管理方式认证的机构。

22. 认证机构的操作程序（certifying agent's operation）：在有机法案和本大纲法规中规定的，认证机构在进行认证活动时需要的场所、设备、人力和记录。

23. 声称（claims）：通过口头、书面、暗示或者象征的说明、陈述、广告以及其他形式的交流中向公众或者农产品的购买者展示有机认证过程，或采用“100%有机”、“有机”、“用有机原料生产（特定的成分或者食品组）”等术语，或者在有机成分低于70%时，在成分表中显示“有机”一词。

24. 商品（commercially available）：认证机构在评审有机计划过程中确认过的，为满足有机生产和管理系统的必要功能，能够以适当的形式、质量、数量获得的生产投入物。

25. 混杂（commingling）：在生产、加工、运输、储存或者管理中，未包装的有机生产的农产品和非有机农产品的物理接触，而非包含两种成分的多成分产品的制造。

26. 堆肥（compost）：通过一定的加工程序，使微生物分解植物和动物材料，把其变为更适用于土壤的产品。堆肥的生产要使混合的植物和动物原料的初始C∶N比率在25∶1到40∶1之间。生产者必须通过采用容器或者固定通气管道系统使混合的原材料温度维持在131°F和170°F之间，时间持续3天。然后生产者再利用料堆系统自身放出的热量，使混合肥料的温度维持在131～170°F之间，并持续15天，这段时间原料应该缩小5倍。

27. 控制（control）：任何能够降低或者限制病虫草害在经济危害水平之下的方法。

28. 作物（crop）：整个植物体或其一部分打算作为农产品或者畜禽饲料出售的植物。

29. 作物残体（crop residues）：作物收获后，遗留在地间的部分植物体，如茎、叶、根和杂草等。

30. 作物轮作（crop rotation）：为了避免同种或者同属的作物连续地在同一块田里种植生长，采用计划的方式和顺序，在这块特定的田里轮换种植一年生作物的种植制度。多年生作物系统使用条带种植、间混种植或者灌木篱笆代替作物轮作来保持生物多样性。

31. 作物收获年度（crop year）：由农业部确定的一种作物正常的生长季节。

32. 耕作（cultivation）：为做苗床、除草、松土，或者将有机物、作物残体以及施肥埋入土下而进行的土壤翻耕活动。

33. 栽培方法（cultural methods）：不使用任何物质来提高作物健康水平和防治病虫草害的方法，包括选择适当的作物种类、种植地点、种植时间和种植密度，灌溉，以及通过温室、遮阳网或者防风林进行微气候调节来延长种植季节。

34. 可检出的残留（detectable residue）：根据目前认可的分析方法，在样本中能够可靠地检测到的化学残留或样品成分。

35. 疾病媒介物（disease vectors）：能够庇护或者传播危害作物或者畜禽的病原体的动植物。

36. 漂移（drift）：禁用物质从其目标使用区向有机管理区域（或其中的一部分）的物理移动。

37. 紧急病虫害治理项目（emergency pest or disease treatment program）：由联邦、州和当地政府为控制和消除病虫害授权的强制行动。

38. 雇员（employee）：任何为认证机构提供有偿或者无偿服务的人员。

39. 辅料（disease vectors）：任何特意加入到畜禽用药物中，但预期剂量内不会起到治疗或者诊断作用的成分，但是可能会提高产品的某些性能，如提高或者控制兽药的吸收或者释放。类似的成分包括：填充料、混合物、稀释剂、润湿剂、溶剂、乳化剂、防腐剂、香料、吸收提高剂、缓释剂和颜料。

40. 排除的方法（excluded methods）：采用基因修饰来影响生物的生长和发育在自然情况下不可能发生，这些方法是不符合有机生产原则的。类似的方法包括细胞融合、微胶囊以及DNA重组技术（包括通过DNA重组技术进行基因删除、基因加倍、介入外源基因和改变基因位置等）。该类方法不包括传统育种、结合、发酵、杂交、试管受精或者组织培养。

41. 饲料（feed）：用于饲喂畜禽满足其营养需要的可食材料。饲料可能是浓缩的（谷类）或者是粗饲料（干草、青贮饲料、草料）。“饲料”一词包括各种农产品，也包括家畜为营养目的取食的牧草。

42. 饲料添加剂（feed additive）：为满足特定的营养需要在饲料中微量添加的物质，如氨基酸、维生素或者矿物质等。

43. 饲料营养强化（feed supplement）：为了改善营养平衡，实现营养素按总体比例摄入，而对畜禽饲料进行的综合营养强化。饲料营养强化还应达到下列目的：①饲喂畜禽时，用来稀释其他饲料；②如果可行，给日粮配比中的其他部分提供选择的机会；③进一步稀释和混合以生产出全价配合饲料。

44. 肥料（fertilizer）：包含一种或多种公认的植物营养素的单一或混合物质，这些公认的植物营养素主要用作植物的营养成分，也有被设计用作或者声称具备植物生长促进功能的物质。

45. 田地（field）：在生产管理中，能被作为一个独立的单元加以区分的区域性土地。

46. 粗饲料（forage）：新鲜的、干的或者青的（牧草、干草或者青贮饲料），用于饲养畜禽的植物性材料。

47. 官方认证机构（governmental entity）：任何能够提供认证服务的国内政府、部落政府、或者国外政府代理机构。

48. 操作（handle）：出售、加工或者包装农产品等活动，但不包括生产者向操作者出售、运输或者交付农畜产品。

49. 操作者（handler）：任何从事农产品操作的人，包括处理自己生产的农畜产品的生产者，但不包括对农产品没有做任何处理的最终零售商。

50. 经营（handling operation）：任何接收、购入、加工、包装并储存农产品的业务或其一部分（不包括对农产品没有做任何处理的最终零售商）。

51. 直系亲属（immediate family）：指认证代理人、认证机构雇员、检查员、外包商或其余人员的配偶、未成年子女和家庭中的血亲。本大纲将认证代理人、认证机构雇员、检查员、外包商或其余人员的配偶、未成年子女和家庭中的血亲都认定为是认证代理人、认证机构雇员、检查员、外包商或其余人员的利益相关方。

52. 惰性成分（inert ingredient）：除特意加入到农药产品中活性成分［40 CFR 152.3（m）］之外的任何物质（或环境保护部确定的具备相似化学结构的一组物质）。

53. 信息版面（information panel）：包装产品标签的一部分，通常靠近（或者从购买者的角度来看）主要信息面的右边部分，除非由于包装大小或者其他包装因素，标签的另外一部分也可规定为信息版面。

54. 成分（ingredient）：任何用于农产品加工并且出现于用作消费的商品中的物质。

55. 成分表（ingredients statement）：使用通用名或者俗名，按照成分的主次顺序所列出的产品成分清单。

56. 检查（inspection）：以申请者的认证为目的，或者验证某一操作是否符合有机法案或者是以本大纲中的法规为目的而进行的审查和评估活动。

57. 检查员（inspector）：认证机构中或者临时雇用的，对认证申请人、已认证产品或其经营管理活动进行检查的人员。

58. 标签（label）：任何农产品包装上书写或印刷的文字和图案以及直接粘贴在农产品上或者附在散装农产品货柜上的类似材料，仅有产品重量信息的除外。

59. 标志（labeling）：任何附在农产品上或者展示在零售店里的有关农产品的书写或印刷的产品文字说明和图案。

60. 畜禽（livestock）：任何用作食物或者用于食品、纤维、饲料及其他消费性农产品生产的牛、绵羊、山羊、猪、家禽或者马等动物；包括野生的或养殖的，但不包括同样用作食物或者用于食品、纤维、饲料及其他消费性农产品生产的水生动物和蜜蜂。

61. 批次（lot）：一大批容器或包装内装着同类产品，来源于同一个包装厂，同样的运输方式，储存于同一仓库，能够同时进行检查的产品。

62. 肥料（manure）：畜禽排出的没有混合的粪便、尿、其余的排泄物和草垫。

63. 市场信息（market information）：除零售店外，用来促销产品的任何书面文字、音像和图片信息，包括广告、宣传册、产品手册和海报等分发的或者广播的销售信息。

64. 覆盖物（mulch）：用来抑制杂草生长、调节土壤温度或者保持土壤湿度的任何自然物质，如碎木屑、叶子、稻草，也包括允许使用的国家清单中列出的所有人造材料，如报纸、塑料。

65. 窄幅油（narrow range oils）：石油衍生产品，主要是石蜡和烷烃馏分，其中蒸馏50%的沸点（10mmHg[1]）在415°F和440°F之间。

66. 允许和禁用物质国家清单（national List）：有机法案中列出的允许使用和禁止使用的物质清单。

67. 国家有机大纲（national organic program，NOP）：由有机法案授权的旨在执行其条款的大纲。

68. 国家有机标准委员会（national organic standards board，NOSB）：由农业部依据联邦法规7 U. S. C. 6518条成立的组织，旨在协助建立用于有机生产的投入物质标准，并向农业部提供实施国家有机大纲的其他建议。

69. 运行的自然资源（natural resources of the operation）：生产经营过程的物理学、水文学以及生物等要素，包括土壤、水、湿地、树林和野生动植物。

70. 非农业物质（nonagricultural substance）：是指本身不是农业产品，但被用作农产品中的一种成分的物质，如矿物质和细菌培养产物等。为了实现本大纲的目的，非农业成分也包括提取或分离到的已辨认不出农产品特性的各类物质，如树胶、柠檬酸、果胶等。

71. 非合成物质（nonsynthetic）：有机法案第6502（21）条定义的，来源于矿物和动植物的，没有经过合成过程的物质。和有机法案一样，在本大纲中，非合成

[1] 1mmHg=133.322Pa。

物质也被作为天然物质的同义词使用。

72. 非零售货柜（nonretail container）：农产品储运过程中使用的货柜，不用于产品的零售展示或销售过程。

73. 无毒的（nontoxic）：未发现对动植物、人和环境有任何不良的生理影响。

74. 有机的（organic）：适用于按照有机法案和本大纲法规生产的农产品的一个标签术语。

75. 有机物质（organic matter）：任何生物体的残体或废弃产物。

76. 有机生产（organic production）：按照有机法案和本大纲的法规，通过综合的栽培、生物和机械方法对特定的场所进行管理，培育资源的循环利用、促进生态平衡、保持生物多样性的一种生产方式系统。

77. 有机管理计划（organic system plan）：有机生产经营者与认证机构已经达成一致的有机生产经营的管理计划，包括有机法案和本大纲 C 部分中的法规描述的农业生产或产后处理加工各方面的文字计划。

78. 牧场（pasture）：通过管理，能够为家畜提供饲料，维持或改善土壤、水和植物资源，用作放牧的土地。

79. 同行评审组（peer review panel）：在有机生产经营和认证程序方面有专业技术特长，由农业部市场局的行政官指定，协助对认证机构申请认可进行评估的独立小组。

80. 人（person）：指独立的个人、合伙人、法人、社会团体、合作社或其他实体。

81. 农药（pesticide）：在《联邦的杀虫剂、杀真菌剂和杀鼠剂法》 [7 U. S. C. 136（u）及其后述部分] 的第 2（u）条款中被定义为农药的各种单质、化合物或者由一种或多种物质组成的制剂。

82. 请求（petition）：指任何人根据有机法案提交的关于修订允许和禁用物质国家清单的请求。

83. 苗木（planting stock）：指除了一年生植物幼苗外的任何幼苗或植物组织，包括用于植物生产或繁殖的根茎、嫩枝、插条、根或块茎等。

84. 实用性标准（practice standard）：有机生产管理的导则和要求，是有机生产管理计划中的必需要素，为设计、指导及维持一种机能（比如畜禽卫生保健或设施中有害生物管理）建立的最低水平的行动计划，包括一系列实用的允许和禁止行为、材料及条件等。

85. 主展示面（principal display panel）：是标签的一部分，通常在产品展出或销售时最有可能用于展示、出示或供检查。

86. 私立机构：任何提供认证服务的国内外非政府机构，包括盈利的或非盈利的。

87. 加工（processing）：指烹调、烘烤、腌制、加热、干燥、混合、粉碎、搅拌、分离、提取、屠宰、切割、发酵、蒸馏、去脏、保存、脱水、冰冻、冷却等制造过程，也包括包装、罐装、震填等其他将食品装进一个容器的过程。

88. 加工助剂（processing aid）：包括：①指在食品加工过程中添加到食品中的物质，但通过某些处理方法能在成品包装前从食品中除去；②食品加工过程中添加的物质，可转化成食品中天然存在的物质成分，而且不会显著增加食品中该成分的含量；③为了加工过程中技术上或功能上的作用而添加到食品中的一种物质，并以可忽略的浓度存在于食品成品中，对食品本身并没有任何技术或功能上的影响。

89. 生产者（producer）：指从事种植或生产食品、纤维、饲料或其他农业源消费品的人。

90. 生产批号/标识（production lot number/identifier）：指基于产品的生产序号的产品身份标识，并显示生产日期、时间和生产场所，用于产品质量控制。

91. 禁用物质（prohibited substance）：指在有机法案和本大纲法规中禁止或没有规定用于各种有机生产管理过程的物质。

92. 记录（records）：记载生产者管理者或认证机构依据有机法案和本大纲法规开展的活动的信息，包括以书面、图像或电子形式归档的任何资料。

93. 残留检测（residue testing）：指用于发现、鉴别和定量初级或加工农产品中的化学物质及其代谢或降解产物的法定或有效的分析程序。

94. 相关责任人（responsibly connected）：指认证或认可的申请者或接受者的合伙人、代理人、董事、所有人、经理或持有10%以上股份的人。

95. 食品零售店（retail food establishment）：指加工或制备生的或即食食品的餐馆、熟食店、面包店、食品杂货店及其他任何带有店内餐厅、熟食店、面包店、沙拉吧或其他提供店内用餐或食品外买服务零售店。

96. 杀寄生虫剂的日常使用（routine use of parasiticide）：杀寄生虫药物有规律、有计划或周期性的使用。

97. 部长（secretary）：指农业部部长，或接受当局委托行使相应职责的代表。

98. 污泥（sewage sludge）：指生活污水处理厂处理过程中产生的固体、半固体或流体残渣。污泥包括但不限于：生活垃圾，初级、次级或高级废水处理的浮渣或固体分离物，及污泥材料。但不包括在污泥焚烧炉中污泥焚烧产生的灰烬和生活污水处理厂预处理中产生的砂砾和筛渣。

99. 待宰家畜（slaughter stock）：指任何预期屠宰以用于人类或其他动物消费的动物。

100. 水土质量（soil and water quality）：指可观察到的土壤和水的物理学、化学和生物学指标，包括周围存在环境污染。

101. 兼营（split operation）：指同时生产有机和非有机农产品的运行体系。

102. 州：指美国各州、领地、哥伦比亚特区以及波多黎各联邦自治领地。

103. 州认证机构（state certifying agent）：指农业部部长根据国家有机大纲给

予认可的有机认证机构，该认证机构由州政府管理，负责对本州的有机生产经营活动进行认证。

104. 州有机大纲（state organic program，SOP）：指按照有机法案6506条款的要求，经农业部部长批准的，旨在确保标为依据有机法案生产并销售的产品，是确实按照有机方法生产加工出来的。

105. 州级有机管理官员（state organic program's governing State official）：州的一个主要行政官员，有的通过全州选举产生，专门负责管理该州的农业，包括负责管理全州的有机认证等。

106. 合成物质（synthetic）：经化学过程合成的物质，也包括从动植物或矿物原料中提取出来的天然物质经化学改变过的物质，但通过自然发生的生物学过程创造的物质除外。

107. 允许限量（tolerance）：在初级和加工农产品或加工食品中农药化学物残留的最大允许量。

108. 移植：幼苗被从原生长的地方移送，并再植到另一个地方。

109. 不可避免的环境污染物残留（unavoidable residual environmental contamination，UREC）：存在于土壤或有机生产的农产品中的天然存在或合成的化学物质的背景水平，应低于已制定的限量。

110. 野生植物（wild crop）：指从野外采集或收获的任何植物或植物的一部分，而不是通过栽培或其他农业管理所得。

B. 适用范围

§ 205.100 认证的对象

(a) 除了§205.101中认证的免除或例外情况外，任何准备出售，并标记或表示为“100%有机”、“有机”或“有机制造（特定配料或食品组分）”的农作物、畜禽及其产品的生产加工或其特定的部分，必须依照本大纲E部分的条款进行认证，并满足本大纲所有其他适用条款的规定。

(b) 依据本大纲，任何经认可的认证机构已经认证过的生产经营系统或其一部分，在其接到认可通知后都被认为是合乎有机法案的规定，直至认证有效期到期。但这一规定仅适用于在2001年2月20日起的18个月内获得的认可。

(c) 打算以有机销售或标记的产品的任何生产管理活动，必须符合有机法案的规定，否则每次违反将受到3.91 (b) (1) (xxxvii) 中规定的民事罚款；如果向农业部部长、州有机管理官员或经认可的认证机构做虚假陈述，将按美国联邦法典第18主题的1001部分的条款处理。

§ 205.101 认证的免除和例外

(a) 免除

(1) 以“有机的”销售的农产品，每年的销售总额少于$5000的生产管理系统，可免除依照本大纲的E部分进行认证，并免除按照§205.201递交有机体系计划，但必须符合本大纲的C部分的有机生产管理规定及§205.310的标签规定。这类产品不能用于生产其他有机加工产品的配料成分。

(2) 零售食品店对有机农产品进行非加工的处理，可免除本大纲中的认证规定。

(3) 对有机成分占成品总重量（不包括水和盐）70%以下的农产品进行的处理操作，可不实行本大纲中的认证规定。但不包括下列规定：(ⅰ) §205.272中规定的可用于农产品中的任何有机生产配料的法规，及有机产品的禁用物质；(ⅱ) §205.305和§205.310的标签规定；(ⅲ) 本条第(c)款的记录保存规定。

(4) 仅仅在信息表上标识有机成分的产品的生产管理系统，在本章中有豁免本大纲中的认证规定，但不包括下列规定：(ⅰ) §205.272中规定的关于防止有机产品接触禁用物质和用于农产品中的任何有机生产配料的规定；(ⅱ) §205.305和§205.310的标签规定；(ⅲ) 本条第(c)款关于记录保存规定。

(b) 例外

(1) 某些操作可以免除本大纲中的认证要求，但如果该操作涉及的是拟以"100%有机"、"有机"、"有机制造（特定配料或食品组分）"销售，已经密封或包装的有机农产品，那么§205.272中规定的关于防止任何有机生产产品混合或接触禁用物质的规定不得豁免。

(2) 零售食品店对已经标记为"100%有机"、"有机"或"有机制造（特定配料或食品组分）"的产品处理可以免除本大纲的认证要求。但下列情况例外：(ⅰ) 在§205.272中有关防止接触的禁用物质的规定；(ⅱ) §205.310的标识规定。

(c) 豁免认证须保存的记录

(1) 任何依据本条的(a)(3)或(a)(4)款免除认证的操作管理都必须保存以下记录：(ⅰ) 有机的配料是经有机生产管理得来的证明；(ⅱ) 配料生产的数量证明。

(2) 这些记录自它们被创建起，保存期限不得少于3年，而且农业部部长的代表和相应州的有机管理官员有权使用这些记录监督和复审企业在正常经营期间是否符合本大纲规定的相应要求。

§ 205.102　"有机"术语的使用

任何农产品在标示为或以"100%有机"、"有机"或"有机制造（特定配料或食品组分）"销售时，必须：

(a) 依照§205.101或§205.202到205.207或§205.236到205.239的特定规定及205部分的其他适用规定生产。

(b) 依照§205.101或§§205.270到205.272的特定规定及本章205的所有其他适用规定操作。

§ 205.103　获证系统的记录保存

(a) 获得认证的管理系统必须保存预期标示为或以"100%有机"、"有机"

或“有机制造（特定配料或食品组分）”销售的农产品的生产、收获及处理记录。

（b）这些记录必须：

（1）适用于获得认证管理系统的特殊业务；

（2）充分反映获得认证管理系统的所有活动和事项的细节，使其更便于被了解和审查；

（3）其保存期限不少于5年；

（4）能够充分证明符合有机法案和本大纲法规。

（c）获得认证的管理系统必须拥有这些记录，便于农业部部长的专家代表、州级有机管理官员和认证机构在正常经营期间的检查和复审。

§ 205.105　允许使用和禁止使用的物质、方法及有机生产加工中的配料

用于标示为或以“100%有机”、“有机”或“有机制造（特定原料或食品组分）”销售的产品的生产加工，不得使用：

（a）合成物质和成分，但§205.601和§205.603中规定的除外；

（b）在§205.602和§205.604中规定禁止使用的非合成物质；

（c）用于产品中或产品加工过程中的非农业物质，§205.605中规定的除外；

（d）用于产品中或产品加工过程中的非有机农业物质，§205.606中规定的除外；

（e）排斥类方法，疫苗除外［如果该疫苗根据§205.600（a）批准使用］；

（f）食品与药品管理局的管理条例21 CFR 179.26中规定的电离辐射；

（g）污泥。

C. 有机生产经营要求

§ 205.200　通则

如果生产加工者打算将其产品标示为或以“100%有机”、“有机”或“有机制造（特定原料或食品组分）”销售时，则必须遵从C部分的相应条款。生产经营管理需依照C部分的要求执行，并必须维持和改善生产经营中所运用的自然资源，包括水土质量。

§ 205.201　有机生产经营的系统计划

（a）除了§205.101中的豁免和例外认证之外，生产加工者在预期其产品将被标示为或以“100%有机”、“有机”或“有机制造（特定原料或食品组分）”销售时，必须制定有机生产加工的系统计划，并得到生产加工者及获得认可的认证机构的同意。有机系统计划必须满足本部分规定的有机生产和操作要求。该有机生产加工的系统计划必须包括：

（1）将要执行和维持的规范和操作的说明，包括执行频率。

（2）所有用于生产和加工的投入物质清单，清单需注明成分、来源和使用场所及相应有效的商业文件。

（3）为了确定该计划能有效完成，还需要有对将要执行和维持的监督规范和程序的说明，包括执行频率。

（4）记录保存系统的说明，须按照§205.103中制定的要求执行。

（5）为避免在兼营情况下有机和非有机产品混合及避免有机生产加工中接触到禁用物质，需要建立管理规范和物理隔离的说明；

（6）认证机构在符合性评估时认为必要的附加信息。

（b）如果原先为满足其他联邦、州或地方政府的监管程序要求而制定的有机系统计划符合C部分的所有要求，生产者就可以用这一计划来替代。

§ 205.202　土地的要求

从其收获的农产品打算以“有机”销售或标示的任何土地和农场，都必须：

（a）依照§205.203至§205.206中的规定进行管理；

（b）在作物收获前至少3年内没有使用过§205.105中列出的禁用物质；

（c）有清楚、明确的分界线和缓冲区，例如改变地面水径流的方面，以防止在邻近非有机生产管理地块中使用的禁用物质进入有机地块或无意识地用于有机生产的作物。

§ 205.203　土壤肥力和作物营养管理操作规范

（a）生产者必须选择和实施能够维护或改善土壤的物理、化学和生物条件，并减少水土流失的耕地和栽培规范。

（b）生产者可以通过轮作、覆盖作物或应用动植物材料来管理作物营养和土地肥力。

（c）生产者可以通过利用动植物材料来维持和改善土壤有机质含量，但要避免造成某些植物营养素、病原微生物、重金属或禁用物质残留引起作物、土壤或水体污染。可利用的动植物材料包括：

（1）未处理的动物粪肥必须经过堆制腐熟，除非：（ⅰ）使用的土壤其生长的作物并不生产预期要供人类食用的产品；（ⅱ）对于可食用部分直接接触土壤表面或土壤颗粒的产品，施入土壤后距产品收获的间隔天数不少于120天；（ⅲ）对于可食用部分不直接接触土壤表面或土壤颗粒的产品，施入土壤后距产品收获的间隔天数不少于90天。

（2）动植物材料堆制腐熟，其堆制方法为：配制原料使初始C∶N比在25∶1～40∶1之间。利用封闭容器或静态曝气系统，维持温度在131～170°F之间3天；或利用野外堆肥系统，维持温度在131～170°F之间15天，在此期间，这些原料至少要翻转5次。

（3）没有进行堆肥的植物原料。

（d）生产者可以通过使用下列物质来管理作物营养和土壤肥力，以维持和改善土壤有机质含量，但要避免造成某些植物营养素、病原微生物、重金属或禁用物质残留引起作物、土壤或水体污染。

(1) 包括在有机作物生产中允许使用的合成物质国家清单中的作物营养素或土壤改良剂;

(2) 低溶解性的矿物质;

(3) 高溶解性的矿物质:条件是该物质的使用是符合禁止用于作物生产的非合成物质国家清单规定的;

(4) 动植物原料燃烧后留下的灰分,本条 (e) 款中禁止使用的物质除外:条件是用于燃烧的材料没有使用或接触过禁用物质,且该灰分不包含在禁止用于有机作物生产的非合成物质国家清单中;

(5) 加工过程中经过化学改变的动植物材料:条件是这些材料包含在§205.601 中列出的允许用于有机作物生产的合成物质国家清单中。

(e) 生产者不得使用:

(1) 含有在允许用于有机作物生产的合成物质国家清单中没有列出的合成物质的肥料或动植物材料堆制的堆肥;

(2) 在联邦法典第 40 主题第 503 部分中定义的污泥 (或有机污泥);

(3) 在生产作业中以燃烧作为处理作物残体的方法,除非该燃烧目的是为了抑制疾病的传播或促进种子发芽。

§ 205.204 种子和苗木管理规范

(a) 生产者必须采用有机方式生产的种子、一年秧苗及多年生的苗木:但是

(1) 当不能获得商业化的有机生产品种时,非有机生产、未处理的种子或苗木也可用于有机作物生产:但可食用豆芽菜的生产必须用有机生产的种子;

(2) 当不能获得商业化的有机生产或未处理的种子和苗木时,非有机生产种子和苗木经过允许用于有机作物生产的合成物质国家清单中列出的物质处理后,也可用于有机作物生产;

(3) 当§205.290 (a) (2) 中规定的暂时变故发生时,非有机生产的一年生秧苗也可用于有机作物生产;

(4) 非有机生产的苗木在经过不少于一年的有机管理后,可用于生产标示为有机生产的多年生植物销售;

(5) 种子、一年生植物幼苗及多年生苗木经过禁用物质处理也可用于有机作物生产,如果该物质是联邦或州植物检疫规定中要求应用的。

§ 205.205 作物轮作规范

生产者必须实行作物轮作,包括但不局限于种草、覆盖作物、绿肥作物及深根作物等,适当的轮作可达到以下作用:

(a) 保持和改善土壤有机质含量;

(b) 为一年生和多年生植物的病虫害管理做准备;

(c) 调节植物营养素的缺乏或过剩;

（d）控制土壤侵蚀。

§ 205.206　作物病虫草害管理操作规范

（a）生产者必须通过一系列的管理规范来防治作物病虫草害，包括但是不限于：

（1）§205.203至§205.205中规定的作物轮作和土壤、作物营养管理规范；

（2）为除去病害传播媒介、杂草种子及有害生物栖息地而采取的卫生措施；

（3）提高作物健康状况的种植规范，包括选择适合当地条件和能够抵抗普通害虫、杂草和病害的植物种类和品种。

（b）害虫问题也可以通过机械或物理的方法控制，包括但不限于以下措施：

（1）增殖或引进害虫的捕食性或寄生性天敌；

（2）培育害虫天敌的栖息地；

（3）采用非合成物质控制，例如诱杀和驱避等。

（c）杂草问题可以通过以下措施控制：

（1）用能够被生物完全降解的材料覆盖作物根部；

（2）割草；

（3）牲畜放牧；

（4）人工除草或机械耕作；

（5）焚烧、热力或电力方式；

（6）塑料或其他合成覆盖物：条件是这些资材能在作物生长季节末期或收获季节从田间除去。

（d）病害问题可以通过以下措施控制：

（1）制定抑制病害生物传播的管理规范；

（2）非合成的生物、植物或矿物材料的投入使用。

（e）当本条（a）～（d）款的规范还不能充分满足预防和控制作物病虫草害需要时，一些生物源物质或在合成物质国家清单上列出的允许用于有机作物生产的物质也可用于预防或控制病虫草害：只要在有机系统计划中记录使用这些物质的条件。

（f）生产者不得使用经过砷酸盐处理的木料，不得使用禁用材料用于与土壤或家畜接触的设备安装或更换。

§ 205.207　野生植物采集操作规范

（a）预期标示为或以有机销售的野生植物产品，必须在指定区域采集，且该区域在野生植物采集前3年内不得使用过§205.105中规定的禁用物质。

（b）野生作物在进行采集时，必须确保该收获或采集不会破坏周围环境，且能维持该野生作物的持续生长和生产。

§ 205.236　畜禽的来源

（a）预计标示为或以有机畜禽产品销售的产品来源家畜，必须从其母体的孕娠期或孵化期的后三分之一开始就进行连续的有机管理，但是不包括以下情况：

（1）家禽：家禽肉或其他可食用家禽产品必须来源于连续有机饲养的家禽，且该家禽必须在其出生的第二天开始就进行连续的有机管理；

（2）产奶牲畜：预期标示为或以有机产品销售的奶或奶制品，必须来源于从生产奶或奶制品前1年就开始进行连续有机管理的牲畜，但下列情况除外：

（ⅰ）奶场有机系统计划中包含作物及粮草的种植时，只有在其实施有机生产管理的第三年才可供有机奶场牲畜食用，并且要在有机奶及奶制品销售前的12个月开始牲畜的有机饲养；

（ⅱ）当一群不同的动物转换为有机生产时，如果转换过程中没有生产打算标示为或以有机产品销售的，从2007年6月9日起，生产者可以在转换期间依据下列规定管理：前9个月，至少提供80%有机饲料，或将饲料生产纳入有机系统计划中并符合有机作物生产的要求；在后3个月，提供的饲料应符合§205.237中的规定。

（ⅲ）一旦一群不同的动物已经转换为有机生产，所有奶场的牲畜应从其母体孕娠期的后三分之一开始遵循有机管理。

（3）种畜：作为种畜的牲畜在任何时候都可以从非有机生产转为有机生产：如果该牲畜正在孕期，且它的后代要转化为有机牲畜，则该种畜不得迟于孕娠期的后三分之一引进有机基地。

（b）应禁止的行为包括：

（1）牲畜或可食用畜产品从有机基地中挪至非有机基地，则该产品不能标示为或以有机产品销售。

（2）种畜或奶场牛羊没有从其母畜怀孕期的后三分之一开始进行连续有机管理，则其产品不得标示为或以有机产品销售。

（c）有机畜禽产品的生产者必须保持记录，以确保持有所有有机畜禽及生产的可食用和非食用牲畜禽产品的身份。

§ 205.237 畜禽饲料

（a）生产者应给畜禽供应由有机生产体系生产的农产品组成的饲料日粮（如果可能的话，由有机方式加工），包括牧草和饲料，但§205.603中规定的允许作为饲料添加剂和营养强化剂的非合成物质和合成物质除外。

（b）有机生产商不得：

（1）为了促进畜禽生长使用兽药，包括激素类。

（2）给畜禽及其特定的生长阶段提供超过维持其健康和足够的营养需要的饲料营养强化剂或添加剂。

（3）喂养含塑料颗粒的粗饲料。

（4）喂养含尿素或粪肥的配方饲料。

（5）给哺乳动物或家禽喂食哺乳动物或家禽屠宰的副产品。

（6）使用违背《联邦食品、药品和化妆品法案》的饲料、饲料添加剂及饲料营养强化剂。

§ 205.238　畜禽保健操作规范

（a）生产者必须建立和保持预防畜禽疾病的保健措施，包括：

（1）根据对当地条件的适应性和对流行病及寄生虫的抵抗能力选择适当的畜禽品种和品系。

（2）供应能满足畜禽营养需求的足够饲料，包括维生素、矿物质、蛋白质、氨基酸、脂肪酸、能量及纤维素（反刍动物）。

（3）建造合适的棚舍、牧场和卫生设备，降低疾病和寄生虫的发生和传播。

（4）提供畜禽锻炼、自由活动及减少物种精神压力的条件。

（5）为促进动物健康，对畜禽实行必要的手术时，应尽量减少动物的精神压力和肉体痛苦。

（6）使用疫苗和其他生物兽药制剂。

（b）当预防措施和生物兽药制剂不能完全防治疾病时，生产者可以使用合成药物，但该药物必须是§205.603中规定允许使用的，其中驱虫剂可用于：

（1）预期标示为或以有机产品销售的畜禽，其种畜和种禽需在孕娠期后三分之一之前使用，且哺乳期间不应使用；

（2）产奶牛羊在产奶或奶制品前至少90天使用过驱虫剂的，仍可标示为或以有机产品销售。

（c）有机生产商不得：

（1）将用抗生素或含有§205.603中不允许使用的合成物质或含有§205.604中禁止使用的非合成物质处理过的畜禽及其各种可食的畜禽产品标示为或以有机产品销售。

（2）在畜禽没有疾病的时候，使用疫苗以外的任何兽药。

（3）使用促进畜禽生长的激素。

（4）频繁使用合成驱虫剂。

（5）对待宰畜禽使用合成驱虫剂。

（6）使用违背《联邦食品、药品、化妆品法案》规定的动物药物。

（7）为尽量维持动物有机状况，而不给予生病动物药物治疗。在有机生产允许使用的治疗方法失败后，为恢复动物的健康可采取所有适当的药物治疗。但对使用禁用物质处理过的畜禽必须清楚标明，且不能标示为或以有机产品销售。

§ 205.239　畜禽的生活条件

（a）有机畜禽管理人员必须建立和维持畜禽的生活条件，保持动物健康、保证其自然行为，包括：

（1）提供与畜禽的品种、生长阶段、气候及周围环境相适当的户外场所、遮阳棚、住所、活动区域、新鲜空气及日照条件；

（2）为反刍动物提供牧场；

（3）适量清洁、干燥的垫草：如果垫草是该种动物代表性的食物，则必须符合§205.237中的饲料要求；

（4）棚舍的设计应给畜禽提供：（ⅰ）自然保养、行动舒适及活动的机会；（ⅱ）适合的温度、通风设备及气体浓度；（ⅲ）减少潜在的畜禽伤害。

（b）由于下列一些特殊原因有机畜禽管理人员可以对畜禽进行临时的监禁：

（1）天气恶劣时；

（2）动物生产期；

（3）对动物的健康、安全和良好生存状况产生危害时；

（4）土壤和水体质量有风险时；

（c）有机畜禽管理人员必须以一定方式管理畜禽粪便，不得造成植物营养素、重金属或致病微生物污染作物、土壤和水体，优化营养素循环。

§ 205.270 有机加工要求

（a）机械或生物的方法，包括烹饪、烘焙、固化、加热、烘干、混合、粉碎、搅拌、分离、蒸馏、提取、屠宰、切割、发酵、去脏、保存、脱水、冰冻、冷藏或其他加工方法，以及包装、装罐、装瓶或其他将食品装入容器等方法都可用于有机农产品的加工过程中，以延缓腐败或使农产品更有利于上市。

（b）§205.605中允许使用的非农业物质和§205.606中允许的非有机农产品可用于：

（1）依照§205.301（b）款规定加工，预计标示为或以“有机”销售的农产品，如果不能从市场上买到有机原料的。

（2）依照§205.301（c）款规定加工，预计标示为或以“有机制造（特定原料或食品组分）”销售的农产品。

（c）有机加工者不得将经以下处理的农产品标示为或以“100%有机”“有机”或“有机制造（特定原料或食品组分）”销售，或将其中的任何原料标识为有机成分：

（1）经§205.105中（e）到（f）款中禁止的处理方法处理。

（2）使用§205.605中规定的不允许使用的挥发性合成溶剂或其他合成加工助剂：如果产品中的该非有机原料标识为“有机制造（特定原料或食品组分）”，则不须遵从该条规定。

§ 205.271 设施中有害生物的管理规范

（a）生产管理人员必须按照管理规范预防相关设施中的有害生物，这些管理规范包括但不局限于：

（1）破坏有害生物的栖息地、食物来源及繁殖区域；

（2）通过对设施进行处理来预防；

（3）控制环境因素，比如温度、光照、湿度、大气及空气环流来防止有害生物繁殖。

(b) 也可通过以下方法来控制有害生物：

(1) 机械或物理的方法，包括但不限于诱杀、光照或声音等；

(2) 利用国家清单中列出的非合成或合成物质作为诱饵或驱避剂。

(c) 如果以上 (a) 和 (b) 提供的管理措施还不能有效预防和控制有害生物，可以应用国家清单中列出的可以用的非合成或合成物质。

(d) 如果以上 (a)、(b) 和 (c) 提供的管理措施还不能有效预防和控制有害生物，可以应用国家清单中未列出的合成物质；只要经营管理人员和认证机构同意使用该物质及其使用方法，并且有相应的措施来避免该物质在使用过程中接触有机生产的产品或原料。

(e) 有机经营管理人员使用非合成或合成物质预防或控制有害生物后，须更新有机管理计划，以反映该物质和方法的应用情况。更新的有机管理计划必须包含一栏关于防止该物质在使用时接触有机生产的产品或原料所采取的所有措施的记录。

(f) 若以上 (a)、(b)、(c)、(d) 提供的措施仍然不能有效预防和控制有害生物，依照联邦、州或当地法律法规，处理人员必要时可以使用其他物质预防或控制有害生物，只要能采取相应措施防止该物质在使用时接触有机生产的产品或原料。

§ 205.272　防止混入和接触禁用物质的管理规范

(a) 有机操作管理人员必须执行必要的措施防止有机产品和非有机产品相互混杂，并防止与禁用物质接触。

(b) 按照本大纲 D 部分标示的有机农产品和原料的加工处理禁止：

(1) 包装材料、贮藏容器及箱柜含有合成杀菌剂、防腐剂和熏蒸消毒剂；

(2) 使用或重复使用一些接触到有害物质，且有可能污染其中的有机产品或有机原料的包装袋或容器，除非该可重复使用的包装袋或容器十分的干净，没有造成有机产品或原料接触使用过的物质的风险。

§ 205.290　暂时的不符合

(a) 由于下列原因，行政官可以制定与 § 205.203 至 § 205.207、§ 205.236 至 § 205.239 及 § 205.270 至 § 205.272 中规定的暂时不符合措施：

(1) 农业部部长公告的自然灾害；

(2) 由于干旱、大风、洪水、过分潮湿、冰雹、龙卷风、地震、火灾或其他破坏事件造成的损害；

(3) 有机生产加工中以开展技术、品种或原料的研究测试为目的的操作。

(b) 州级有机事务管理者或认证机构可以以书面形式，建议行政官制定本大纲 C 部分关于有机生产加工管理规定的暂时不符合措施：只要该不符合措施是由于本条 (a) 款中列出的一个或多个原因造成。

(c) 行政官应该书面通知认证机构有关制定的适用于该认证机构认证的有机管理体系的暂时不符合措施，指定有效时期，以及在行政官认定需要时延长有效期等。

(d) 认证机构在收到行政官关于制定暂时不符合的通知书后，必须通知所有认证的生产经营者在管理中应用暂时的不符合措施。

(e) 对于§205.105中禁止的操作、原料或程序不能制定暂时的不符合措施。

D. 标签、标识及市场信息

§205.300 “有机”术语的使用

(a)“有机”一词仅能用于依照本大纲规定生产的初级或加工农产品及其组成成分的标签或标识。“有机”一词不得用在产品名称中修饰产品中的非有机组分。

(b) 出口产品的生产、认证和标识须依据进口国家的有机标准或合同中外国买方的要求，仅仅集装箱和货运单据符合§205.307(c)中规定的标记要求即可。

(c) 在外国生产但出口至美国的产品，必须依照本大纲E部分进行认证，并依照D部分进行标识。

(d) 依照本大纲要求生产的畜禽饲料必须依照§205.306要求标识。

§205.301 产品成分

(a) 标示为或以“100%有机”销售的产品：标示为或以“100%有机”销售的初级或加工农产品必须包含100%的有机生产组分（以重量或液体体积计，不包括水和盐）。如果标示为有机生产，则该产品必须按照§205.303进行标识。

(b) 标示为或以“有机”销售的产品：标示为或以“有机”销售的初级或加工农产品必须包含不低于95%的有机生产的初级或加工农产品（以重量或液体体积计，不包括水和盐）。其余产品组分也必须为有机生产，除非其有机形式无法从市场上获得，或者必须是符合本大纲G部分中的国家清单的非农业物质或非有机生产的农产品。如果标示为有机生产，则该产品必须按照§205.303进行标识。

(c) 标示为或以“有机制造（特定原料或食物组）”销售的产品：标示为或以“有机制造（特殊原料或食品组分）”销售的多组分农产品，必须包含至少70%按照本大纲C部分的要求生产加工的有机组分（以重量或液体体积计，不包括水和盐）。产品成分不能使用§205.301条(f)款中的(1)、(2)、(3)禁止的操作进行生产。非有机组分的生产可以不受§205.301条(f)款中的(4)、(5)、(6)、(7)的规定约束。如果标示为有机生产，则该产品必须按照§205.304进行标识。

(d) 含有少于70%有机生产成分的产品：包含少于70%的有机生产成分的多成分农产品（以重量或液体体积计，不包括水和盐），必须按照本大纲C部分的要求生产加工。非有机成分的生产加工可以不考虑本大纲要求。包含少于70%的有机成分的多组分农产品，只能按照§205.305的规定标示该产品为有机性质。

(e) 畜禽饲料

(1) 标示为或以“100%有机”销售的初级或加工畜禽饲料必须包含不少于100%的有机生产的初级或加工农产品（以重量或液体体积计，不包括水和盐）。

（2）标示为或以“100%有机”销售的初级或加工畜禽饲料，必须按照§205.237的规定生产。

（f）标示为“100%有机”或“有机”的产品，和在任何产品的原料单中标识为“有机”的所有成分，不得：

（1）按照本大纲§201.105条（e）款采用排斥类方法生产；

（2）按照本大纲§201.105条（e）款利用城市污泥生产；

（3）按照本大纲§201.105条（g）款采用电离辐射方法进行加工处理；

（4）在本大纲G部分中的允许和禁用物质国家清单上没有认可的加工助剂进行加工，除非标示为“100%有机”的产品其加工助剂必须是有机产品；

（5）在生产加工过程中添加额外的亚硫酸盐、硝酸盐或亚硝酸盐，除非在葡萄酒中，添加有亚硫酸盐时也可标记为“有机葡萄制造”；

（6）在能够获得有机原料的时候，采用非有机原料进行生产；

（7）同种成分同时包含有机的和非有机的。

§ 205.302　有机生产成分的百分比计算

（a）标示为或以“100%有机”、“有机”、“有机制造（特定原料或食品组分）”销售或包含有机组分的农产品，其中包含的有机组分的百分率必须采用以下方法计算：

（1）所有有机组分的净重之和（不包括水和盐）除以成品的总重（不包括水和盐）。

（2）如果产品和原料是液体的，则是所有有机组分的液体体积（不包括水和盐）除以成品的液体体积（不包括水和盐）。如果该液体产品包装的配料表上标明由浓缩液还原而成，那应选择配料和成品中的一个代表性成分的浓度来计算。

（3）如果产品同时含有固体和液体两种形式的有机成分，则是固体有机组分重量加液体有机组分重量之和（不包括水和盐）除以成品总重（不包括水和盐）。

（b）农产品中所有有机生产组分的百分比必须修约为最近的整数。

（c）百分率必须由在零售包装上加贴标签的管理人员确定，并经认证机构的管理人员验证。管理人员可以利用认证过的操作规范提供的信息确定百分率。

§ 205.303　标示为“100%有机”或“有机”的包装产品

（a）§205.301（a）和（b）所述的包装农产品，可在包装上的成分表及其他位置、产品标签或市场信息中标示以下产品信息：

（1）“100%有机”或“有机”一词可用于修饰产品的名称；

（2）标示为“有机”的产品中有机成分的百分比（百分比标注的尺寸不得超过信息表中最大字号的一半，且看起来必须完全是一样的字号、字体及颜色，不得突出）；

（3）“有机”一词可用于鉴定标示为“100%有机”的多成分产品中的有机成分；

(4) 美国农业部的有机标志；

(5) 对成品或成品的生产过程，以及初级有机农产品或成品中的有机成分进行认证的机构的标志、标识及其他识别标记：生产成品的管理人员应按照本大纲进行标示，并保存生产该原料的操作规范的有机认证记录，且标示时显示的认证机构的标志或标识不比农业部标志突出。

(b) §205.301中(a)和(b)所述的包装农产品必须：

(1) 对标记为"有机"的产品，在成分声明时可使用"有机"一词标注每一有机成分，或使用星号或其他参考标记在成分声明下面标注表示该成分为有机生产。但其中的水和盐成分不能标注为有机。

(2) 产品信息表上，在生产者和分销商识别信息下方，及"经×××认证为有机"或类似的声明语句之前，标明成品生产操作认证的认证机构名称，也可以在该标签上显示认证机构企业地址、互联网网址或电话号码。

§205.304 标示为"有机制造(特定原料或食物组分)"的包装产品

(a) §205.301(c)中所述的包装农产品，可以在包装的正面、信息表和其他位置及产品标签或市场信息上标示产品信息，包括：

(1) 声称 (ⅰ)"有机制造(特定原料)"：只要该声称列出不超过3种的有机生产原料；(ⅱ)"有机制造(特定食物组)"：只要该声称列出不超过3类的下列食物组：豆类、鱼类、水果、谷物、药材、肉类、坚果、油脂、家禽、种子、香料、甜味料和蔬菜或加工奶制品，而且产品中每个列出的食物组的所有成分必须为有机生产；(ⅲ)在信息表中看起来不应超过其中最大字号尺寸的二分之一，而且整体看起来完全是一样的字号、字体和颜色，不得突出。

(2) 产品中有机成分的百分比：百分比声称标注的尺寸不得超过信息表最大字号的一半，且看起来必须完全是一样的字号、字体及颜色，不得突出。

(3) 负责成品生产认证的认证机构的标志、标识或其他辨别标记。

(b) §205.301(c)所述的包装农产品必须：

(1) 对于在成分的声称中标注为"有机"，或使用星号或其他标记表示该成分为有机的，都应确认为有机生产(不包括产品中的水和盐)。

(2) 在信息表中产品生产者和分销商信息下面和"经×××认证为有机"或类似语句的声称之前，标明产成品的认证机构名称，也可以标示认证机构地址、互联网网址或电话号码。

(c) §205.301(c)所述的包装农产品不得显示农业部标志。

§205.305 有机生产成分少于70%的多成分包装农产品

(a) 有机生产成分少于70%的农产品只可以采用下列方法标明产品中的有机成分；

(1) 在成分声称中使用"有机"一词标注每一有机生产成分，或使用星号或其他标记在成分声称下面标注该成分为有机生产；

（2）如果有机生产成分在成分声称中标注，须在信息表中显示该有机成分在产品中的百分比。

（b）有机生产成分少于70%的农产品不得标示：

（1）农业部标志；

（2）该产品或产品成分的有机生产认证机构的标志、标识或其他辨别标记。

§ 205.306 畜禽饲料的标识

（a）§205.301（e）（1）和（e）（2）中所述的畜禽饲料产品，可以在包装的信息表中以下方式标示：

（1）声称中可使用"100%有机"、"有机"修饰饲料产品的名称。

（2）农业部有机标志。

（3）对成品以及成品加工中使用的初级原料和有机成分进行认证的认证机构的标志、标识或其他辨别标记，但这些标志或标识的显示不应比农业部标志更突出。

（4）在包装上使用"有机"一词或星号及其他标记标示有机生产组分（但不包含水和盐）。

（b）§205.301（e）（1）和（e）（2）中所述的畜禽饲料产品必须：

（1）在信息表中的产品生产者和经销商信息下方，"经×××认证为有机"或类似语句的声称之前，显示产成品认证机构的名称，也可包括认证机构地址、互联网网址或电话号码。

（2）同时符合其他联邦机构或州饲料标签的适用规定。

§ 205.307 对仅用作标示为"100%有机"或"有机"或"有机制造"的初级或者加工农产品的储运用非零售包装的标识

（a）对仅用作标示为"100%有机"、"有机"或者"有机制造"的初级或加工农产品的储运用非零售包装可以使用下列术语或者标记：

（1）对该产成品进行认证的认证机构的名称和联系信息；

（2）产品的有机标识；

（3）为了保持产品的有机完整性，需要提供的特殊操作说明；

（4）农业部有机标志；

（5）对该产成品进行认证的认证机构的标志、标识或其他辨别标记。

（b）在用作初级或者加工农产品的储运的非零售包装标示产品中的有机成分时，必须标识其产品批号。

（c）国内生产的标示为有机的产品预计出口到国际市场时，运输包装可以依照出口目的地国的标示规定或外国合同购买方的包装标示要求标示，只要该有机产品的运输包装和所附货单清楚标明"仅用于出口"，且该包装的标志和出口证明必须按照§205.101的规定保存关于免检或例外认证操作的记录。

§ 205.308 零售时标示为或以"100%有机"或"有机"销售的未包装农产品

（a）未包装农产品在零售展示、标签和展出容器上可以使用"100%有机"或

“有机”等适用的词语来修饰产品名称，只要“有机”一词在成分声称上列出用于标识有机成分。

(b) 如果该产品是由经认证的系统生产的，那么在零售展示、标签和展出容器上可使用：

(1) 农业部有机标志；

(2) 对成品或者成品的生产过程以及对成品中的有机成分进行认证的机构的标志、标识及其他辨别标记，但该标志或标识的显示不比农业部标志突出。

§ 205.309 零售时标示为或以“有机制造（特定原料或者食物组）”销售的未包装农产品

(a) 未包装农产品包含70%～95%的有机生产成分，在零售展示、标签和展出容器上可以使用词语“有机制造（特定原料或食物组）”来修饰产品的名称。

(1) 该声称必须列出不超过三种的有机原料或食物组；

(2) 在产品声称的成分表上，有机成分可以标识为“有机”。

(b) 如果该产品是由经认证的系统生产的，那么该农产品在零售展示、展出容器上可标示为“有机制造（特定原料或食物组）”，且在市场信息中可以显示认证机构的标志、标识或其他辨别标记。

§ 205.310 由豁免或例外操作生产的农产品

(a) 由豁免或例外操作生产或处理的农产品不得：

(1) 显示农业部有机标志、其他任何认证机构标志或其他表示该豁免或例外操作为有机操作的鉴定标志；

(2) 向任何买方表述该产品为经认证的有机产品或经认证的有机原料。

(b) 使用豁免或例外操作生产或处理的农产品可以标识为由免除或例外操作生产的有机产品或多成分产品中的有机成分，但如果该产品或原料是由其他操作加工而成时，这样的产品或材料不能标记为有机。

(c) 这些产品须遵从§205.300中（a）款和§205.301中（f）（1）～（7）款中的规定。

§ 205.311 农业部有机标志

(a) 在本条（b）和（c）款中所述的农业部有机标志仅可用于§205.301中（a）、（b）、（e）（1）和（e）（2）款中所述的初级或加工农产品。

(b) 农业部有机标志必须按照图1的形状和图样复制，且印刷必须清楚和出色：

(1) 在白色的背景上有一棕色外圆，在白色的上半圆上有绿色的“USDA”字样，而在绿色的下半圆上有白色的“organic”字样。

(2) 在白色或透明的背景上有一黑色外圆，在白色或透明的上半圆上有黑色“USDA”字样，而在黑色的下半圆上有白色或透明“organic”字样。

(3) 绿色或黑色下半圆上有四条光线由左到右逐渐消失在水平线右边的一点

上，象征耕耘的土地。

图1　有机标志

E. 认　　证

§ 205.400　认证的一般要求

对于想按照本大纲获得或者维持有机认证的人，必须：

(a) 遵从有机法案和本大纲中适用的有机生产和操作规定。

(b) 按照§205.200要求每年制定、执行或更新有机生产和操作的系统计划，并呈交给获得认可的认证机构。

(c) 按照§205.403中的规定，允许认证机构现场检查所有生产或处理操作，包括未经认证的生产和操作区域、设备及办公室。

(d) 按照§205.104的规定，所有有机操作的记录自创建起保存期限不少于5年，并允许农业部部长代表、州政府的有机管理官员和认证机构遵照有机法案和本大纲的规定在正常经营期间进行检查和复审时审查这些记录。

(e) 向认证机构缴纳相应的费用。

(f) 出现下列情况立刻向认证机构通报：

(1) 禁用物质用在（包括漂移）有机管理系统的部分土地、生产单元、生产点、设施、畜禽或者产品上；

(2) 认证过的操作或其一部分的改变可能造成与有机法案和本大纲规定的不符合。

§ 205.401　认证申请

如果想获得本大纲E部分的有机生产加工管理证书，必须向认证机构呈交证书申请。申请必须包括以下信息：

(a) §205.200中规定的有机生产加工系统计划；

(b) 申请人员姓名；申请企业名称、地址及电话号码；如果申请者是一个公司，还要包括法定代表的姓名、地址及电话号码；

(c) 以往提交过申请的认证机构名称；申请年份；申请递交的结果，包括不符合申请的通知或向申请人发送的拒绝认证的通知；及申请者对不符合项所采取的措施，包括修改的证明；

(d) 能够充分证明符合有机法案和本大纲法规的信息。

§ 205.402 申请的审查

(a) 认证机构收到认证申请书后，必须：

(1) 依照 § 205.401 审查申请书，确保资料完整。

(2) 确定审查的申请材料中申请者是否遵守或能够遵守本大纲 C 部分的相应规定。

(3) 依据 § 205.405，查证以往向其他认证机构的申请文件，及接收的不符合或拒绝认证的通知，申请人递交的按照 § 205.405 (e) 要求对不符合或拒绝认证的通知中提出的不符合项进行修正的支持文件。

(4) 安排有机管理的现场检查计划，以确定申请者是否有取得证书的资格，申请材料审查是否能显示其生产加工管理可以达到本大纲 C 部分中的相应规定。

(b) 认证机构可在合理的时间内完成：

(1) 审查收到的申请材料并就发现的问题与申请者沟通。

(2) 提供给申请者一份经认证机构批准的现场检查报告副本，作为实地检查被执行的依据。

(3) 给申请者提供一份检查员所取样品的检测结果副本。

(c) 申请者可以在任何时候撤回申请。申请者若想撤回申请，仍应支付申请撤回前这段时间的服务费用。申请者在发布不符合通知前自动撤回申请，将不再公布不符合通知。同样，申请者在发布拒绝通知前自动撤回申请，将不再公布拒绝通知。

§ 205.403 现场检查

(a) 现场检查

(1) 认证机构必须进行初次现场检查，检查生产加工有机产品的每一生产部门、设备及场所，包括认证要求的操作在内。现场检查每年一次，审查生产加工有机产品的每一项认证操作，以确定是否达到认证要求或是否继续颁发证书。

(2) 认证机构可以对认证申请者进行附加的现场检查，确定认证对象是否遵从有机法案和本大纲规定；行政官或州有机事务管理者可要求认证机构执行附加的现场检查，以确认是否符合有机法案和本大纲规定；附加检查可以事先通知，也可以不通知，这由认证机构判定或听从行政官或州政府有机官员要求。

(b) 时间安排

(1) 初次现场检查必须在适当的时间内进行，以确定申请者是否会遵守或能够遵守本大纲 C 部分的规定：除非初次的现场检查被推迟达 6 个月，否则对土地、设施及操作是否符合或有能力符合规定的检查都是符合要求的。

(2) 当一个生产系统的全权代表熟悉这一生产系统，同时能证明该生产系统符合或有可能符合本大纲 C 部分相应条款规定的土地、设施及活动能被观察到时，所有的现场检查都必须进行，除非这些要求不适合于突然的现场检查。

(c) 一个生产系统的现场检查必须核实下列信息：

（1）该生产系统符合或者能够符合有机法案和本大纲规定；

（2）包括有机生产加工的系统计划，§205.401、§205.406 和§205.200 中所提到所有信息，准确地反映申请认证的申请者已使用的或将要使用的操作规范；

（3）确保禁用物质没有或不会通过某些方式应用到该生产系统中，根据认证机构的意见，可包括土壤、水、废弃物、种子、植物组织和动植物产品及加工产品等的样品收集和检测。

（d）末次会谈。检查员必须与熟知所检查的生产系统的全权代表一起召开一次末次会谈，确认现场检查中收集到的信息和检查结果的准确性和完整性。检查员还必须阐明其他必需的附加信息及任何有关的问题。

（e）受检查的生产系统的文件：

（1）检查时，检查员应向该生产系统的全权代表提供抽取样品的单据。这种取样不得向检查员收取费用。

（2）认证机构应向被检查的生产系统返回现场检查报告和检测结果。

§ 205.404　颁发证书

（a）完成初次现场检查后，认证机构必须在合理的时间内审核现场检查报告、样品分析结果以及申请者提交的或要求的其他附加信息。如果认证机构确认申请者的生产系统的有机系统计划和所有程序和行为符合本大纲要求，且申请者能够依照计划执行相关操作，那么认证机构可以同意颁发证书。作为继续认证的条件，该证书的授予可以包括一些在指定时间内对次要的不符合项的改正要求。

（b）认证机构发放的有机生产系统的认证证书必须包括：

（1）认证的生产系统的名称和地址；

（2）认证的有效期；

（3）有机生产系统的类别，包括被认证的生产系统生产的作物、野生植物、畜禽或加工产品；

（4）认证机构的名称、地址和电话号码。

（c）一旦获得认证，一个生产加工系统的有机认证就持续有效，直到放弃有机管理或被认证机构、州政府有机事务管理者或行政官暂停或撤销。

§ 205.405　认证的拒绝

（a）如果认证机构对§205.402 或§205.404 中列出的信息进行审查后，认为认证的申请者不能遵从或没有遵从本大纲规定时，认证机构应给申请者一个不符合的书面通知。当改正不符合项不太可能时，不符合通知和认证拒绝的通知可以合并成一个通知。这个不符合通知必须包括以下信息：

（1）每一个不符合项的描述；

（2）不符合通知所依据的事实；

（3）申请者必须驳回或纠正每一不符合项的时间，如果改正是可能的，还应要求提交每一纠正项的支持性文件。

(b) 接收到不符合通知后，申请者可以：

(1) 改正不符合项，并呈交给认证机构一份改正措施的描述及其所依据的支持性文件；

(2) 改正不符合项，并呈交一份新的申请给其他认证机构：只要申请者提交完整的申请书，包括从第一家认证机构处接收的不符合通知，以及改正措施的描述及其所依据支持性文件；

(3) 呈交书面报告给发送不符合通知的认证机构，驳回不符合通知中描述的不符合项。

(c) 发布不符合通知后，认证机构必须：

(1) 评估申请者呈交的改正措施和支持性文件或书面驳回报告，必要时进行现场检查。当确定申请者的改正措施或驳回报告能充分达到证书授予资格时，可以依据§205.404给申请者颁发证书；如果申请者的改正措施或驳回报告还没有到达认证合格的条件时，可以给申请者发送拒绝认证的书面通知。

(2) 向没有回应不符合通知的申请者发送拒绝认证的书面通知。

(3) 依据§205.501 (a) (14)，向行政官提交批准或拒绝认证通知。

(d) 拒绝认证的通知必须陈述拒绝原因，且申请者有权：

(1) 依据§205.401和§205.405 (e)，再次申请认证；

(2) 依据§205.663或州有机大纲的相应规定，要求调解；

(3) 依据§205.681或州有机大纲的相应规定，对拒绝认证提出申诉。

(e) 依据§205.401和§205.405 (e)，认证的申请者在接收到不符合书面通知或拒绝认证的书面通知后，可以在任何时间向其他认证机构重新申请认证。如果申请者向发布不符合通知或拒绝认证通知以外的认证机构提交新的申请，那么申请认证的材料必须包括不符合通知书或拒绝认证通知书，以及改正不符合通知书中的不符合项的措施和依据的支持性文件。

(f) 如果认证机构接收到的新的认证申请书中包含不符合通知书或拒绝认证通知，也必须像新的申请书一样处理，并依照§205.402开始新的申请程序。

(g) 尽管有本条 (a) 款的规定，但是当认证机构有理由认为认证申请者在故意做虚假陈述，或在其他方面有目的地对申请认证的生产系统及其与本大纲要求的符合性做不如实的陈述，那么认证机构可以依据本条 (c) (1) 款拒绝认证，而无需发布第一阶段的不符合通知书。

§ 205.406 认证的延续

(a) 如想延续认证，认证生产系统必须每年支付认证费用，并给认证机构提交以下适用的信息：

(1) 最新的有机生产加工系统计划，包括：(ⅰ) 简要声明、支持性文件、先前的有机系统计划的任何偏离、变化、修改或其他修正的详细说明；(ⅱ) 按照§205.200详细说明预计用于下一年的对先前的有机系统计划的任何增加或删除部分。

（2）对§205.401（b）中要求的信息的任何增加或删除部分。

（3）认证机构先前提出的作为延续认证要求改正的次要不符合项的最新修正资料。

（4）供认证机构确定申请者是否遵从有机法案和本大纲规定的其他必要信息。

（b）认证机构自收到本条（a）款列出的信息之后，应按照§205.403在合理的时间对申请延续认证生产系统安排和实施现场检查。除非认证机构接收到延续认证的生产系统的最新资料后，无法开展每年一次的现场检查，此时认证机构可以根据申请者呈交的资料和之前12个月内最近的一次现场检查情况允许认证延期，且颁发有机生产系统的最新证书。每年一次的现场检查，要严格按照§205.403要求，且是在生产系统认证每年更新的指定日期后的前6个月内进行。

（c）如果认证机构根据现场检查情况及对§205.404中所列的信息进行审查后，有理由认为申请认证生产系统没有遵守有机法案和本大纲要求，认证机构可按照§205.662对认证生产系统发送书面的不符合通知书。

（d）如果认证机构确定申请认证的生产系统遵守有机法案和本大纲要求，且有机生产系统证书上特定的任何信息发生变化，认证机构必须按照§205.404（b）颁发新的有机生产系统证书。

F. 认证机构的认可

§205.500　认可的范围和持续时间

（a）行政官将认可合格的国内外的认证申请机构在农作物、畜禽、野生植物、加工或任何组合对国内外生产加工系统进行有机认证。

（b）依据§205.506，认可期限为自认可批准之日起5年。

（c）除了按照本条（a）款进行的认可，在下列情况下，美国农业部承认国外认可的认证机构对有机生产加工系统进行认证：

（1）美国农业部规定，依据外国政府要求，其主管当局认可认证机构的标准与本大纲的要求一致；

（2）该外国主管当局依据美国和外国政府间达成的同等性协议对国外认证机构进行认可。

§205.501　认可的一般要求

（a）按照本大纲E部分被认可为认证机构的私立或政府单位必须符合以下要求：

（1）有足够的有机生产专业知识和处理技术，能充分遵守和执行按照有机法案和本大纲制定的有机认证条款和条件；

（2）能证明有能力完全遵守本部分规定的授权认证的要求；

（3）执行有机法案和本大纲中的相关条款，包括§205.402至§205.406以及§205.670；

(4) 聘用足够数量的训练有素的人员，包括检查员和认证审查人员，遵守和执行按照有机法案和本大纲E部分制定的有机认证程序；

(5) 确保负责检查、分析及决策的相关人员、雇员、承包商有充分的有机生产和加工技术的专业知识，能顺利完成委派的任务；

(6) 对所有工作人员开展年度绩效评定，包括在认证服务中负责审查认证申请书、执行现场检查、审查认证材料、评估认证资格、做出认证建议或认证结论，以及对认证服务中的所有缺陷采取纠正措施的工作人员；

(7) 由认证机构工作人员、外部审计员或顾问对认证活动开展年度项目审查，这些人也必须具备相应专业知识，足以开展该项审查和对评估中识别出的不符合有机法案和本大纲规定的项目采取纠正措施。

(8) 给申请认证的人提供足够的信息资料，使他们能够遵守有机法案和本大纲规定的相应要求；

(9) 依照§205.510 (b) 保留所有记录，并确保在农业部部长授权的官方代表和相应的州有机管理员正常的办公时间内，这些记录可供检查和复印；

(10) 严格保护客户有机认证项目的相关机密，不得向第三方（除农业部部长和相应州的有机管理官员及其授权的代表外）透露在执行本大纲规定过程中获得的任何商业信息，但§205.504 (b) (5) 中规定的相关信息除外；

(11) 防止利益干扰

(ⅰ) 在认证申请前的12个月内，如果一个认证机构或该认证机构的相关责任方，与申请认证的该生产加工系统存在商业利益关系（包括直接亲属利益或提供咨询服务），则不能承担该生产加工系统的认证；

(ⅱ) 排除因在申请认证前的12个月内有商业利益关系（包括直接亲属利益或提供咨询服务），而对认证全过程的各项工作、审议和决定以及认证生产加工系统的监测可能产生利益干扰的任何人（包括承包商）；

(ⅲ) 不允许任何雇员、检查员、承包人或其他人员在任何检查业务中接收除规定的费用之外的现金、礼物或任何形式的好处，除非该认证机构是一家按照国内税收法可免税的非盈利组织（对外国认证机构，按其本国是否认可其为同类的非盈利机构），可以接受来自其认证的生产加工系统的志愿劳务；

(ⅳ) 为了避免认证障碍，对认证申请人或认证系统不能提供建议或咨询服务；

(ⅴ) 要求认证机构中负责审查认证申请、进行现场检查、审查认证材料、评估认证资格、做出认证建议或认证结论的所有方面的工作人员，完成年度利益干扰报告；

(ⅵ) 确保对认证系统做出裁决的人员与进行文件评审和现场检查的人员是不同的。

(12) (ⅰ) 如果参与认证过程或§205.501 (a) (11) (ⅱ) 中指定的所有工作

人员与申请人有利益冲突时，在认证后的12个月内，应重新考虑该认证过程，必要时可进行新的现场检查，所有再次认证的费用，包括现场检查费用，将由认证机构承担。（ⅱ）当确认在申请人申请认证期间，任何§205.501（a）（11）（ⅰ）列出的工作人员与申请人存在利益冲突时，可将该认证项目委托给其他授权认证机构重新颁发证书，并由原认证机构偿还认证换发新证的费用。

（13）接受其他授权机构或者美国农业部依据§205.500的授权决议。

（14）避免在美国农业部对认证机构的认可状况，标记为有机生产的产品的性质或质量状态等方面作出虚假或错误声称。

（15）应向行政官提交以下资料：

（ⅰ）依照§205.405发布的所有认证否决的通知、不符合通知、不符合项改正通知、建议暂停或撤销的通知，以及依据§205.662同时发布的暂停或撤销的通知；

（ⅱ）在每年1月2日，提交过去一年内的认证清单，包括名称、地址和电话号码的列表。

（16）申请认证和生产和处理操作认证的申请人，只能从申请认证者收取那些已在管理部门备案的认证活动和获得认证的生产经营活动费用。

（17）依据§205.640向农业市场局缴付费用。

（18）在每次现场检查前，给检查员提供历次的现场检查报告，并告知检查员历次的检查结论和纠正次要不符合项的要求。

（19）接受授权范围内的所有生产经营的认证申请，而不考虑任何协会或团体大小或会员资格，并将认证证书授予所有有资格申请者。

（20）证明其有能力达到州有机大纲要求，认证州内的有机生产经营。

（21）能遵守、执行和完成行政官规定的其他必要的条款和条件。

（b）私营或政府单位依据F部分被授权为认证机构，可以制定一个标志、标识或其他鉴别标记，用于在生产经营管理认证中标示其所属的认证机构。但该认证机构必须：

（1）不要求在任何出售的标为或表示为有机生产的产品上使用其标志、标识或其他鉴别标记作为认证的条件。

（2）除符合有机法案和本法规的产品以外，不应用于其他产品，但如果该认证机构认证的生产经营管理所属的州有更严格的要求，且经过农业部部长批准，那么，遵循这些要求应作为使用其鉴别标识的条件。

（c）被认可为认证机构的私营单位必须：

（1）确保按照农业部部长的要求在认证过程中严格执行有机法案和本大纲的规定。

（2）按照有机法案和本大纲的规定，为保护由其认证的生产经营者的权利，根据监管条款的规定，要提供合理的保密义务；

（3）如果认证机构解散或者失去认证资格，则应将所有认证人员的记录或者记录副本转交给行政官，供相应的州有机事务管理官员在必要的时候使用；但这种记录的转交不适用于认证机构的合并、转让或者其他方式的认证机构所有权的转移。

（d）根据本大纲F部分的规定获得认证机构认可的私立或公立机构，不得因为任何人的种族、肤色、国籍、性别、宗教、年龄、残疾、政治信仰、性取向或婚姻、家庭状况的差别，而排除其参加国家有机事务或者剥夺从中获得收益的权利。

§ 205.502 申请认可

（a）根据本部分的规定，私立或公立机构要想获得认证资格，必须提交认可申请，申请内容包括§205.503到§205.505中规定的相应信息与文件资料，以及§205.640要求的费用，并寄至美国农业部有机事务管理者（地址：USDA-AMS-TMP-NOP，Room 2945—South Building，P. O. Box 96456，Washington，DC 20090—6456）。

（b）接收资料和文件后，有机事务管理者将依据§205.506条款确定申请者是否能获得认证资格。

§ 205.503 申请者信息

私立或公立机构要想获得认证资格必须提交以下信息：

（a）公司的名称、主要办公地点、邮寄地址、认证机构日常运行的负责人姓名、申请人联系方式（包括电话、传真和网址），若申请人是私立机构，还需要税号。

（b）内部组织机构各部分（如分部、子公司等）的名称、办公地点、通讯地址、联系号码（包括电话、传真和网址）以及联系人姓名。

（c）请求授权认证的范围（如作物种植、野生植物采集、畜禽养殖或经营），申请者预计每年各类型的认证数量，以及按照规定提供的所有服务的费用清单。

（d）申请者单位类型（如公立农业机构、盈利性企业、非盈利性的会员组织等）：

（1）公立机构应附一份依据有机法案和本大纲开展认证活动的官方授权；

（2）私立机构应附单位状况和组织目标的文件，如公司章程、细则、所有权或会员资格以及成立日期等。

（e）申请者的有机生产经营管理认证活动目前已涉及的和预计将要涉及的州和国家清单。

§ 205.504 专业知识和能力的证明

私立和公立机构若想获得认证资格，必须提交以下资料和信息以证明其拥有有机生产经营技术的专业知识；有能力完全遵守和执行§205.100至§205.101、§205.201至§205.203及§205.300至§205.303中规定的有机认证事项；并符合§205.501中规定的认可要求：

（a）工作人员，包括：

（1）申请者在人员培训、评估和管理等方面的政策和程序1份；

（2）所有参与认证事务的工作人员的姓名和职位描述，包括行政职员、认证检查员、任何认证审查和评估委员会成员、承包人及所有与认证机构相关的参与者；

（3）申请机构聘用的所有检查员和指定的对认证申请材料进行审查和评估的工作人员资格的描述，包括在农业、有机生产和有机管理方面的经验、培训和教育情况；

（4）确保能够遵守和执行本章法案法规的要求，申请者已经开展或预计开展的工作人员培训的描述。

（b）管理政策和程序，包括：

（1）认证申请评估、做出认证决定及发布认证证书的程序文件1份。

（2）获得认证的有机管理系统是否遵守有机法案和本大纲规定的调查评审程序，以及向行政官报告违反有机法案和本大纲规定的程序1份。

（3）依据§205.501（a）（9）规定制定的记录保存程序1份。

（4）依据§205.501（a）（10）的规定制定的相关商业信息的保密程序1份。

（5）公众要求获取以下信息的程序（包括估计的费用）：

（ⅰ）在当年和前3年中签发的认证证书；

（ⅱ）在当年和前3年中获得认证的生产经营者列表，包括生产经营的名称、类型、产品，以及认证的生效日期；

（ⅲ）在当年和前3年中对农药和其他违禁物质的残留进行实验室分析的结果；

（ⅳ）生产经营者书面允许的其他业务信息。

（6）按照§205.670制定的采样和残留检测的程序1份。

（c）利益冲突

（1）按照§205.501（a）（11）所述的打算实施预防利益冲突发生的程序；

（2）从事审查认证申请、开展现场检查、审查认证文件、评估认证资格、做出认证建议或认证决定的所有工作人员，以及与认证机构相关的所有参与者的利益冲突披露报告，识别任何导致利益冲突的食品或农产品的相关商业利益，包括直系家属的商业利益。

（d）目前的认证活动

申请人目前认证的生产经营系统，必须提交：

（1）申请人目前认证的所有生产经营系统的列表；

（2）对过去一年内由申请人认证的每一授权范围内的生产经营系统，至少提交3份不同的检查报告和认证评价文件；

（3）在过去的一年中，认可机构以评估认证活动为目的，对申请认证机构的运行过程进行认可的结果。

（e）其他信息

申请者认为可能有助于行政官评估申请者专业知识和能力的任何其他信息。

§ 205.505 同意声明

(a) 按照本部分申请认可的私立或公立机构必须由其管理者签署并返回一份同意声明，确认如果依据本部分被授予认证机构资格，申请人将执行有机法案和本大纲规定的条款，包括：

(1) 接受被美国农业部依据 § 205.500 认可或接受的其他认证机构的认证决议。

(2) 避免在其认可状况、美国农业部对认证机构的认可程序，及标示为有机生产的产品的性质或质量作出虚假或误导性的声称；

(3) 对所有工作人员开展年度绩效评定，包括认证服务中的审查认证申请书、执行现场检查、审查认证材料、评估认证资格、做出认证建议或认证结论，以及对认证服务中的所有不足采取的纠正措施等；

(4) 由具有相关专业知识，足以承担评审工作的认证机构工作人员、外部审计员或顾问对认证活动开展年度项目评审，并对评审中识别出的不符合有机法案和本大纲规定的事项采取纠正措施；

(5) 依据 § 205.640 向农业市场局交付费用；

(6) 遵守、执行和完成行政官认为必要的其他要求和条件。

(b) 私立机构要想获得认证资格，还需接受以下条件：

(1) 农业部部长不对认证机构执行有机法案和本大纲条款过程中的任何失败负责；

(2) 按照相关监管条款，为保护按照有机法案和本大纲获得认证的有机生产经营者的权利，认证机构要提供合理的保密性；

(3) 如果认证机构解散或者失去认证资格，则应将所有认证机构的认证活动记录或者记录副本转交给行政官，供相应的州有机事务管理官员在必要的时候使用；但这种记录的转交不适用于认证机构的合并、转让或者其他方式的认证机构所有权的转移。

§ 205.506 认可的核准

(a) 符合以下条件将认可其认证资格：

(1) 认可申请者已经提交 § 205.503 至 § 205.505 要求的信息；

(2) 认可申请者按照 § 205.640 (c) 支付了必需的费用；

(3) 行政官判定认可申请人符合 § 205.501 中列出的认证资格认可要求，提交资料的评审结果符合 § 205.503 至 § 205.505 的规定，必要时，可依照 § 205.508 对实地评估信息进行评审。

(b) 在对认可申请作出核准决定时，行政官将书面通知申请人获得认证资格，并应说明以下内容：

(1) 给予认可的范围；

(2) 认可的生效日期；

（3）所有次要不符合项修正的条款和条件；

（4）为保护认证的生产经营者的权益，私人认证机构必须制定保密的范围和类型。

（c）认证机构的认可将持续有效，直至依据§205.510（c）未能重新获得认可，或者认证机构自愿放弃认证活动，或者依据§205.665其认证资格被监管部门暂停或撤销。

§ 205.507　认可否决

（a）如果有机事务管理者对按照§205.503至§205.505中列出的信息进行评审，或按照§205.508的规定进行现场评估后，有理由认为认可申请者不能遵从或没有遵从有机法案和本大纲规定时，有机事务管理者应给申请者一个不符合的书面通知。这个不符合通知必须包括以下信息：

（1）对每一个不符合项的描述；

（2）不符合通知所依据的事实；

（3）如果是可能整改的，那么还需要设定申请者驳回或纠正不符合项和提交支持性文件的截止日期。

（b）当每个不符合项已得到解决时，有机事务管理者应给申请人发送书面的不符合项解决通知，并进一步处理该项申请。

（c）如果申请人在不符合通知中规定的日期前未能纠正不符合项或没有提交整改报告，也没有申请驳回不符合通知或驳回不成功，有机事务管理者将给申请者发送一个书面的认可否决通知书。申请者在收到认可被否决的书面通知后，可按照§205.502在任何时间再次申请认证资格的认可，或按照§205.681，在认可否决通知书上指定的日期前，对认可被否决申请上诉。

（d）如果认证机构在现场评估前已经获得认可，但该认证机构未能纠正不符合项，也没有在不符合通知上规定的日期前提交整改报告，或没有在指定日期之前申请驳回不符合通知，行政官将开始启动暂停或撤销该认证机构的资格认可程序。被暂停认证资格的认证机构可以在任何时间向部长提出恢复认证资格的请求，除非暂停通知中另有规定。该请求必须附带纠正每一不符合项的论据，以及为遵循有机法案和本大纲条款所采取的纠正措施。被撤销认证资格的认证机构将自裁定日期起3年内没有申请认可的资格。

§ 205.508　现场评估

（a）为了检查认证机构的运作情况，评估其与有机法案和本大纲条款的符合性，可以对获得认可的认证机构开展附加的现场评估。现场评估应包括现场检查认证机构的认证程序、决策、设施、行政和管理体系以及获得该机构认证的生产经营系统等。现场评估将由行政官的代表执行。

（b）对认证资格认可的申请者的初次现场评估应在给申请者签发“认可通知”前或签发后的合理时间内实施；在申请认可延续后至签发重新认可通知前应进行1

次现场评估；在认证资格认可的持续期内，为确定该认证机构是否符合§205.501规定的一般要求，可进行一次或多次的现场评估。

§ 205.509 专家评议小组

根据联邦咨询委员会法案（FACA）（5U.S.C. 附录 2 及其以后版本），行政官应建立一个专家评议小组。该小组应由不少于 3 名成员组成，他们将一年一次对国家有机事务遵守本大纲 F 部分的认可程序和 ISO/IEC 指南 61，认证/注册机构的评估和认证资格认可的一般要求，和国家有机大纲的认可决定情况进行评议。评议将通过审查认可程序、文件评审和现场评估报告以及认证资格判定文件或资料来完成。专家评议小组应以书面形式向国家有机事务管理者报告他们的评议结论。

§ 205.510 年度报告、记录保存和再认可

（a）年度报告和费用

已经获得认可的认证机构必须在认可通知签发后的一年届满之日前向行政官提交年度报告和费用，具体包括：

（1）依据§205.503 至§205.504 提交完整和准确的最新信息；

（2）§205.500 中所述的认可范围变更需要的支持信息；

（3）对过去一年所实施的措施的描述，以及为满足行政官认为必要的任何条款和条件（按照在最近的认可通知或重新认可通知上的说明），在未来一年预计采取的措施；

（4）最新的绩效评估和年度项目评估结果，以及为响应评估结果对认证机构的运作和执行的程序实施的调整做出说明；

（5）§205.640（a）中要求的费用。

（b）保存记录

认证机构必须按照下面要求保存记录：

（1）从认证申请者和获证的有机管理系统获得的记录，保存期限为自接收之日起不得少于 5 年；

（2）由认证机构创建的关于认证申请和获证的有机管理系统的记录，保存期限为自创建之日起不得少于 10 年；

（3）认证机构按照 F 部分的认可要求创建或接收的记录，除了§205.510（b）（2）中涵盖的记录外，所有记录保存期限为自创建或接收之日起不得少于 5 年。

（c）再认可

（1）行政官应在约定期满日期前给已获认可的认证机构发送认可期满（大约为一年）通知；

（2）已获认可的认证机构申请再认可时，必须在上次认可通知签发 5 周年前至少 6 个月提交再认可的申请。认证机构必须及时申请再认可才不会导致认证资格过期。获认可的认证机构，如果没有及时申请再认可，根据有机法案，认可过期的认证机构将不能执行认证活动；

(3) 行政官在收到认证机构依据本部分 (a) 条款提交的信息和现场检查结果后，将判定该认证机构是否一直遵从有机法案和本大纲的规定，并确定是否给予再认可。

(d) 再认可通知

如果确认该认证机构符合有机法案和本大纲规定，行政官将签发再认可通知。该通知将列出认证机构必须解决和限期达到的所有条款和条件。

(e) 不符合

如果确认该认证机构不符合有机法案和本大纲规定，行政官将提出暂停或撤销对认证机构的认可。

(f) 认可的更改

认可范围的更改要求可在任何时候提出，申请更改须向行政官提交申请，包括与认可范围变更要求相应的信息变动，依照 § 205.503 至 § 205.504 规定的完整和准确的最新信息，以及 § 205.640 规定的相应费用。

G. 行 政 管 理

1. 允许和禁止使用物质的国家清单

§ 205.600 允许和禁止使用的物质、方法及材料的评价标准

下列标准将用于评价国家清单上的有机生产经营部分的物质和原料：

(a) 考虑列入或删除准许和禁止使用物质国家清单中的合成或非合成物质，应采用有机法案中指定的标准 (7U. S. C. 6517 和 6518) 进行评估。

(b) 除有机法案中规定标准外，用作加工助剂或辅料的任何合成物质将按以下标准进行评估：

(1) 该物质无法来源于自然资源，且没有有机的替代物；

(2) 该物质的生产、使用和处理对环境不得有不良影响，并且要和有机处理有一定程度的兼容性；

(3) 按照相应的联邦法规中的规定，该物质的使用应能保持食品的营养价值，且该物质本身或它的分解产物不得对人体健康有负面影响。

(4) 该物质主要用途不是作为防腐剂或用于恢复和改善风味、颜色、质感或加工过程中营养价值的损失，除非是法律要求的营养素替代物；

(5) 该物质已被食品药品监督管理局 (FDA) 列入按照良好生产规范 (GMP) 使用一般认为是安全的物质清单，且重金属和其他污染物的残留不超过 FDA 规定的限量；

(6) 该物质对于有机农产品的处理是必需的。

(c) 用于有机加工过程的非合成物质应按照有机法案中指定的标准 (7U. S. C. 6517 和 6518) 进行评估。

§ 205.601　允许用于有机作物生产的合成物质

以下合成物质可用于有机作物生产，但是这些物质的使用不能造成作物、土壤和水体污染，且除了（a）中的消毒剂和清洁剂及（c）、（j）、（k）和（l）中列出的物质外，只有在§205.206（a）至（d）中规定的措施还不足以预防和控制有害生物时才可以使用。

（a）用作灭藻剂、消毒剂和清洁剂，包括灌溉系统清洁剂

（1）醇类

（ⅰ）乙醇

（ⅱ）异丙醇

（2）含氯物质：水中氯残留量不超过《饮用水安全法案》中规定的消毒剂最大限量。

（ⅰ）次氯酸钙；

（ⅱ）二氧化氯；

（ⅲ）次氯酸钠。

（3）硫酸铜：作为水稻生产系统中的灭藻剂使用，每一田块任何24个月内最多使用1次。使用剂量应确保在生产者和获得认可的认证机构商定的时段内不增加该土壤中铜的测试值。

（4）过氧化氢。

（5）臭氧：用于灌溉系统中的清洁剂。

（6）过氧乙酸：用于消毒设备、种子及植物无性繁殖材料。

（7）皂基型灭藻剂/除藓剂。

（b）可用作除草剂或杂草障碍物

（1）皂基型除草剂：用于农场及其建筑物（道路、沟渠、通道和建筑物的周边）的维护和观赏植物。

（2）覆盖物：

（ⅰ）报纸或其他再利用纸张，应无光泽或彩色油墨。

（ⅱ）塑料覆盖物：除聚氯乙烯（PVC）外的其他石油基塑料。

（c）用作堆肥原料：报纸或其他再利用纸张，应无光泽或彩色油墨。

（d）用作动物驱避剂的铵皂：用于驱避大型动物，但不接触土壤或作物的可食部分。

（e）用作杀虫剂（包括螨类防治）

（1）碳酸铵：用作昆虫的诱饵，不直接接触作物和土壤。

（2）硼酸：用于建筑物害虫控制，不直接接触有机食品或作物。

（3）硫酸铜：在水稻生产中用于鲎虫防治，每一田块任何24个月内最多使用1次。使用剂量应确保在生产者和获得认可的认证机构商定的时段内不增加该土壤中铜的测试值。

（4）硫黄。

（5）石硫合剂（包括多硫化钙）。

（6）园艺喷雾油：包括作为休眠油、窒息油和夏季油的窄幅油。

（7）杀虫用皂类。

（8）粘捕和隔离材料。

（9）蔗糖辛酸酯（CAS号：42922-74-7、58064-47-4）：按照核准的标签。

（f）用于昆虫管理的外激素。

（g）用作灭鼠剂

（1）二氧化硫：仅用于地下鼠类控制（烟雾剂）。

（2）维生素D_3。

（h）用作蛞蝓和蜗牛诱饵的磷酸铁（CAS号：10045-86-0）。

（i）用于植物病害控制

（1）难溶性铜制剂：氢氧化铜、氧化铜、氧氯化铜等，包括美国环保局（EPA）限量豁免的铜类产品，但这类铜制剂必须采用适当的方式使用，使土壤中铜的积累量降到最低，且不作为除草剂使用；

（2）硫酸铜：必须采用适当的方式使用，使土壤中铜的积累量降到最低；

（3）熟石灰；

（4）双氧水；

（5）石硫合剂；

（6）园艺喷雾油：包括作为休眠油、窒息油和夏季油的窄幅油；

（7）过氧乙酸：用于防治火疫病；

（8）钾；

（9）硫黄；

（10）链霉素：仅用于苹果和梨火疫病的防治；

（11）四环素（土霉素钙络合物）：仅用于火疫病的防治。

（j）用于植物或土壤的改良

（1）水生植物提取物（水解产物除外）：提取过程仅限于使用氢氧化钾或氢氧化钠，且溶剂总用量限于提取所必需的用量；

（2）硫黄；

（3）腐植酸：仅限于天然产生的沉积物、水和碱提取物；

（4）木质素磺酸盐：螯合剂、粉尘抑制剂和悬浮剂；

（5）硫酸镁：允许有土壤缺陷的书面证明时使用；

（6）微量营养素：必须在土壤缺乏并有测试证明时使用，不能作为落叶剂、除草剂或干燥剂使用，禁止使用微量营养素的硝酸盐或氯化物。

（ⅰ）可溶性硼产品。

（ⅱ）硫酸盐，碳酸盐，氧化物，或锌、铜、铁、锰、钼、硒和钴的硅酸盐。

(7) 液态鱼产品：可通过硫酸、磷酸或柠檬酸调整 pH 值，酸的用量不得超过将 pH 值调低到 3.5 所需的最小量。

(8) 维生素 B_1、维生素 C 和维生素 E。

(k) 植物生长调节剂：乙烯气体用于调节菠萝开花。

(l) 在采后处理中用作防浮皮剂

(1) 木质素磺酸盐；

(2) 硅酸钠：用于坚果和纤维加工处理。

(m) 合成的惰性材料（按 EPA 分类）：与本节所列的非合成物质或合成物质共同使用，作为农药的有效成分使用时必须遵守该类物质的任何限量规定。

(1) EPA 清单 4：最小关注的惰性物质。

(2) EPA 清单 3：允许的未知毒性惰性物质。

(ⅰ) 油酸甘油（丙三醇单油酸酯）(CAS 号：37220-82-9)，可以使用至 2006 年 12 月 31 日；

(ⅱ) 在被动式外激素分配器中使用的惰性物质。

(n) 用于种子处理：氯化氢（CAS 号：7647-01-0），用于除去要播种的棉花籽中的纤维。

§ 205.602 禁止用于有机作物生产中的非合成物质

以下非合成物质不可用于有机作物生产中：

(a) 粪肥燃烧的灰分；

(b) 砷；

(c) 氯化钙：盐水过程是天然的，除用作叶面喷雾来校治与钙吸收有关的生理失调外，禁止其他使用；

(d) 铅盐；

(e) 氯化钾：除非来自矿物资源并采用尽量减少土壤中氯化物积累的方式使用；

(f) 氟铝酸钠（矿物）；

(g) 硝酸钠：使用量只能限制在不超过作物氮总需要量的 20%，但 2005 年 10 月 21 日前，在螺旋藻类的生产中没有这一限制；

(h) 马钱子碱；

(i) 烟草灰（硫酸烟碱）。

§ 205.603 允许用于有机畜禽生产的合成物质

根据本部分限定内容，以下合成物质可用于有机畜禽生产：

(a) 适合用作消毒、清洁或治疗

(1) 醇类

(ⅰ) 乙醇：仅可用作消毒剂和清洁剂，禁止作为饲料添加剂；

(ⅱ) 异丙醇：仅用作消毒剂。

（2）阿司匹林：已批准用于控制炎症的治疗。

（3）阿托品（CAS＃-51-55-8）：联邦法律规定必须由获得合法书面许可或口头命令许可的兽医使用这种药物，必须完全遵守《兽药使用诠释法》（AMDUCA）和食品和药物管理局（FDA）法规 21 CFR 第 530 部分的规定。此外，还要依照 7 CFR 第 205 部分的国家有机大纲的要求使用。

（ⅰ）由获得合法书面许可证的兽医使用；

（ⅱ）在给畜禽喂药后，至少经过 56 天的休药期后，畜禽才可屠宰；而给奶场动物喂药后，至少要 12 天的弃乳期后，才可产乳。

（4）生物制剂：疫苗。

（5）布托啡诺（CAS ＃-42408-82-2）：联邦法律规定必须由获得合法书面许可或口头命令许可的兽医使用这种药物，必须完全遵守《兽药使用诠释法》（AMDUCA）和食品和药物管理局（FDA）法规 21 CFR 第 530 部分的规定。此外，还要依照 7 CFR 第 205 部分的国家有机大纲的要求使用。

（ⅰ）由获得合法书面许可证的兽医使用；

（ⅱ）在给畜禽喂药后，至少经过 42 天的休药期后，畜禽才可屠宰；而给奶场动物喂药后，至少要有 8 天的弃乳期后，才可产乳。

（6）氯己定：允许用于兽医手术中；允许在杀菌剂和/或物理屏障都失去效力时，用作乳头浸液使用。

（7）含氯物质：用于设施和设备的消毒。水中残留含氯物质不超过《饮用水安全法案》中规定的消毒剂的最大限量。

（ⅰ）次氯酸钙；

（ⅱ）二氧化氯；

（ⅲ）次氯酸钠。

（8）电解质：不含抗生素。

（9）氟尼辛（CAS 号：38677-85-9）：依照批准标识；除了遵照 7 CFR 第 205 部分（国家有机大纲）使用外，还要至少达到 FDA 要求的休药期的 2 倍的休药期。

（10）呋塞米（CAS 号：54-31-9）：依照批准标识；除了遵照 7 CFR 第 205 部分（国家有机大纲）使用外，还要至少达到 FDA 要求的休药期的 2 倍的休药期。

（11）葡萄糖。

（12）甘油：允许用作牲畜奶头浸液，但必须是通过水解脂肪或油脂产生的甘油。

（13）过氧化氢。

（14）碘酒。

（15）氢氧化镁（CAS 号：1309-42-8）：联邦法律规定由获得合法书面或口头许可的兽医严格遵照 AMDUCA 和 21 CFR 第 530 部分（FDA 法规）的规定使用该药物。国家有机大纲（7 CFR 第 205 部分）也要求由获得合法书面许可证的兽医使用。

（16）硫酸镁。

（17）催产素：在产前治疗中使用。

（18）驱虫剂伊维菌素：禁止用于屠宰家畜，当有机系统计划中经核准的预防性管理不能防止感染时，允许用于奶场动物和种畜的紧急治疗。依照本大纲 D 部分规定，经治疗的动物在治疗后 90 天内产出的乳及其制品不能被标记为有机。如果种畜的后代拟作为有机销售，那么该治疗不能发生在怀孕的最后三分之一时段内，且决不能在种畜哺乳期间使用。

（19）过氧乙酸（CAS 号：79-21-0）：用于设施和加工设备的消毒。

（20）磷酸：允许用作设备清洁剂，只要不直接接触有机管理的畜禽或土地。

（21）泊洛扎林（CAS 号：9003-11-6）：国家有机大纲（7 CFR 第 205 部分）规定泊洛扎林仅能用于气胀的紧急治疗。

（22）妥拉唑林（CAS 号：59-98-3）：联邦法律限定由获得书面或口头合法许可的兽医使用这种药物，且必须严格遵守 AMDUCA 和 21 CFR 第 530 部分（FDA 法规）的规定。此外，国家有机大纲（7 CFR 第 205 部分）还要求：

（ⅰ）由获得合法书面许可证的兽医使用；

（ⅱ）仅能用于消除赛拉嗪引起的镇静和止痛效应；

（ⅲ）在给畜禽喂药后，至少经过 8 天的休药期后，畜禽才可屠宰；而给奶场动物喂药后，至少要有 4 天的弃乳期后，才可产乳。

（23）赛拉嗪（CAS 号：7361-61-7）：联邦法律规定由获得合法书面或口头许可的兽医使用这种药物，且必须严格遵守 AMDUCA 和 21 CFR 第 530 部分（FDA 法规）的规定。此外，国家有机大纲（7 CFR 第 205 部分）还要求：

（ⅰ）由获得合法书面许可证的兽医使用；

（ⅱ）在紧急情况时使用；

（ⅲ）在给畜禽喂药后，至少经过 8 天的休药期后，畜禽才可屠宰；而给奶场动物喂药后，至少要有 4 天的弃乳期后，才可产乳。

（b）可作为局部治疗、外部驱虫剂或局部麻醉药使用。

（1）硫酸铜。

（2）碘酒。

（3）利多卡因：用作局部麻醉药，在给畜禽喂药后，至少经过 90 天的休药期后，畜禽才可屠宰；而给奶场动物喂药后，至少要有 7 天的弃乳期后，才可产乳。

（4）熟石灰：用作外部灭虫药，不允许引起动物身体腐蚀或用于动物废弃物脱臭。

（5）矿物油：作为润滑剂在局部使用。

（6）普鲁卡因：作为局部麻醉药，在给畜禽喂药后至屠宰前，要求至少要有 90 天的休药期；而给奶场动物喂药后，至少要有 7 天的弃乳期。

（7）蔗糖辛酸酯（CAS 号：42922-74-7；58064-47-4）：按照批准的标签使用。

（c）用作饲料补充剂：无。

（d）用作饲料添加剂。

（1）DL-蛋氨酸、DL-羟基蛋氨酸和 DL-羟基蛋氨酸钙（CAS 号：59-51-8；63-68-3；348-67-4）：仅在 2010 年 10 月 1 日前可用于有机家禽生产中。

（2）微量元素：在 FDA 核准的范围内可用于营养的优化或强化。

（3）维生素：在 FDA 核准的范围内可用于营养的优化或强化。

（e）合成惰性物质（按照 EPA 分类）：可与本部分所列的非合成物质或合成物质共同使用，作为农药的有效成分使用时，必须遵守该类物质的任何限量规定。

（1）EPA 清单 4——很少关注的惰性物质。

（f）辅料：只可在制造用于治疗有机畜禽的药品中使用，且这些辅料应限于：经 FDA 鉴定认为一般是安全的；FDA 批准可作为食品添加剂，或包括在 FDA 正在评估和批准的新兽药或新药应用清单中。

§ 205.604　禁止用于有机畜禽生产中的非合成物质

以下非合成物质不可用于有机畜禽的生产中：

（a）士的宁。

§ 205.605　可以用作标为“有机”或“有机制造（特定原料或食品组分）”的加工产品配料的非农业（非有机）物质

以下的非农业物质可以用作标为“有机”或“有机制造（特定原料或食品组分）”的加工产品配料，但必须遵守本节的所有限制的规定。

（a）允许使用的非合成物质

（1）酸类：包括海藻酸、柠檬酸（产自碳水化合物的微生物发酵）和乳酸；

（2）琼脂；

（3）动物酶：凝乳酶（来自动物）、过氧化氢酶（产自牛肝）、动物脂肪酶、胰酶、胃蛋白酶及胰蛋白酶；

（4）皂土；

（5）碳酸钙；

（6）氯化钙；

（7）硫酸钙（矿物源）；

（8）卡拉胶；

（9）乳品发酵剂；

（10）硅藻土：仅作为食品助滤剂；

（11）蛋清溶菌酶（CAS 号：9001-63-2）；

（12）酶：必须来源于可食用的无毒植物、非病原真菌或非病原细菌；

（13）香料：只能是来源于非合成原料，且生产过程不得使用合成溶剂、填料或任何合成防腐剂；

(14) 葡萄糖酸内酯：不得由溴水氧化 D-葡萄糖生产得来；

(15) 高岭土；

(16) L-苹果酸 (CAS 号：97-67-6)；

(17) 硫酸镁：必须是非合成来源；

(18) 微生物：任何食品级的细菌和真菌及其他微生物；

(19) 氮：无油级；

(20) 氧：无油级；

(21) 珍珠岩：只作为食品加工中的助滤剂；

(22) 氯化钾；

(23) 碘化钾；

(24) 碳酸氢钠；

(25) 碳酸钠；

(26) 酒石酸：来自葡萄酒；

(27) 蜡类：非合成的，如巴西棕榈蜡及林木树脂等；

(28) 酵母：非合成的，且禁止采用石化类基质和亚硫酸盐废液。

(b) 允许使用的合成物质

(1) 活性炭 (CAS 号：7440-44-0、64365-11-3)：只能来源于植物性资源，仅用作助滤剂。

(2) 藻酸盐；

(3) 碳酸氢铵：仅用作膨化剂；

(4) 碳酸铵：只作膨化剂使用；

(5) 抗坏血酸；

(6) 柠檬酸钙；

(7) 氢氧化钙；

(8) 磷酸钙 (包括一元、二元和三元)；

(9) 二氧化碳；

(10) 纤维素：作为防结块剂 (无氯漂白) 和助滤剂用于再生包装中；

(11) 氯化合物 (包括次氯酸钙、二氧化氯和次氯酸钠)：可用于净化和消毒食品接触面，但水中残留氯含量不得超过安全饮用水法案中限定的最大残留量；

(12) 环己烷 (CAS 号：108-91-8)：仅可作为锅炉水添加剂用于包装物灭菌；

(13) 二乙氨基乙醇 (CAS 号：100-37-8)：仅可作为锅炉水添加剂用于包装物灭菌；

(14) 乙烯：允许用于热带水果采后催熟和柑橘褪绿；

(15) 硫酸亚铁：在有规定或建议 (独立机构) 要求时，用于食品中铁的强化；

(16) 甘油酯 (单和双)：只用于食品的转鼓式干燥；

(17) 丙三醇：通过水解脂肪和油脂生产；

（18）过氧化氢；

（19）卵磷脂（脱色）；

（20）碳酸镁：只能在标为“有机制造（特定原料和食品组分）”的农产品中使用，禁止用于标为“有机”的农产品中；

（21）氯化镁：来源于海水；

（22）硬脂酸镁：只能在标为“有机制造（特定原料和食品组分）”的农产品中使用，禁止用于标为“有机”的农产品中；

（23）维生素和矿物质营养素：须依照国家食品营养质量指导方针（21 CFR 104.20）；

（24）十八胺（CAS号：124-30-1）：仅可作为锅炉水添加剂用于包装物灭菌；

（25）臭氧；

（26）果胶（低甲氧基）；

（27）过氧乙酸（CAS号：79-21-0）：用在洗液和/或冲洗水中，须遵照FDA的限量规定，也可作为消毒剂用于食品接触材料表面；

（28）磷酸：只可用于食品接触材料表面和设备的清洁；

（29）酒石酸氢钾；

（30）碳酸钾；

（31）柠檬酸钾；

（32）氢氧化钾：除可用于独立快速冷冻生产过程中桃子的脱皮外，禁止用于水果和蔬菜的碱液脱皮；

（33）碘化钾：只能用于标为“有机制造（特定原料和食品组分）”的农产品，禁止用于标为“有机”的农产品中；

（34）磷酸氢二钾：只能用于标为“有机制造（特定原料和食品组分）”的农产品，禁止用于标为“有机”的农产品中；

（35）二氧化硅；

（36）焦磷酸二氢钠（CAS号：7758-16-9）：只能作为膨化剂使用；

（37）柠檬酸钠；

（38）氢氧化钠：禁止用于水果和蔬菜的碱液脱皮；

（39）磷酸钠：只用于奶制品中；

（40）二氧化硫：只可用于标为“有机制造”的酒中，只要总的亚硫酸盐浓度不超过100mg/kg；

（41）酒石酸：由苹果酸制得；

（42）焦磷酸钠：只用于肉类产品中；

（43）生育酚：来源于蔬菜油，当迷迭香提取物不适用时可选用；

（44）黄原胶。

§ 205.606　允许用作标为“有机”的加工产品的配料的非有机农产品

只有其有机产品无法从市场上获得时，以下非有机农产品可以用作标为“有机”的加工产品的配料，但使用必须符合本部分的限制性规定。

(a) 包衣：来自加工的肠衣；

(b) 芹菜粉；

(c) 西班牙鼠尾草（*Salvia hispanica* L.）；

(d) 来源于农产品的色素：

(1) 胭脂树提取色素（CAS号：1393-63-1）：兼具水溶性和脂溶性；

(2) 甜菜汁提取色素（CAS号：7659-95-2）；

(3) β-胡萝卜素（CAS号：1393-63-1）：来源于胡萝卜；

(4) 黑葡萄汁色素（CAS号：528-58-5，528-53-0，643-84-5，134-01-0，1429-30-7，134-04-3）；

(5) 黑/紫胡萝卜汁色素（CAS号：528-58-5，528-53-0，643-84-5，134-01-0，1429-30-7，134-04-3）；

(6) 蓝莓汁色素（CAS号：528-58-5，528-53-0，643-84-5，134-01-0，1429-30-7，134-04-3）；

(7) 胡萝卜汁色素（CAS号：1393-63-1）；

(8) 樱桃汁色素（CAS号：528-58-5，528-53-0，643-84-5，134-01-0，1429-30-7，134-04-3）；

(9) 野樱桃/野樱梅汁色素（CAS号：528-58-5，528-53-0，643-84-5，134-01-0，1429-30-7，134-04-3）；

(10) 接骨木果汁色素（CAS号：528-58-5，528-53-0，643-84-5，134-01-0，1429-30-7和134-04-3）；

(11) 葡萄汁色素（CAS号：528-58-5，528-53-0，643-84-5，134-01-0，1429-30-7和134-04-3）；

(12) 葡萄皮提取色素（CAS号：528-58-5，528-53-0，643-84-5，134-01-0，1429-30-7和134-04-3）；

(13) 红辣椒色素（CAS号：68917-78-2）：干制的油提取物；

(14) 南瓜汁色素（CAS号：127-40-2）；

(15) 紫薯汁色素（CAS号：528-58-5，528-53-0，643-84-5，134-01-0，1429-30-7和134-04-3）；

(16) 红甘蓝提取色素（CAS号：528-58-5，528-53-0，643-84-5，134-01-0，1429-30-7和134-04-3）；

(17) 红萝卜提取色素（CAS号：528-58-5，528-53-0，643-84-5，134-01-0，1429-30-7和134-04-3）；

(18) 藏红花提取色素（CAS号：1393-63-1）；

(19) 姜黄提取色素（CAS号：458-37-7）。

(e) 莳萝油（CAS号：8006-75-5）。

(f) 鱼油（CAS号：0417-94-4和25167-62-8）：如果没有稳定的有机配料，仅可采用包含在国家清单中§205.605和§205.606部分的非有机配料；

(g) 寡聚果糖（CAS号：308066-66-2）；

(h) 高良姜：冷冻。

(i) 明胶（CAS号：9000-70-8）；

(j) 树胶（含阿拉伯胶、瓜尔豆胶、槐豆胶和角豆胶）：只能是水提取物；

(k) 啤酒花（*Humulus lupulus*）；

(l) 浓缩菊糖-低聚果糖；

(m) 海藻：仅可作为增稠剂和食品强化剂使用；

(n) 魔芋粉（CAS号：37220-17-0）；

(o) 卵磷脂：未脱色；

(p) 芸香草：冷冻；

(q) 橙色虫胶：未脱色；

(r) 果胶（高甲氧基）；

(s) 胡椒（智利辣椒）；

(t) 淀粉

(1) 玉米淀粉（天然的）；

(2) 未改性的稻米淀粉（CAS号：977000-08-0）：2009年6月21日前可用于有机处理；

(3) 甘薯淀粉，只用于粉丝生产；

(u) 土耳其月桂树叶；

(v) 裙带菜（*Undaria pinnatifida*）；

(w) 乳清蛋白浓缩物。

§ 205.607　国家清单的修订

(a) 任何人都可以向国家有机标准委员会提出对一种物质进行评估的要求，委员会在评估的基础上建议农业部部长依照有机法案列入或删除国家清单上的物质。

(b) 请求修改国家清单者，可以先从美国农业部（USDA）获得一份申请程序，地址见§205.607（c）。

(c) 请求修订国家清单的请求必须呈交给：Program Manager，USDA/AMS/TMP/NOP，1400 Independence Ave.，SW.，Room 4008-So.，Ag Stop 0268，Washington，DC 20250。

2. 州级有机大纲

§ 205.620　州级有机大纲的要求

(a) 州一级可以制定适用于本州有机农产品生产经营的州有机大纲。

(b) 州有机大纲必须符合有机法案中指定的有机大纲要求。

（c）根据美国的州或地区特定的环境条件或特定的生产操作规范，州有机大纲可以包括更多的限制要求。

（d）州有机大纲必须承担强制责任，遵守国家有机大纲要求及经农业部部长批准的更多的限制要求。

（e）州有机大纲及任何该大纲的修正案在执行前必须得到农业部部长的批准。

§ 205.621　拟议的州有机大纲及其修正案在审批过程中的提交和决定

（a）州政府的有机事务官员必须向农业部部长提交州有机大纲及其修正案的议案供审查批准。

（1）该议案必须包含相应的支持性文件，包括法定权限、大纲说明书、由于本州特殊的环境条件或特定的生产操作规范需要制定的比国家有机大纲更多的限制性要求的文本，以及农业部部长可能要求的其他信息。

（2）州有机大纲修正案要求提交的支持性文件必须包括：由于本州或本地区特殊的环境条件或特定的生产操作规范必须提议对已批准的有机大纲进行修正的文件及其说明。支持性文件还必须说明修正案实施后的影响及与有机法案和国家有机大纲目的的符合性。

（b）在收到议案后的6个月内，农业部部长将通知州政府的有机事务官员，批准或不批准该有机大纲议案或修正案，如果不批准，还需说明不批准的原因。

（c）在接收到否决的通知后，州政府的有机事务官员可以在任何时候提交修改后的州有机大纲议案或修正案。

§ 205.622　已批准的州有机大纲的复审

农业部部长必须自州有机大纲的最初批准日期开始每5年内至少复审一次。且必须在开始复审后的6个月之内通知州政府的有机事务官员批准或不批准该大纲。

3. 费用

§ 205.640　认可费用和其他收费

认可费用和其他收费或许相当于国家有机大纲所定的认可服务的成本，包括初次的资格认可、年度报告审核和再认可。这些费用应按照下列规定进行估算，并向申请初次资格认可的申请者收取，获得认可的认证机构也须按照下列规定提交年度报告或寻求再认可：

（a）服务费

（1）除了本大纲已有规定的以外，其他服务的费用应根据服务时间（估计至最接近的15min时长）计算，包括申请书和附带文件和资料的审查，评估人员的旅行，现场评估的实施，年度报告及更新的文件和资料的审核，及与履行服务有关的报告和任何其他文件的准备需要的时间。每小时的收费标准应与农业市场局通过其质量体系认证程序，对认证机构是否符合国际标准组织“产品认证机构通用要求”（ISO指南65）进行合格评定的收费相同。

(2) 申请初次认证，以及依照本大纲F部分自生效日期起的18个月内，获得认可的认证机构提交年度报告或寻求再认可的申请者，所接收的服务不会按小时收费。

(3) 初次认可和再认可的申请者必须在申请时支付500美元，用于申请者的服务收费账目，该费用不可退还，自2001年2月20日起有效为18个月。

(b) 差旅费用：当认可服务要求的地点远离评估者总部，需要评估人员前往这些地方并回到总部，或评估人员已在某指定的地方，需要绕行到另一个指定的地方，其总路程有一个半小时或以上的，提供这类服务的费用应包括里程费。里程费由美国农业部确定，如适用，该差旅费用也可在所有接受认可服务的申请者和认证机构之间进行公平的分摊，当旅途是靠公共交通（包括租用车辆）时，费用应相当于其实际花费。自2001年2月20日起，差旅费用的规定对所有初次申请资格认可的申请者和已经获得认可的认证机构都有效。申请者或认证机构在接受认可服务前没有得到通知的情况下不用支付新的里程费。

(c) 按日津贴：当认可服务要求评估者远离总部到其他地方，提供这类服务的费用应包括按日津贴，须依照现有的差旅规定向执行服务的雇员支付。申请者和认证机构给予的津贴应包括同期内评估人员的每日花费。按日津贴数额由美国农业部确定和管理。自2001年2月20日起，按日津贴对所有申请初次认可的申请者和已获认可的认证机构都有效。申请者或认证机构在接受认可服务前没得到通知的情况下不得收取新的津贴。

(d) 其他费用：当存在本条的(a)、(b)和(c)款以外但与提供的服务有关的费用时，申请者或认证机构必须支付这些费用。这些费用包括设备租赁、影印、快递、传真、电话和翻译等所有与认证服务有关的费用。收取的费用的数额由美国农业部确定。自2001年2月20日起，这些费用对所有申请初次认可的申请者和已获认可的认证机构都有效。

§ 205.641　认可费和其他费用的支付

(a) 申请初次资格认可和再认可的申请者必须在提交申请书时，给美国农业部农业市场局汇寄§205.640(a)(3)条款规定的不可退还定金。汇款地址：Program Manager，USDA-AMS-TMP-NOP，Room 2945-South Building，P.O. Box 96456，Washington，DC 20090-6456（有机事务办公室规定的其他地址）。

(b) 如没有按照上述(a)条款规定的方式支付费用或其他收费，则必须：

(1) 在托收汇票显示的到期日前收到票款；

(2) 支票抬头：Agricultural Marketing Service，USDA（美国农业部农业市场局）；

(3) 邮寄到托收汇票上提供的地址。

(c) 在托收汇票上显示的到期日前未付款的，行政官应计算欠款的利息、罚金和管理成本，汇总拖欠的债务总额，也可就该债务向司法部门提起诉讼。

§ 205.642 认证的费用或其他收费

认证机构收取费用必须合理，并且只能向申请者收取监管部门明文规定的，针对认证过程和获得认证的生产经营的收费。认证机构须向每一位申请者说明认证的总成本估计和重新认证的每年花费估计。认证机构可以要求认证申请者在申请时支付不退款费，用于申请人的服务费用账目。认证机构可以设定认证费用中部分为不退款费用，但认证费用的这部分不退款费用必须在提交给行政官的费用表中说明。该费用表必须说明哪些费用是不退款的，以及在认证过程中什么阶段所收取的费用不可退还。认证机构应给咨询费用的申请者一份费用表。

4. 符合性

§ 205.660 总则

(a) 国家有机事务管理者可以代表农业部部长检查和评审认证的生产经营系统，以及经认可的认证机构是否遵守有机法案和本大纲的规定。

(b) 有机事务管理者可以对获得有机认证系统启动暂停或撤销认证的程序：

(1) 当有机事务管理者有理由认为该获得有机认证系统违反或没有遵守有机法案和本大纲的规定；

(2) 当认证机构或州有机事务管理官员没有采取相应的行动来实施有机法案和本大纲的规定。

(c) 如果该认证机构不能达到、执行或维持有机法案和本大纲的要求，有机事务管理者可以对认证机构的认可启动暂停或撤销程序。

(d) 每个不符合项的告知、调解、拒绝、不符合决议、拟暂停或撤销建议及暂停或撤销确定书等函件必须按照§205.662，§205.663 和§205.665 的规定发送，且针对上述通知的每一回应必须通过递送服务发送到收件人的商业地址，并提供注明日期的回执。

§ 205.661 获证系统的检查

(a) 认证机构可以对获得本机构认证的有机生产经营系统不符合有机法案和本大纲规定的投诉进行调查。认证机构必须报告有机事务管理者采取的所有活动和行动都是依据本大纲的规定执行的。

(b) 州有机事务管理官员可以调查本州的有机生产经营系统不符合有机法案和本大纲规定的投诉。

§ 205.662 获证系统的不符合处理程序

(a) 通知：当认证机构或州有机事务管理官员对获证系统进行审查、复审或调查，发现有不符合有机法案或本大纲规定的地方，将对获证系统发送书面不符合通知。该通知包括：

(1) 每一个不符合项的描述；

(2) 不符合项通知所依据的事实；

（3）获证系统必须驳回，或在可改正时提交每一不符合项整改报告及其相关的支持性文件的时间。

（b）确认解决：当获证系统证明所有不符合项都已解决时，认证机构或州有机事务管理官员应给获证系统发送书面的不符合项已解决的通知。

（c）拟暂停或撤销：当驳回不成功或在规定时间内没有完成不符合项的整改，可认定为不符合，认证机构或州有机事务管理官员应当给整个获证系统或其一部分发送书面的拟暂停或撤销认证的通知。当改正不符合项不可能时，不符合通知和拟暂停或撤销认证的通知可以合并成一个通知。拟暂停或撤销认证的通知应写明：

（1）提出暂停或撤销认证的原因；

（2）暂停或撤销的拟生效日期；

（3）暂停或撤销对以后认证资格的影响；

（4）依据§205.663要求调解或依据§205.681申请上诉的权利。

（d）有意违规：尽管有上述（a）的程序，如果认证机构或州有机事务管理官员有理由认为该获证系统有意违反有机法案或本大纲的规定时，可认定为不符合，认证机构或州有机事务管理官员应当给整个获证系统或其一部分发送拟暂停或撤销认证通知。

（e）暂停或撤销

（1）如果获证系统没有改正不符合项，也没有通过驳回或调解解决该问题或对拟暂停或撤销认证提出上诉申请，那么认证机构或州有机事务管理官员将对获证系统发送书面的暂停或撤销通知。

（2）如果获证系统依据§205.663要求调解或依据§205.681提出上诉请求，那么在还未做出最终决议前，认证机构或州有机事务管理官员不得发送暂停或撤销通知。

（f）资格

（1）在证书依据本条规定被暂停后，获证系统可在任何时候（除非在暂停通知中另外说明）向农业部部长提交要求恢复证书的申请。申请时必须附能够证明已改正所有不符合项的依据，及为确保持续遵守有机法案和本大纲规定所采取的纠正行动。

（2）已经被撤销证书的获证系统或其负责人，自撤销之日起5年内没有资格获得认证证书，除非该认证项目具有很好的利益，部长可以缩短或撤销该期限。

（g）违反法案：除了暂停或撤销，任何获证系统如果：

（1）有意将不符合有机法案的产品作为有机产品销售或标示为有机产品，则每一次违规将受到不超过$10，000的民事罚款。

（2）按照有机法案，向农业部部长、州有机事务管理官员或认证机构做虚假的陈述，将依据美国法典第18主题1001部分的条款规定进行处罚。

§205.663　调解

本大纲中有关否决认证及拟暂停或撤销认证的任何争论，认证申请者或获证系统都可以要求调解，并由认证机构受理。调解要求应以书面的形式发送至相应的认证机构，如果认证机构拒绝调解请求，认证机构须给认证申请者或获证系统发送书面通知。书面通知中应告知认证申请者或获证系统有权依据§205.681要求上诉，在收到拒绝调解书面通知日起的30天内可以申请上诉。如果认证机构接受调解，该调解应在一名有资质的调解员主持下在调解双方都互相同意的情况下进行。如果州有机大纲是有效的，调解程序须在州有机大纲中制定，并经农业部部长批准后执行。调解双方应在不超过30天的期限内达成调解协议。如果调解不成功，依据§205.681，认证申请者或获证系统可以在调解终止日起的30天内对认证机构的决定提出上诉。在这期间达成的任何协议或调解结果都应符合有机法案和本大纲的规定。农业部部长可对任何调解协议是否符合有机法案和本大纲的规定进行审查，也可以否决任何不符合有机法案和本大纲规定的协议或条款。

§ 205.665 认证机构的不符合处理程序

(a) 通知：当有机事务管理者在对获得认可的认证机构进行检查、审查或调查中发现有不符合有机法案和本大纲的规定时，应给认证机构发送书面的不符合通知。该通知应包括：

(1) 每一个不符合项的描述；

(2) 所有不符合所依据的事实；

(3) 认证机构驳回或改正每一不符合项并提交其相关支持性文件的时间。

(b) 确认解决：当认证机构能证明所有不符合项都已解决时，有机事务管理者应给认证机构发送书面的不符合项解决的通知。

(c) 拟暂停或撤销：当驳回不成功或在规定时间内没有完成不符合项的整改，有机事务管理者应当给认证机构发送书面的拟暂停或撤销认可通知。该拟暂停或撤销认可的通知须说明是该认证机构的认可或特定范围的认可要暂停或撤销。当改正不符合项不可能时，不符合通知和拟暂停或撤销通知可以合并。拟暂停或撤销认可的通知应写明：

(1) 拟暂停或撤销的原因；

(2) 暂停或撤销的拟生效日期；

(3) 暂停或撤销对今后认可资格的影响；

(4) 依据§205.681提出上诉的权利。

(d) 有意违规：尽管有上述(a)的程序，但如果有机事务管理者有理由相信该认证机构有意违反有机法案或本大纲的规定时，有机事务管理者应当给认证机构直接发送暂停或撤销认可的书面通知。

(e) 暂停或撤销：如果获得认可的认证机构未能对拟暂停或撤销认可提出上诉，那么有机事务管理者将对认证机构发送暂停或撤销认可的书面通知。

(f) 停止认证活动：认证机构被暂停或撤销认可时必须：

(1) 在各个认可的领域及被暂停或撤销认可的每个州停止所有认证活动。

（2）将被暂停或撤销的认证活动的所有记录转交给农业部部长，并能供相应的州有机事务管理官员使用。

（g）资格

（1）认证资质的认可被农业部部长暂停的认证机构，可在任何时候（除非在暂停通知中另外说明）向农业部部长提交恢复认可的请求。请求书必须附能够证明已改正所有不符合项的依据，及为确保持续遵守有机法案和本大纲规定所采取的纠正行动。

（2）认证机构如果已经被农业部部长撤销认可，那么依据有机法案和本大纲规定，自撤销之日起3年内没有资格重新获得认可。

§ 205.668 州有机大纲的不符合处理程序

（a）州有机事务管理者对一个获证系统启动任何不符合处理程序，必须立即通知部长，并转发其发送的每一份通知。

（b）由州有机事务管理者提出的获证系统的不符合事项，应依照州有机大纲的上诉程序申请上诉。部长并没有受理上诉的权利。对州有机事务管理者的最终决定，获证系统可上诉到该获证系统所在地的美国地方法院。

（c）州有机事务管理者可对在本州开展认证活动的认证机构有不符合有机法案和机构认可相关法规的抱怨开展审查和调查。当审查或调查结果发现有不符合事项，州有机事务管理者应给农业部有机事务管理者提交一份书面的不符合报告。该报告应提供每个不符合项的描述以及该不符合所依据的事实。

5. 检查、检测、报告和禁售

§ 205.670 标示为或以“有机”销售的农产品的检查和检测

（a）获证的有机生产经营系统生产的所有标示为或以“100%有机”、“有机”或“有机制造（特定原料或食品组分）”销售的农产品，必须可供农业部行政官和相应州的有机事务管理者或认证机构进行检查。

（b）在有理由认为所用的农业投入品及标示为或以“100%有机”、“有机”或“有机制造（特定原料或食品组分）”销售的农产品已接触到某种禁用物质或采用禁用的方法生产时，农业部行政官、相应州的有机事务管理者和认证机构可要求对该农业投入品或农产品进行采前或采后测试。这种检验必须由相应的州有机事务管理者或认证机构进行并支付费用。

（c）采前或采后安排的检测采样必须依照本条（b）款的规定，由代表农业部行政官、相应州的有机事务管理者和认证机构的检查员执行。整个保管过程必须保持样品的完整性，残留检测必须由获得认可的实验室进行。化学分析必须按照AOAC国际法定分析方法的最新版本描述的方法或其他适用的经过验证的方法，来确定农产品中污染物的存在。

（d）所有分析检测结果均应：

(1) 立即提交给农业部行政官；但如该州有州级有机大纲，则由被要求检测的相应认证团体将所有检测和分析结果提交给州有机事务管理者；

(2) 可用于公众查阅，除非这个检测是正在进行的符合性调查的一部分。

(e) 如果测试结果表明，某一特定的农产品含有的农药残留和环境污染物超过美国食品和药品管理局或环境保护机构规定的限量，那么认证机构必须立即报告，向联邦卫生机构报告该农产品已超出规定限量或行动限量。

§ 205.671 禁止作为有机销售

当残留检验测出禁用物质的浓度大于环境保护局规定的特定残留物允许限量的5%或不可避免的环境污染物残留限量时，则该农产品不得标示为或以“有机”销售。农业部行政官和相应州的有机事务管理者或认证机构可以对获证系统进行调查，以确定禁用物质存在的原因。

§ 205.672 紧急病虫害的防治

一个获证系统应按照本大纲的规定禁止使用禁用物质，但如果是由于执行联邦或州的紧急病虫害防治计划而使用禁用物质，则其认证状态不受使用该禁用物质的影响，只是：

(a) 由于执行联邦或州的紧急病虫害防治计划，其采收的植物产品已接触到禁用物质，则不得标示为或以有机生产的产品销售；

(b) 由于执行联邦或州的紧急病虫害防治计划，畜禽经禁用物质处理，则该畜禽的产品不得标示为或以有机生产的产品销售，除非：

(1) 奶场牲畜在接受禁用物质处理后的12个月后的乳或乳制品才可以标示为或以有机生产的产品销售；

(2) 哺乳动物在怀孕期间接受过禁用物质处理，只要处理不是在妊娠期的最后三分之一期间进行的，其下一代也可认定为有机。

6. 不利裁决的上诉程序

§ 205.680 总则

(a) 若认为自己遵守了有机法案的规定，不接受国家有机事务管理者的不符合裁决，可向行政官就该裁决提出上诉。

(b) 若认为自己遵守了有机法案的规定，不接受州有机事务管理处的不符合裁决，可向州有机事务行政官就该裁决提出上诉，州有机事务行政官将依照农业部部长批准的上诉程序开始处理该上诉。

(c) 若认为自己遵守了有机法案的规定，不同意认证机构的不符合裁决，可向农业部有机事务行政官就该裁判提出上诉，但若申请者的认证是依照经认可的州有机大纲执行的，该上诉将依照州有机大纲处理。

(d) 所有当事方之间涉及上诉事项的所有书面沟通文件，必须通过递送服务发送到收件人的营业地址，并提供标注日期的回执。

（e）所有上诉将由没有涉及上诉当事方的人进行审查、审问和裁定。

§ 205.681　上诉

（a）认证上诉：申请认证的申请者可以对认证机构的认证否决通知申请上诉，而获证系统可以对认证机构提出的暂停或撤销认证通知向农业部行政官申请上诉。但若申请者或获证系统是遵照经认可的州有机大纲执行时，则必须依据由农业部部长批准的州有机大纲的上诉程序向州有机事务管理处提出上诉。

（1）如果农业部的行政官或州有机事务管理处支持认证申请人或获证系统对认证机构裁决的上诉请求，申请人将会获得有机认证证书，获证系统的证书也将继续有效。支持上诉的裁决对相关认证机构不造成不利影响。

（2）如果农业部的行政官或州有机事务管理处否决该上诉，一个正式的否决、暂停或撤销认证的管理程序将随之启动。该程序将依据美国农业部的统一规范或州有机大纲的规范执行。

（b）认可上诉：认证资格认可的申请人和已经获得认可的认证机构可以就有机事务管理者的认可否决或建议暂停或撤销认可向行政官提出上诉。

（1）如果行政官支持该上诉，那么申请人将获得授权通知，或已获得认可的认证机构将继续获得认可。

（2）如果行政官否决该上诉，一个正式的拒绝认可、暂停或撤销认可的管理程序将随之启动，该程序将依照美国农业部的统一规范（7 CFR part 1，Subpart H）执行。

（c）上诉期限：不符合裁决的上诉材料必须在通知书规定的时间内或在收到通知后的30天内提交。行政官或州有机事务管理处接收到材料的日期即为申请上诉的日期。如不及时提起上诉，否决、暂停或撤销认证或认可的决定将成为最终决定，不可再上诉。

（d）文件提交形式和地址

（1）提交给农业部行政官的上诉申请必须以书面形式，并发送到：Administrator，USDA，AMS，c/o NOP Appeals Staff，Stop 0203，Room 302-Annex，1400 Independence Avenue，SW.，Washington，DC 20250-0203。

（2）向州有机事务管理处提起的上诉，必须以书面形式将申请提交到不符合通知书中指明的地址和人。

（3）所有上诉必须包括不利的裁决书副本、上诉人认为该裁决不适当的理由及其所依照的相应法规、政策或程序。

7. 其他

§ 205.690　管理和预算办公室管理编号

管理和预算办公室根据“1995年的文书简化法案”（44 U. S C. Chapter 35）指定的管理编号是“OMB number 0581-0181”，用于这部分的信息采集。

日本有机产品标准

一、有机农产品标准

制　　定：2000 年 1 月 20 日农林水产省告示第 59 号

部分修订：2003 年 11 月 18 日农林水产省告示第 1884 号

全部修订：2005 年 10 月 27 日农林水产省告示第 1605 号

部分修订：2006 年 10 月 27 日农林水产省告示第 1463 号

（目的）

第 1 条　本标准旨在制定有机农产品的生产方法标准。

（有机农产品的生产原则）

第 2 条　有机农产品应根据下列原则之一进行生产。

（1）在采用科学的栽培管理方法的农场进行有机农产品生产。也就是说，为了维持和提高农业的自然循环功能，以避免使用化学合成的肥料及农药为基本原则，发挥不同土壤的农地生产力（包括食用菌生产中来自农林产品的生产力），同时尽可能降低农业生产给环境带来的不利影响。

（2）在采集区所（指采收自然生长的农产品的场所。下同），要采用不破坏采集区所生态系统平衡的方法进行采收。

（定义）

第 3 条　标准中的术语及其定义。

术语	定　义
有机农产品	根据下条标准生产的农产品（限于饮料和食品）
禁用物质	肥料和土壤改良物质（附表 1 中所列的除外），农药（附表 2 中所列的除外）和其他用于作物和土壤的物质（天然物质和没有经过化学处理的天然物质的制品除外）
转基因技术	用酶切出 DNA 片段，进行连接重组，再将重组的 DNA 移植至活体细胞中进行复制的技术

（生产方法的标准）

第 4 条　关于有机农产品的生产方法的标准如下。

项　目	标　准
农场或采集区	1. 农场要采取一些必要措施，以防止周边的禁用物质飘入或流入到有机区域，而且要符合下列条件之一 （1）从多年生植物中采收的农产品，其最初收获前 3 年以上；其他农产品在播种和种植前 2 年以上（在新开垦的农场或不用作耕作目的的农场、在 2 年以上不使用禁用物质的农场中重新开始生产农作物的场合，为播种和种植前 1 年以上），根据本表“农场中使用的种子、种苗和菌种”、“农场的肥培管理”、“农场的有害生物防治”及“一般管理”等项的标准进行农产品的生产

续表

项　目	标　准
农场或采集区	(2)转换期中的农场[指已开始按(1)规定进行转换，但还达不到(1)规定的要求。下同]，在转换开始后最初收获前1年以上的期间，根据本表“农场中使用的种子、种苗和菌种”、“农场的肥培管理”、“农场的有害生物防治”及“一般管理”等项的标准进行农产品的生产 2. 采集区要建在周边的禁用物质不会飘入或流入的区域，而且该采集区所在农产品采集前有3年以上的时间没有使用过禁用物质
农场中使用的种子、种苗和菌种	1. 是指符合本表“农场或采集区”、“农场的肥培管理”、“农场的有害生物防治”、“一般管理”、“育苗管理”及“采收、运输、选择分级、加工、清理、储存、包装及其他采后管理”等项标准的种子、种苗等[用于繁殖的苗木、接穗、砧木及其他植物体的全部或部分(除种子外)。下同]或者菌种 2. 如果1. 中所述的种子、种苗等或者菌种难以获得，可以使用未经禁用物质处理生产的种子、种苗或者菌种。如果上述种子、种苗等或者菌种仍难获得，则种子繁殖的品种使用种子，营养繁殖的品种使用幼龄苗木等，或使用天然资源，或使用未经化学处理的天然资源培育出来的菌种(在播种和种植期间以生产食用嫩芽为目的的除外) 3. 1. 和2. 所述的种子、种苗等或者菌种不得使用转基因技术生产
农场的肥培管理	1. 只能通过使用该农场生产的作物残体堆制的有机肥，或有效地利用该农场栖息地和周边环境的生物功能，来保持和提高土壤肥力。但是，在不能只通过利用该农场栖息地和周边环境的生物功能来保持和提高土壤肥力的情况下，可有限使用附表1所列的肥料和土壤改良物质(在加工过程中未添加任何化学合成物质，在原料生产过程中不得用转基因技术。下同) 2. 不管前项的规定如何，对于用于生产食用菌类的材料，必须符合下列(1)至(3)的标准。但是，在使用堆肥生产食用菌的过程中，如果难以获得这些材料，则可有限使用附表1所列的肥料和土壤改良物质 (1)木材原料应砍伐自特定区域，该区域3年以上没有来自周围地区的禁用物质污染，也没有使用过禁用物质，且砍伐后未经过任何化学物质处理 (2)非木材原料只能从下列来源获得： A. 农产品(限于按本条规定的生产方法标准生产的) B. 加工食品[限于按“日本农林标准:有机加工食品”(2005年10月27日农林水产省第1606号公告)中第4条规定的生产方法标准生产的] C. 饲料[限于按“日本农林标准:有机饲料”(2005年10月27日农林水产省第1607号公告)中第4条规定的生产方法标准生产的] D. 来自畜禽粪便的产物。限于按“日本农林标准:有机畜禽产品”(2005年10月27日 第1608号公告)中第4条规定的生产方法标准饲养的畜禽的粪便 (3)根据(2)A. 标准在生产食用菌过程中排出的废物等，通过废物再利用，以维持和提高自然循环能力
农场作物有害生物防治	通过耕作防治(通过有计划地选择作物和品种，调整栽培时期和其他的栽培管理模式等操作管理规范来防治有害生物)、物理防除(通过光、热、声及其他人工的或者机械的方法来防治有害生物)、生物防除(利用能抑制致病微生物增殖的微生物、捕食有害生物的天敌、有驱避作用的植物、有抑制有害生物发生效果的植物，或者创造有利于这些生物生长发育的环境条件，来防治有害生物)，或者综合运用上述方法来防治有害生物。但是，如果上述的耕作、物理、生物防除等方法都不能有效地控制农场中的病虫为害，可有限地使用附表2中所列的农药(不包括转基因技术生产的。下同)
一般管理	土壤、作物及食用菌不得使用禁用物质

续表

项　目	标　准
育苗管理	育苗(在本农场进行育苗的除外)过程中,要采取一些必要的措施,以防止周边地区禁用物质的飘入和流入。可使用下述1.～3.项的土壤,同时,要根据本表的"农场的肥培管理"、"农场的有害生物防治"及"一般管理"等项的标准进行管理 1. 符合本表"农场和采集区"项标准的农场和采集区的土壤 2. 在最近至少3年没有使用过禁用物质,也没有周围的禁用物质飘入和流入的一定的区域内采集,采集后也没有使用过禁用物质的土壤 3. 附表1中的肥料及土壤改良物质
采收、运输、选择分级、加工、清理、储存、包装及其他采后管理	1. 按本表"农场或采集区"、"农场中使用的种子、种苗和菌种"、"农场的肥培管理"、"农场的有害生物防治"及"一般管理""育苗管理"等项标准(以下简称"农场或采集区等项标准")进行管理,避免混入不符合这些标准的农产物 2. 通过利用物理的或生物功能的方法(转基因技术生产的生物除外。下同)来防治有害生物或者保持和提高品质。但是,当利用物理的或生物功能的方法不是十分有效时,可有限地使用下列物质 (1)有害生物的防治:附表2中列出的农药,及"日本农林标准:有机加工食品"(2005年10月27日农林水产省第1606号公告)的附表2的药剂(但要防止其混入农产品); (2)农产品品质的保持和提高:附表3中的调制物质(不得使用添加化学合成物质的或者转基因技术生产的物质) 3. 不得使用辐照的方法 4. 对于按本表"农场或采集区等项标准"及本项1.～3.标准进行生产的有机农产品要加强管理,以防止农药、洗涤剂、消毒剂和其他化学物质的污染

(有机农产品的名称标识)

第5条　有机农产品的名称标识方法如下:

(1) 有機農産物;

(2) 有機栽培農産物;

(3) "有機農産物××"或"××(有機農産物)"

(4) "有機栽培農産物××"或"××(有機栽培農産物)"

(5) "有機栽培××"或"××(有機栽培)"

(6) "有機××"或"××(有機)"

(7) "Organic"或"××(Organic)"

注:1. ××为该农产品的一般名称。

2. 不论前项的标准如何,如在转换期的农场中生产的农产品,在前项所列的任何一个名称之前或之后都须注明"转换期"字样。

3. 不论第1.项的标准如何,对在采集区采集的农产品,必须注明第1.项(1)、(3)、(6)及(7)的其中之一的标记。

附表1　肥料及土壤改良物质

肥料及土壤改良物质	说　明
来源于植物及其残渣的物质	
来源于发酵、干燥或烘干的粪便的物质	来源于家畜及家禽的粪便

续表

肥料及土壤改良物质	说　明
来自食品厂或纤维厂的农畜水产品的物质	天然物质或者未经化学处理（有机溶剂提取的油除外）的天然物质的提取物
来自屠宰场或水产加工厂的动物性产品的物质	天然物质或者未经化学处理的天然物质的提取物
来自发酵食品废弃物的物质	食品废弃物以外的物质不得混入
树皮堆肥	天然物质或者未经化学处理的天然物质的产物
鸟粪	
干藻及藻粉	
草木灰	天然物质或者未经化学处理的天然物质的产物
碳酸钙	天然物质或者未经化学处理的天然物质的提取物（包括钙镁碳酸盐）
氯化钾	将天然矿石粉碎或水洗精制后获得；或者从矿水中回收的
硫酸钾	天然物质或者未经化学处理的天然物质的提取物
硫酸钾镁	将天然矿石水洗精制后获得
天然磷矿石	镉不应超过 90mg/kg P_2O_5
硫酸镁	天然物质或者未经化学处理的天然物质的提取物
氢氧化镁	将天然矿石粉碎后获得
石膏（硫酸钙）	天然物质或者未经化学处理的天然物质的提取物
硫黄	
生石灰（包括镁质生石灰）	天然物质或者未经化学处理的天然物质的提取物
氢氧化钙（熟石灰）	来自上述生石灰
微量元素（锰、硼、铁、铜、锌、钼和氯）	限于作物因缺乏微量元素而不能正常生长的情况
矿石粉	天然物质或者未经化学处理的天然物质的提取物；及未被重金属或者其他物质污染的土壤中获得
木炭	天然物质或者未经化学处理的天然物质的提取物
泥煤	天然物质或者未经化学处理的天然物质的提取物。但是，作为土壤改良物质，只限于育苗用土
膨润土	天然物质或者未经化学处理的天然物质的提取物
珍珠岩	天然物质或者未经化学处理的天然物质的提取物
沸石	天然物质或者未经化学处理的天然物质的提取物
蛭石	天然物质或者未经化学处理的天然物质的提取物
煅烧矽藻土	天然物质或者未经化学处理的天然物质的提取物
碱性炉渣	
硅肥渣	天然物质或者未经化学处理的天然物质的提取物
含镁熔融磷肥	天然产物或天然资源，未进行过化学处理。其中镉不应超过 90mg/kg P_2O_5

续表

肥料及土壤改良物质	说　明
氯化钠	不经化学处理，从海水或者湖水里开采或者生产
磷酸铝	镉不应超过 90mg/kg P_2O_5
氯化钙	
醋	
乳酸	由植物发酵所得的乳酸，只能用于育苗用土等的 pH 调节
制糖业的副产品	
肥料的造粒剂和防结块剂	天然物质或者未经化学处理的天然物质的提取物。如果难以从这些物质中加工得到造粒剂和防结块剂，则可以使用木质素磺酸盐
其他肥料和土壤改良物质	A. 以供给植物营养或改良土壤为目的施于土壤中的物质(包括生物) B. 以供给植物营养为目的施于植物上的物质(包括生物)；适用于为植物提供营养 C. 天然物质或者未经化学处理的天然物质的产物(通过燃烧、煅烧、熔融、干蒸、皂化等方法制造而成。不采用化学方法制造；不采用转基因技术) A～C 的物质对病虫害没有防治效果。但是，只能在本表所列的上述物质对保持和提高土壤肥力没有效果的情况下，才能使用符合本项 A 至 C 条款的物质

附表 2　农药

农药	说　明
除虫菊乳剂和除虫菊酯乳剂	从除虫菊中提取，不能用胡椒基丁醚(piperonyl butoxide)作为增效剂
菜籽油乳液	
矿物油气溶胶/机油气溶胶	
矿物油乳剂/机油乳剂	
大豆卵磷脂·矿物油乳剂	
可湿性淀粉	
脂肪酸甘油酯乳液	
聚乙醛粒剂	仅限于诱捕器使用
硫黄熏烟剂	
硫黄粉剂	
硫黄·铜可湿性粉剂	
硫黄·大豆卵磷脂可湿性粉剂	
石硫合剂	
香菇菌丝体提取液	

续表

农药	说　明
碳酸氢钠水溶剂及碳酸氢钠	
碳酸氢钠·铜可湿性粉剂	
可湿性铜粉	
铜粉剂	
硫酸铜	仅限于制备波尔多液
氧化钙(生石灰)	仅限于制备波尔多液
天敌等生物农药	
性信息素(性诱剂)	限于以昆虫性信息素为活性成分
小球藻提取液	
混合原油药用植物提取液	
可湿性蜡粉	
展着剂	仅限于以酪蛋白和石蜡作为活性成分的制剂
二氧化碳熏蒸剂	仅限用于储存设备
硅藻土粉	仅限用于储存设备
醋	

附表 3　调制用物质

调制用物质	说　明
碳酸钙	
氢氧化钙	
二氧化碳	
氮	
乙醇	
酪蛋白	
凝胶	
活性炭	
滑石	
斑脱土	
白陶土	
硅藻土	
珍珠岩	
DL-酒石酸	
L-酒石酸	
DL-酒石酸氢钾	

续表

调制用物质	说明
L-酒石酸氢钾	
DL-酒石酸钠	
L-酒石酸钠	
柠檬酸	
微生物源调制用物质	
酶	
蛋清白蛋白	
鱼胶	
植物油	
树皮制品	
榛子壳	
乙烯	限于香蕉的催熟

附　则

(执行日期)

1. 本公告自公布之日起 30 天后开始执行。

(临时措施)

2. 本公告自执行之日起 1 年内，关于有机农产品的评定可使用本公告修订前的有机农产品标准。

3. 本公告修订后的有机农产品标准中第 4 条的“育苗管理”项第 2 点“在最近至少 3 年没有使用过……”在自本公告公布之日起 3 年后开始适用。

4. 如果难以获得符合第 4 条“农场的种子、种苗”等项标准的种子或种苗，暂时可以使用普通的种子、苗木（但是不包括由转基因技术生产的）。

附　则（2006 年 10 月 27 日农林水产省第 1463 号公告）

(执行日期)

1. 本公告自公布之日起 30 天后生效。

(临时措施)

2. 在本公告修改后的日本有机农产品标准（以下称“新有机农产品标准”）附表 1“肥料及土壤改良物质”中所列的来源于植物及其残渣的物质，来源于发酵、干燥或烘干的粪便的物质，来自食品厂或纤维厂的农畜水产品的物质，来自发酵食品废弃物的物质等动植物源材料，以及在新有机农产品标准第 4 条“农场的肥培管理”项1规定的原材料，生产阶段难以获得的情况下，暂时可以使用普通的物质(但不得使用转基因技术生产的物质)。

3. 不论新有机农产品标准第4条“一般管理”项的规定如何，在没有其他适当的管理方法的场合下，自本公告公布之日起3年内，可以使用来自回收纸的农用材料（在生产过程中未添加化学合成的物质）及包衣种子的农用材料。

4. 自本公告公布之日起3年内，附表3“乙烯”项中的“香蕉”更换为“香蕉和猕猴桃”。

二、有机畜产品标准

制　　定　2005 年 10 月 27 日农林水产省第 1608 号公告

部分修改　2006 年 10 月 27 日农林水产省第 1466 号公告

（目的）

第 1 条　本标准旨在制定有关有机畜产品的生产方法标准等。

（有机畜产品的生产原则）

第 2 条　有机畜产品是以维持和提高农业的自然循环功能，在生产过程中尽量减少对环境的影响，并避免使用兽药为基本原则，同时考虑动物生理学和行为学的要求，给饲养的家畜和家禽提供饲料生产的产品。

（定义）

第 3 条　本标准中使用的下列术语定义如下。

术　语	定　　义
有机畜产品	根据下条标准生产的畜产品
家畜	牛、马、绵羊、山羊及猪
家禽	鸡、鸭、鹌鹑和野鸭（包括家鸭和野鸭的杂交种，下同）
有机饲料	是指根据“日本农林标准：有机农产品”（2005 年 10 月 27 日农林水产省第 1605 号公告，以下简称“有机农产品标准”），或“日本农林标准：有机加工食品”（2005 年 10 月 27 日农林水产省第 1606 号公告，以下简称“有机加工食品标准”），或“日本农林标准：有机饲料”（2005 年 10 月 27 日农林水产省第 1607 号公告，以下简称“有机饲料标准”），或本标准标明分级标签的饲料产品
有机畜产用自产饲料	有机畜产品的生产管理者根据有机农产品标准第 4 条[但是，生产多年生牧草的场合，日本有机农产品标准第 4 条表格中的农场或采集区项标准第 1 点(1)中的“从多年生植物中收获农产品是指在第一次收获前 3 年以上”改为“多年生牧草为第一次收获前 2 年以上”]，或有机饲料标准第 4 条自行生产，或了解其生产过程的饲料产品
采草放牧场	主要用于耕种或者养畜，以采草或放养家畜为目的
野外饲育场	是指养殖场地等（指养殖场和采草放牧地。下同）或野外活动场所（主要用于家畜和家禽自由活动，便于家畜和家禽能挖掘土地表面。对于鸭类，必须有其他水田、小溪、池塘或者湖泊等）
转基因技术	用酶切出 DNA 片段，进行连接重组，再将重组的 DNA 移植至活体细胞中进行复制的技术
禁用材料	是指肥料及土壤改良物质（附表 1 中所列的在制造过程中没有添加化学合成物质的除外）、农药（附表 2 中所列的未使用转基因技术生产的物质除外）、施用于植物和土壤的其他材料（天然物质和没有进行过化学处理的来源于天然物质的产品除外）
有机饲养	符合第 4 条表中“畜禽饲养场”、“野外饲育场”、“饲喂”、“健康管理”及“一般管理”等项标准的饲养方法
更新	以最近 3 个经营年度中出栏和死亡的畜禽数量总数除以 3 所得商为标准，在 1 个经营年度内新引进的畜禽数量不多于该商值
育肥后期	是指屠宰前的一段时期，至少 3 个月或者不短于整个生命周期的五分之一
饲料添加剂	有关确保饲料安全性及改善品质的法律（1953 年第 35 号法律）中第 2 条第 3 项中规定的饲料添加剂

续表

术语	定义
兽药	药事法(1960年第145号法律)第83条第1项中规定的兽药,不包括维生素及无机盐类
兽用生物制剂	关于兽用生物制剂操作规范的省令(1961年农林省令第4号)中第1条第1项中规定的生物制剂
处方药	《药事法》第44条第1项规定的有毒药物,同条第2项规定的药剂和《兽医师法实施规则》(1949年农林水产省第93号令)第10条5项中规定的药品

(生产方法标准)

第4条 有机畜产品的生产方法标准如下。

项目	标准
畜禽饲养场	1. 家畜饲养场需符合下述的(1)到(8)款标准: (1)家畜可以自由地摄取饲料和新鲜水 (2)饲养场构造能保持适宜的温度、良好的通风及自然采光条件 (3)配备必要的清扫和消毒工具或设备,便于维持清洁卫生 (4)不得使用附表4以外的药剂进行清洗和消毒 (5)地面平坦,但不光滑 (6)家畜房舍的面积不应超过饲养场面积的50% (7)畜舍的地面上应该铺上清洁干燥的辅料或者土壤,便于家畜卧倒休息 (8)附表5左栏中的家畜的畜舍,每头家畜占有面积要大于同表右栏中列出的面积 2. 家禽饲养场需符合下述的(1)到(6)款标准: (1)家禽可以自由地摄取饲料和新鲜水 (2)饲养场构造能保持适宜的温度、良好的通风及自然采光条件 (3)配备必要的清扫和消毒工具或设备,便于维持清洁卫生 (4)不得使用附表4以外的药剂进行清洗和消毒 (5)根据禽类的品种特性和大小,建造合适的带围栏的休息场所(有足够大小的出入口) (6)如果是饲养28日龄以后的家禽,每羽家禽占有面积为0.1m² 以上
野外饲养场	1. 野外饲养场要符合下列(1)到(8)款标准: (1)采取必要措施,防止周边地区的禁用物质飘入或流入 (2)不能种植由转基因技术生产的种子或者种苗 (3)在家禽或家畜不能自由进入棚舍的情况下,要为家禽或家畜建设能够遮风挡雨、避免过度日晒和高温的设施 (4)在家畜(除了猪以外,2中相同)野外饲养场中,在下述a.到d.期间,不得使用禁用物质进行肥培管理和防除有害生物 a. 在栽培的多年生植物(牧草除外)的牧场,在最初放牧前3年以上的时间 b. 在栽培牧草的牧场,在最初放牧前2年以上的时间 c. 在栽培上述a、b以外的植物的牧场,在播种或种植前2年以上的时间 d. 在采草放牧场,在最初放牧前3年以上的时间 (5)在猪或家禽的野外饲养场,在最初放养猪或家禽前1年以上的时间不得使用禁用物质 (6)在附表6左栏的家畜野外饲养场,每头家畜占有面积要大于该表右栏的面积 (7)在饲养28日龄以后的家禽的野外饲养场,每羽家禽占有面积为0.1m² 以上 (8)在饲养28日龄以上的鸭的水田中,每羽的占有面积为33.3m² 2. 虽然有1之(4)的标准,但如有机饲料和本表“饲喂”项标准的1之(2)和(3)规定的饲料(下称“有机畜产用购入饲料”)合计量不足平均饲料摄取量干重(附表3右栏中规定的日常平均饲料摄入量,下同)的50%的场合,在牧场等饲养该家畜的农场内不能使用禁用物质。在这种场合下,该牧场等只能在最后使用禁用物质之日起经过2年以上的时间,才可以在该牧场放牧,用于有机畜产品的生产

续表

项目	标准
成为饲养对象的家畜和家禽	1. 家畜应该是在母畜分娩前经过6个月以上的有机饲养，而且从分娩后一直进行有机饲养而长大的畜类 2. 家禽应该是从孵化后一直进行有机饲养而长大的禽类 3. 除了1和2之外，在农场为了重新生产有机畜产品而开始饲养家禽或家畜的场合下，从该家畜或家禽开始有机饲养之前，就可将该农场饲养的家畜或家禽作为饲养对象。在这种场合下，有机饲养期必须超过附表7中规定的有机饲养期，才能用于有机畜产品的生产 4. 如果难以获得上述1、2、3中的家禽或家畜，那么下述之一可用作饲养对象。在这种场合下，有机饲养期必须超过附表7中规定的有机饲养期，才能用于有机畜产品的生产 (1)家畜更新的场合，符合附表8的标准的家畜 (2)下面的任一情况下，家禽或家畜都要符合附表9的标准 a. 重新开始生产有机畜产品的场合 b. 重新开始饲养种(家)禽或种(家)畜的场合 c. 以生产有机畜产品为目的，将饲养的畜禽数量总数的30%以上作为新饲养对象的场合 (3)以生产有机畜产品为目的，饲养的家畜或家禽由于灾害或疾病而死亡25%以上的场合，可在灾害或疾病死亡畜禽数量之内进行补充 (4)上述(1)至(3)中的家畜所产的幼子
饲喂	1. 不饲喂下述(1)到(3)以外的饲料 (1)有机饲料等和有机畜产用自产饲料。可以使用标有“转换期”的饲料，但是这种饲料不能超过有机饲料总干重的30%，而且必须符合“有机农产品标准”中的第5条第2项、“有机加工食品标准”中的第5条第2项以及有机饲料标准中的第5条第2项的有关规定 (2)天然物质或者从未经过化学处理的天然物质中得到的材料，饲料添加剂中以补充无机盐类为目的的物质。但是，当该饲料添加剂难以获得时，可以使用类似的物质(仅限于天然物质或者是从未经过化学处理的天然资源中得到的物质) (3)蚕-蚕蛹粉[不包括受过辐照的或者由转基因技术生产的。给畜禽提供的蚕蛹比例不超过(1)中饲料干重的5%] 2. 对于家畜的幼崽，可使用母乳或经过6个月以上有机饲养的同种雌性动物的乳进行饲养。但是，在难以获得的情况下，可使用经过6个月以上有机饲养的别种雌性动物的乳进行饲养 3. 不论上述1的标准如何，有机畜产用购入饲料的总量未达到平均吃食量干重的50%的情况下，在饲养该家畜的农场内，可以使用符合下列(1)和(2)标准的农场中生产的农产物或饲料的原材料。在这种场合下，该农场等自符合下列(1)和(2)项标准之日起必须经过2年以上的时间，才能用该内部生产的饲料喂养家畜，生产有机畜产品 (1)采取必要措施，防止周边地区的禁用物质飘入或流入 (2)必须符合“有机农产品标准”第4条表中“农场中使用的种子种苗等”、“农场的土壤培肥管理”、“农场作物有害生物防治”、“一般管理”、“育苗管理”等项的标准 4. 在某些时期，如由于自然灾害或暂停进口而很难获得有机饲料等及有机畜产用自产饲料时，不论1至3的规定如何，在不能获得有机饲料的期间内，可以饲喂上述1至3以外的饲料(不得使用通过转基因技术生产的饲料，及含有抗生素和合成抗菌物质的饲料)，其使用量控制在上述1之(2)及(3)规定的饲料重量的50%以下，以平均摄入量的干重换算 5. 对牛、马、绵羊及山羊，生草、干草和青贮以外的饲料不能超过平均摄取量干重的50 %(对以生产肉为目的的牛类和马类应该少于90%)。但是，下列(1)至(3)的期间不受此限制 (1)哺乳期 (2)奶用牛和奶用山羊，从开始挤奶的前三个月 (3)育肥后期

续表

项　目	标　准
健康管理	1. 以预防疾病为目的，根据畜禽种类特性进行正确管理，以增强其对疾病的抵抗力，预防感染 2. 在发生或者可能发生特殊的疾病或者健康问题时，除非没有其他适当的治疗和管理方法，或法令（包括根据法律规定的命令和处分；下同）有义务的情况下，否则不得使用兽药 3. 给家畜和家禽用的动物用生物制剂，或驱虫剂以外的兽药只能用于畜禽的治疗 4. 处方药或抗生素只能在其他治疗方法无效的情况下使用。但是符合以下任何一种情况的场合，在(1)和(2)各自规定的期间内，不能使用处方药或抗生素 (1)在兽药使用的省令（1980 年日本农林水产省令第 42 号）附表 1 和附表 2 的医药品栏列出的兽药，要根据各种医药品的种类及它们在表格中相对应的使用对象动物的种类，在该表中规定的各自禁药期的 2 倍时间内不能使用 (2)除(1)以外的其他药物，在屠宰、挤奶或产蛋前的 48h，或者根据药事法第 14 条第 1 项、第 14 条第 9 项、第 14 条之 4 及第 14 条之 6，在医药品登记、登记事项的变更、药品复审及再评价之际规定的休药期（从最后一次用药到屠宰、挤奶、产蛋的间隔时间）的 2 倍 5. 不得使用生长激素或者饲料以外的物质
一般管理	1. 要让家畜和家禽自由出入野外饲养场（牛、绵羊、马、山羊等必须要有牧场等）。但是每周 2 次以上在野外饲养场放牧的动物不受此限制 2. 虽然有 1 的标准，但是在下列(1)至(9)规定的期间，畜禽不得放至野外 (1)遭遇大雪覆盖或者自然灾害等动物难以在野外自由活动的时期 (2)牛出生后 2 个月内，或者断奶后 7 天内（以其中较长的时间为准） (3)母牛从怀胎 8 个月到分娩期间 (4)猪从出生到断奶期间 (5)母猪从怀孕 3 个月到断奶期间 (6)育肥后期 (7)活动可能会影响到禽畜疾病和紊乱的恢复时 (8)因畜禽的取食，野外饲养场的维持管理困难时 (9)农林水产省和畜产健康总部的法律法规中规定不得放牧的时期 3. 不要故意伤害畜禽。但要在最适宜的时期实施下列(1)至(3)的手术，而且尽可能不使畜禽受到痛苦 (1)去角、修喙、断尾及其他为了畜禽的安全和健康的手术 (2)耳标的安装及其他为了识别畜禽的手术 (3)外科阉割 4. 蛋鸡如果通过人工灯光来延长光照时间，光照长度一天不得超过 16h 5. 不得使用下列(1)至(3)的技术进行繁殖 (1)胚胎移植技术 (2)激素繁殖技术 (3)转基因繁殖技术 6. 对畜禽排泄物进行管理和处理防止污染水源 7. 运输畜禽时，不得使用电击或镇定剂 8. 屠宰时应最大程度地减少牲畜的痛苦和胁迫 9. 对乳牛和乳山羊，要保持挤奶设备和器具的清洁卫生，同时用药剂清洗乳头及设备消毒，但是不得使用附表 4 以外的药剂 10. 不得让有机饲养的畜禽与非有机饲养的畜禽接触

续表

项　目	标　　准
切块、分级、加工、清洗、储藏、包装及其他过程的管理	1. 本项管理的目的是不要混入不符合本表"畜禽饲养场"、"野外饲养场"、"成为饲养对象的家畜和家禽"、"饲料的喂饲"、"健康管理"、"一般管理"标准(以下简称"畜禽饲养场等标准")的畜产品 2. 通过物理或者生物的方法来防治有害生物或保持和提高品质(利用转基因技术生产的生物除外,下同)。但是,当仅仅利用物理或者生物的方法效果不好时,可以使用下列物质 (1)防治有害生物:使用附表 2 的农药及日本农林有机加工食品标准附表 2 的药剂(但是,要防止对畜产品的污染) (2)保持和提高畜产品的品质:使用附表 10 的调制用等物质(限于制造过程中没有添加化学合成物质、不用转基因技术制造的物质) 3. 不得进行辐照 4. 对于根据本表畜禽饲养场等标准及本项 1 至 3 的标准生产出来的畜禽产品要进行管理,以免受兽药、清洗剂、消毒剂及其他物质污染

(有机畜产品的标签标识标准)

第 5 条　有机畜产品的标签标识可用下述任何一个标准名称表示。

(1)"有機畜産物";

(2)"有機畜産物××"或"××(有機畜産物)";

(3)"有機畜産××"或"××(有機畜産)";

(4)"有機××"或"××(有機)";

(5)"オーガニック××"或"××オーガニック"。

注:"××"为畜产品的一般名称。

附表 1,附表 2 同有机农产品相关内容。

附表 3　平均吃食量

家畜的种类	育龄期	日平均吃食量
饲养的肉用牛	10 月龄以下(指出生后)(用于繁殖的母牛除外)	4.1kg
	10 月龄以上(用于繁殖的母牛除外)	8.1kg
	用于繁殖的母牛	7.0kg
饲养的奶牛	10 月龄以下	5.6kg
	10 月龄以上,直至可以挤奶	9.0kg
	挤奶期奶牛	21.0kg
	非挤奶期奶牛	9.2kg
马	12 月龄以下(用于繁殖的母马除外)	12.4kg
	24 月龄以下(用于繁殖的母马除外)	14.4kg
	24 月龄以上(用于繁殖的母马除外)	17.3kg
	用于繁殖的母马	19.2kg
绵羊	用于繁殖的母羊	1.7kg
	除上述之外	1.9kg
山羊	用于繁殖的母羊	2.5kg
	除上述之外	1.1kg

续表

家畜的种类	育龄期	日平均吃食量
猪	3月龄以下 5月龄以下 5月龄以上	1.1kg 2.2kg 3.1kg
饲养的肉用鸡	4周龄以下 4周龄以上	42 g 139 g
饲养的蛋用鸡	9周龄以下 9周龄以上至开始产蛋 产蛋后	27 g 54 g 90 g
鹌鹑		18 g
鸭及野鸭	6周龄以下 6周龄以上	108 g 180 g

注：日平均吃食量以饲料干重计。

附表4　畜舍清洁消毒用药剂

肥皂、石灰乳、熟石灰（氢氧化钙）、生石灰（氧化钙）、酒精、酚类、含有邻二氯苯和甲酚的试剂、碘制剂、甲醛、戊二醛、双氯苯双胍己烷、转化皂、两性肥皂、氯制剂、双氧水、氢氧化钠、氢氧化钾、挤奶设备的清洗和消毒制品、碳酸钠及其他植物源产品

附表5　畜舍的最低面积

家畜的种类	每头家畜的畜舍最低面积/m^2
饲养的肉用牛(仅限于体重340kg以上的)	5.0
饲养的奶牛(仅限于成年畜)	4.0（拴饲的场合为1.8 m^2）
饲养的繁殖用母牛(仅限于成年畜)	3.6（拴饲的场合为1.8 m^2）
马(仅限于成年畜)	13
绵羊(仅限于成年畜)	2.2
山羊(仅限于成年畜)	2.2
饲养的肉用猪(仅限于体重40kg以上的)	1.1
饲养的繁殖用母猪(仅限于成年畜)	3.0

注：“成年畜”是指用于繁殖或者曾经繁殖过的成龄家畜；“拴饲”是指在牛舍内将牛一头一头拴在柱子上进行饲养的方法。

附表6　转换期

家畜或家禽的种类	转换期
饲养的肉用牛	12个月或者3/4生命周期，以较长时间者为准(如果以6月龄以下的牛进行饲养，则为6个月)
饲养的奶牛	6个月（从该牛开始有机饲养之前，已在该农场饲养的为4个月）
饲养的繁殖用母牛	6个月（从该牛开始有机饲养之前，已在该农场饲养的为4个月）
马	12个月或者3/4生命周期，以较长时间者为准
绵羊	6个月
奶用母山羊	6个月
饲养的肉用山羊或饲养的繁殖用母山羊	6个月

续表

家畜或家禽的种类	转换期
猪	6个月
饲养的肉用家禽	自孵化3天至屠宰之日为止的期间
饲养的蛋用家禽	6周

附表7 畜禽更新的头数和条件

家畜的种类	标准
饲养的奶牛	每个经营年度的平均生产头数(最近5年分娩的家畜总头数除以5所得的商值。下同)的10%以下。但是,限于未生育(未成年)的
饲养的繁殖用母牛	每个经营年度的平均生产头数的10%以下。但是,限于未生育的
饲养的繁殖用马	每个经营年度的平均生产头数的5%以下。但是,限于未生育的
饲养的乳用山羊	每个经营年度的平均生产头数的10%以下。但是,限于未生育的
饲养的繁殖用母猪	每个经营年度的平均生产头数的20%以下。但是,限于未生育的

附表8 外部引入的条件

家畜及家禽的种类	标 准
饲养的肉用牛	12月龄以下,符合下述(1)～(8)中的其中一条 1. 日本黑毛种,体重310kg以下 2. 日本褐毛种,体重340kg以下 3. 日本无角种,体重300kg以下 4. 日本短角种。体重300kg以下 5. 安格斯牛或赫里福德品种,体重280kg以下 6. 除母牛外,好斯敦品种,体重310kg以下 7. 以赫里福德种为母牛的杂交种,体重310kg以下 8. 1.～7. 以外的牛,体重340kg以下
饲养的奶牛	仅限于未生育的
饲养的繁殖用母牛	仅限于未生育的
马	12月龄以下
绵羊及山羊	5月龄以下
猪	5月龄以下
饲养的肉用家禽	3日龄以下
饲养的蛋用家禽	18周龄以下

附表9 调制等用途的材料

调制等用途的材料	标 准
次氯酸钠	仅限于屠宰切块过程中肉类的消毒或者蛋类清洗
次氯酸溶液	仅限于屠宰切块过程中肉类的消毒或者蛋类清洗
富马酸	仅限于屠宰切块过程中肉类的消毒或者蛋类清洗
富马酸钠	仅限于屠宰切块过程中肉类的消毒或者蛋类清洗

附加条款

1. 此公告自公布 30 天后生效。

2. 如果有机饲养期间不能符合附表 7 的标准，“饲养的奶牛”项的标准中“6 个月（从该牛开始有机饲养之前，已在该农场饲养的为 4 个月）”暂时可更换为“90 天”；同表“奶用山羊”项的标准中“6 个月”暂时可更换为“90 天”。

3. 在更新的场合，如果难以获得第 4 条表中“成为饲养对象的家畜或家禽”项标准的 1～3 点规定的畜禽，除附表 8 之外，暂时还可以使用符合下列标准饲养的畜禽。

家畜及家禽的种类	标　准
饲养的肉用牛	12 月龄以下，符合下述(1)～(8)中的其中一条 1. 日本黑毛种，体重 310kg 以下 2. 日本褐毛种，体重 340kg 以下 3. 日本无角种，体重 300kg 以下 4. 日本短角种。体重 300kg 以下 5. 安格斯牛或赫里福德牛，体重 280kg 以下 6. 除母牛外的好斯敦品种，体重 310kg 以下 7. 赫里福德杂种牛，体重 310kg 以下 8. 1.～7. 以外的育肥用的牛，体重 340kg 以下
饲养的肉用马	12 月龄以下
饲养的肉用绵羊及山羊	5 月龄以下
饲养的肉用猪	4 月龄以下
饲养的肉用家禽	3 日龄以下
饲养的蛋用鸡	18 周龄以下

4. 如果难以获得有关符合第 4 条表中“饲喂”项标准的有机饲料等及有机畜用自产饲料，那么可以饲喂该项 1 之（1）以外的饲料（除转基因技术生产的、含有抗生素或者合成抗生素的饲料之外），以干物重量换算，对于牛、绵羊及山羊，喂食量不大于平均吃食饲料量的 15%，对于马和猪及家禽不大于平均吃食饲料量的 20% [以上都不包括第 4 条 1 之（2）和（3）所指的饲料]。

附加条款（农林水产省第 1466 号公告，2006 年 10 月 27 日）

该公告自公布之日起 30 天后施行。

三、有机加工食品标准

制　　定 2000 年 1 月 20 日 农林水产省告示第 60 号

部分修订 2003 年 11 月 18 日 农林水产省告示第 1885 号

全部修订 2005 年 10 月 27 日 农林水产省告示第 1606 号

部分修订 2006 年 2 月 28 日 农林水产省告示第 210 号

部分修订 2006 年 10 月 27 日 农林水产省告示第 1464 号

（目的）

第 1 条　本标准旨在制定有机加工食品的生产方法标准等。

（有机加工食品的生产原则）

第 2 条　有机加工食品，是以“日本农林标准——有机农产品”（2005 年 10 月 27 日农林水产省第 1605 号公告）中第 3 条规定的有机农产品（以下简称“有机农产品”）和“日本农林标准——有机畜产品”（2005 年 10 月 27 日农林水产省第 1608 号公告）中第 3 条规定的有机畜产品（以下简称“有机畜产品”）为原材料，在制造或加工过程中以保持这些原材料所具有的特性为目的，以利用物理的和生物功能的加工方法、避免使用化学合成的食品添加剂和药剂为基本原则，进行加工生产的。

（定义）

第 3 条　本标准中的术语及其定义。

术语	定　义
有机加工食品	是按下条标准生产的加工食品。农产品(除有机农产品外)、畜产品(除有机畜产品外)、水产品及它们的加工品和食品添加剂(加工助剂除外)占原材料(除了水、盐及加工助剂之外)总量的比例为 5%以下
有机农产品加工食品	有机加工食品中,农产品(除有机农产品外)、畜产品、水产品及其加工品和食品添加剂(除了加工助剂)占原材料(除了水、盐及加工助剂之外)总量的比例为 5%以下
有机畜产品加工食品	有机加工食品中,农产品、畜产品(除有机畜产品外)、水产品及其加工品和食品添加剂(除了加工助剂)占原材料(除了水、盐及加工助剂之外)总量的比例为 5%以下
有机农畜产品加工食品	有机农产品加工食品和有机畜产品加工食品以外的其他有机加工食品
转基因技术	用酶切出 DNA 片段,进行连接重组,再将重组的 DNA 移植至活体细胞中进行复制的技术
转换期中的有机农产品	按“日本农林标准:有机农产品”第 4 条“农场或采集区”项标准 1 之(2)规定,在转换期的农场中生产的农产品

（生产方法标准）

第 4 条　有关有机加工食品的生产方法标准如下表所述。

项目	标　　准
原材料(包括加工助剂)	可使用下列原料： 1. 下列原料是指在包装、容器或者货单上附有标签的原料。但是，在制造或加工者生产这些有机加工食品时，如果按有关农林物资标准化及品质表示正确化的法律(1950 年法律第 175 号)第 14 条或第 19 条之 3 的规定进行标签标识的不受此限制 (1)有机农产品 (2)有机加工产品 (3)有机畜产品 2. 1. 以外的农畜产品，但是不包括下列原料 (1)与作为原材料使用的有机农产品和有机畜产品为同一种类的农畜产品 (2)辐照产品 (3)转基因技术生产的产品 3. 水产品(不包括辐照产品和转基因技术生产的产品) 4. 农畜水产品的加工品[不包括 1. 之(2)规定的产品、与作为原材料使用的有机加工食品为同一种类的加工食品、辐照产品、转基因技术生产的产品] 5. 盐 6. 水 7. 附表 1 中的食品添加剂(转基因技术生产的除外，下同)
原材料的使用比例	原材料(盐、水、加工助剂除外)的重量中的本表“原材料(包括加工助剂)”项标准中 2、3、4 及 7(不包括加工助剂)中规定的原料重量所占比例为 5%以下
关于制造、加工、包装、储藏及其他过程的管理	1. 利用物理的或生物功能的方法(不得利用转基因技术生产的生物，下同)进行生产和加工。如果要使用食品添加剂，必须控制在最小限度内 2. 作为原材料使用的有机农产品、有机加工食品和有机畜产品要进行严格管理，以免混入其他农畜产品及其加工品 3. 利用物理的或生物功能的方法防治有害生物。但是，当仅仅使用物理的或生物功能的方法没有十分效果时，则可以有限使用附表 2 中的化学药剂(不包括转基因技术生产的)。在这种场合下，要防止化学药剂对原材料及制品的污染 4. 在有害生物的防治、食品保存或者是卫生消毒中不得使用辐照技术 5. 根据本表“原材料(包括加工助剂)”项标准及本项 1.～4. 的标准制造或加工的食品，要进行严格管理，以免受农药、洗涤剂、消毒剂及其他物质污染

(有机加工食品名称及其原材料名称的表示)

第 5 条　有机加工食品名称及其原材料名称的表示按下述规定的方法进行。

类别	标　　准
名称的表示	1. 按下列其中之一标明 (1)“有机××”或者“××(有机)” (2)“Organic ××”或“××(Organic)” (注)××表示该加工食品的一般名称。但是，有机农畜产品加工食品中，当××表示的一般名称与有机农畜产品加工食品的一般名称相同时，需要经过农林水产省的认证 2. 不论 1. 的标准如何，如果使用转换期中的有机农产品，或以它制造或加工的产品为原材料进行生产，那么在产品包装上，1 中规定的任何名称之前或之后都要有“转换期”的标识

续表

类别	标　准
原材料名称的表示	1. 使用的原材料中，对于有机农产品（转换期的有机农产品除外）、有机加工食品（以转换期的有机农产品作为原材料使用的除外）或者有机畜产品，其一般的名称中都要标注“有机”两字 2. 如果使用转换期中的有机农产品，或以它制造或加工的产品为原材料进行生产，那么按 1. 标准记载的原材料名称之前或之后都要有“转换期”的标识

附表 1　食品添加剂

食品添加剂	标　准
柠檬酸	仅限于作为 pH 调节剂使用，或者用于加工蔬菜或者水果制品
柠檬酸钠	仅限于乳制品或者是低温巴氏杀菌的蛋白和香肠
DL-苹果酸	仅限于农产品的加工食品中使用
乳酸	仅限于蔬菜加工制品和香肠的包皮，作为乳制品的凝结剂以及盐水腌制奶酪的 pH 调节剂
L-抗坏血酸	仅限于农产品的加工品中使用
抗坏血酸钠	仅限于肉类的加工品中使用
单宁（单宁酸）	仅限于作为过滤助剂在农产品加工品中使用
硫酸	仅限于作为 pH 调节剂在砂糖类制造中用于提取水的 pH 调节
碳酸钠和碳酸氢钠	仅限用于糕点、糖、加工豆制品、面条、面包或者作为中和物质用于乳制品
碳酸钾	仅限用于水果加工制品的干燥，或用于谷类加工食品、豆类加工食品、面条、面包或者糖果
碳酸钙	对于畜产品，仅限用于乳制品（上色除外）及作为奶酪的凝结剂
碳酸铵和碳酸氢铵	仅限于农产品的加工食品
碳酸镁	仅限于农产品的加工食品
氯化钾	仅限用于蔬菜加工产品、水果加工产品、调味料或汤
氯化钙	仅限于农产品加工食品及奶酪中作为絮凝剂，或者用于食用脂肪和食用油、蔬菜加工品、水果加工品、豆类调制品、乳制品或者肉类加工品
氯化镁	仅限于农产品加工制品的絮凝剂或者用于加工豆制品
粗制海产氯化镁	仅限于农产品加工制品的絮凝剂或者用于加工豆制品
氢氧化钠	仅限于加工糖类中作为 pH 调节剂或者用于谷类加工食品中
氢氧化钾	仅限于加工糖类中作为 pH 调节剂或者用于谷类加工食品中
氢氧化钙	仅限于农作物加工食品使用
DL-酒石酸	仅限于农作物加工食品使用
L-酒石酸	仅限于农作物加工食品使用
DL-酒石酸钠	仅限于糖果使用
L-酒石酸钠	仅限于糖果使用

续表

食品添加剂	标　　准
DL-酒石酸氢钾	仅限于用于谷类加工制品或糖果
L-酒石酸氢钾	仅限于用于谷类加工制品或糖果
磷酸二氢钙	仅限于面粉中作为膨胀剂
硫酸钙	仅限于用于絮凝剂或者用于糖果，豆类加工制品或面包酵母
褐藻酸	仅限于农作物加工食品使用
海藻酸钠	仅限于农作物加工食品使用
卡拉胶(刺槐豆胶)	畜产品中仅限于乳制品使用
愈疮胶	畜产品中仅限于乳制品、罐装肉或蛋制品使用
龙须胶	
阿拉伯胶	仅限用于乳制品、食用脂肪或者糖果
黄原胶	畜产品中仅限于乳制品或糖果使用
梧桐胶	畜产品中仅限于乳制品或糖果使用
酪蛋白	仅限用于农产品的加工制品
凝胶	仅限用于农产品的加工制品
果胶	畜产品的加工制品中仅限用于乳制品
乙醇	畜产品的加工制品中仅限用于加工肉类
混合生育酚	畜产品的加工制品中仅限用于加工肉类
酶处理的卵磷脂	仅限于未经过漂白或者有机溶剂提取的物质，畜产品的加工食品中仅限用于乳制品、牛奶制成的婴儿食品、脂肪及油料制品或者蛋黄酱
植物卵磷脂	仅限于未经过漂白或者有机溶剂提取的物质，畜产品的加工食品中仅限用于乳制品、牛奶制成的婴儿食品、脂肪及油料制品或者蛋黄酱
云母	仅限用于农产品的加工制品
斑脱土	仅限用于农产品的加工制品
高岭土	仅限用于农产品的加工制品
硅藻土	仅限用于农产品的加工制品
珍珠岩	仅限用于农产品的加工制品
二氧化硅	仅限用于农产品的加工制品，用作凝胶或者胶体溶液
活性炭	仅限用于农产品的加工制品
蜂蜡	仅限作为分离溶剂用于农产品的加工制品
卡那巴蜡	仅限作为分离溶剂用于农产品的加工制品
木灰	仅限于从天然资源中制造，未经过化学处理的。仅限用于传统奶酪制品，魔芋制品或者野菜的有害物质(苦味物质)去除
香料	化学合成的除外
氮	
氧	

续表

食品添加剂	标　　准
二氧化碳	
酶	
一般食品添加剂	
次氯酸钠	仅限用于食品加工中动物内脏的消毒和蛋类的清洗
次氯酸溶液	仅限用于食品加工中动物内脏的消毒和蛋类的清洗
富马酸	仅限用于食品加工中动物内脏的消毒和蛋类的清洗
富马酸钠	仅限用于食品加工中动物内脏的消毒和蛋类的清洗

附表 2　药剂

药剂	标　　准
除虫菊提取物	不加增效醚作为增效剂
植物油和动物油	以防治农产品病虫害为目的使用的除外
凝胶	以防治农产品病虫害为目的使用的除外
酪蛋白	以防治农产品病虫害为目的使用的除外
黑曲霉发酵产品	以防治农产品病虫害为目的使用的除外
蘑菇菌丝体提取物	以防治农产品病虫害为目的使用的除外
绿藻提取物	以防治农产品病虫害为目的使用的除外
壳质	以防治农产品病虫害为目的使用的除外。仅限从天然资源中提取的
蜂蜡	以防治农产品病虫害为目的使用的除外
硅酸盐矿物	以防治农产品病虫害为目的使用的除外
硅藻土	
斑脱土	以防治农产品病虫害为目的使用的除外
硅酸钠	以防治农产品病虫害为目的使用的除外
碳酸氢钠	
二氧化碳	
钾皂	以防治农产品病虫害为目的使用的除外
乙醇	以防治农产品病虫害为目的使用的除外
硼酸	仅限用于害虫诱捕
信息素/性诱剂	仅限于那些以性信息素为活性成分的药剂。但是，以防治农产品病虫害为目的使用的除外
食用植物提取物	仅限于从自然资源中以非化学方法提取的。但是，以防治农产品病虫害为目的使用的除外。

注：药剂使用时，要遵守药剂的容器等包装物标签中写明的使用方法。

补充条款

（实施日期）

1. 自该公告公布之日起 30 天后生效。

(临时措施)

2. 本公告自执行之日起 3 个月内，关于有机农产品加工食品的评定可使用本公告修订前的有机农产品加工食品标准。

补充条款（农林水产省第 210 号公告，2006 年 2 月 28 日）

1. 该公告自 2006 年 3 月 1 日起生效。

补充条款（农林水产省第 1464 号公告，2006 年 10 月 27 日）

(实施日期)

1. 该公告自发布之日起 30 天后生效

(临时措施)

2. 本公告自执行之日起 1 年内，关于有机加工食品的评定可使用本公告修订前的有机加工食品标准。

四、有机饲料标准

制　　定 2005 年 10 月 27 日农林水产省告示第 1607 号

部分修订 2006 年 2 月 28 日农林水产省告示第 210 号

部分修订 2006 年 10 月 27 日农林水产省告示第 1465 号

第 1 条　本标准旨在制定有关有机饲料生产方法的标准。

第 2 条　有机饲料，是指原材料在制造和加工过程中，保持日本有机农产品标准（2005 年 10 月 27 日农林水产省第 1605 号公告）中第 3 条规定的有机农产品（以下称“有机农产品”）、日本有机加工食品标准（2005 年 10 月 27 日农林水产省第 1606 号公告）中第 3 条规定的有机加工食品（以下称“有机加工食品”）及日本有机畜产品标准（2005 年 10 月 27 日农林水产省第 1608 号公告）中第 3 条规定的有机畜产品（以下称“有机畜产品”）等各自具有的特性，利用物理的或生物功能的加工方法，避免使用化学合成的饲料添加剂和药剂，以此为基本要求生产而成的饲料。

第 3 条　标准中的术语及其定义。

术语	定　义
有机饲料	按下条标准生产的饲料，其原材料（不包括下条原材料项标准中的第 6～9 点）中农产品（不包括有机农产品及同栏中第 2 条）、奶[不包括有机奶（有机畜产品中叫的“奶”。下同）]、水产品及其加工品所占的重量比例为 5%以下
转基因技术	用酶切出 DNA 片段，进行连接重组，再将重组的 DNA 移植至活体细胞中进行复制的技术
饲料添加剂	关于饲料安全性的确保及品质改善的法律（1953 年法律第 35 号）第 2 条第 3 项中规定的饲料添加剂
青贮饲料	牧草等（包括干燥后水分含量降低的牧草等）密封入青贮窖或其他合适的容器中，利用乳酸菌发酵调制而成的饲料
转换期中的有机农产品	日本有机农产品标准中第 4 条的表格“农场或采集区”第 1 款（2）中规定的处于转换期的农场中所生产的农产品

（生产方法标准）

第 4 条　关于有机饲料的生产方法标准，具体如下。

项　目	标　　准
原材料	只能使用下述的原材料： 1. 下述原材料，在其包装，容器或者装货清单上必须有评价标签标识。但是制造该有机饲料，或者通过加工者进行生产，已经根据农林物资标准化及品质标识规范化法（1950 年第 175 号法律）第 14 条或第 19 条第 3 点的规定进行标签标识的，不受此限制 （1）有机农产品 （2）有机加工食品（但是不包括乳制品以外的畜产品；下同） （3）有机奶

续表

项 目	标 准
原材料	(4)有机饲料 2. 用作有机饲料的农产品[是不用于生产食品和饮料的农产品，制造该有机饲料，或加工者根据日本有机农产品标准第 4 条(但是，生产多年生牧草的场合，日本有机农产品标准第 4 条表格中的农场或采集区项标准第 1 点(1)中的“从多年生植物中收获农产品是指在第一次收获前 3 年以上”改为“多年生牧草为第一次收获前 2 年以上”)生产得到的农产品] 3. 第 1 点和第 2 点以外的农畜产品。但是不包括下述的： (1)奶以外的畜产品 (2)作为原材料使用的有机农产品、有机乳、有机饲料及有机饲料用农产品与同一种的农畜产品 (3)辐照过的产品 (4)转基因技术生产的产品 4. 水产品(不包括使用辐照技术和转基因技术生产的) 5. 农畜水产品的加工品[不包括“1”中的产品(限于(2)中描述的加工食品)、作为原材料使用的有机加工食品和同一种类的加工品、辐照产品及转基因产品] 6. 盐 7. 水 8. 石灰石、贝类化石、白云石、磷矿石和硅藻土(以下简称“石灰石等”)以及没有经过化学处理的从石灰石等中分离的物质，碳酸钙、碳酸镁、磷酸氢钙、磷酸三钙及硅酸中没有添加过化学合成物质的天然产物 9. 饲料添加剂(不包括抗生素及转基因产品)应是天然物质，或者从天然物质中未经过化学处理得来的。当难以获得这些饲料添加剂时，只要可用于补充饲料的营养成分和其他有效成分，与该饲料添加剂类似的饲料添加剂就可以使用
原材料的使用比例	本表原材料项中第 3～5 类产品的重量占全部原材料(不包括其中第 6～9 类产品)重量比例不超过 5%
制造、加工、包装、保管及其他工程的管理	1. 制造或加工应利用物理的或生物功能的方法进行(不包括利用转基因技术生产的生物方法，下同)，使用本表“原材料”项第 9 点中描述的饲料添加剂的场合，应是必要的最小限量。但是，如果生产青贮，可以使用附表 1 中的调制用材料(在制造工程中不能添加化学合成物质，不能用转基因技术制造的产物) 2. 作为原材料使用的有机农产品、有机加工食品、有机奶和有机饲料，进行控制管理，以免混入其他农畜产品及其加工品 3. 有害生物的防除，只能使用物理方法或者利用生物方法进行防除。当这些方法无效时，可以使用附表 2 中的化学药剂(不包括转基因技术生产的)。这种情况下，要防止这些药剂对原材料及产品的污染 4. 不得进行辐照 5. 根据本表中原材料和原材料的使用比例的标准以及上述的第 1～4 点列出的标准进行生产。另外，要对加工的饲料进行管理，防止其被农药、洗涤剂、消毒剂及其他物质污染

(有机饲料的标识标准)

第 5 条 有机饲料的名称标识标准如下。

(1)「有機飼料」或「オーガニック飼料」(“有机饲料”)

(2)「有機飼料××」或「××(有機飼料)」[“有机饲料××”或“××(有机饲料)”]

(3)「オーガニック飼料××」或「××(オーガニック飼料)」[“有机饲料××”或“××(有机饲料)”]

注:1.「××」应填写该饲料的通用名称。

2. 但前项的标准中,如果是转换期收获的有机农产品,或以制造和加工该农产品作为原材料生产的产品,在前项的任何标识之前或后都要标注“转换期”字样。

附表 1 调制用材料

海盐、岩盐、天然酵母、酶、乳清、砂糖制品、蜂蜜、乳酸菌、醋酸菌、甲酸菌、丙酸菌、天然酸(仅指用乳酸菌、乙酸菌、甲酸菌、丙酸菌制作的)

附表 2 药剂

药剂	标 准
除虫菊乳剂	没有使用增效醚作为增效剂
植物和动物油	以防治农作物病虫害为目的而使用的场合除外
明胶	以防治农作物病虫害为目的而使用的场合除外
酪素	以防治农作物病虫害为目的而使用的场合除外
黑曲霉发酵的产品	以防治农作物病虫害为目的而使用的场合除外
蘑菇提取物(香菇木耳)	以防治农作物病虫害为目的而使用的场合除外
小球藻提取物	以防治农作物病虫害为目的而使用的场合除外
角质	仅限于天然产物。以防治农作物病虫害为目的而使用的场合除外
蜂蜡	以防治农作物病虫害为目的而使用的场合除外
硅酸盐矿物	以防治农作物病虫害为目的而使用的场合除外
硅藻土	
斑脱土	以防治农作物病虫害为目的而使用的场合除外
硅酸钠	以防治农作物病虫害为目的而使用的场合除外
碳酸氢钠	
二氧化碳	
钾皂	以防治农作物病虫害为目的而使用的场合除外
普通酒精	以防治农作物病虫害为目的而使用的场合除外
硼酸	只能用作昆虫诱捕
信息素	仅限于含有昆虫性信息素的物质作为有效成分的药剂。以防治农作物病虫害为目的而使用的场合除外
用于食用的植物提取物	未经化学处理的从天然物质中提取的产物。不要以防治农作物病虫害为目的而使用

注:使用化学药剂时必须遵守在药剂容器上标识的使用方法。

附 则 （2005年10月27日农林水产省第1607号公告）

本公告在公布之日起30天后施行。

附 则 （2006年2月28日农林水产省第210号公告）

（附表）

1. 公告从2006年3月1日起生效。

附 则 （2006年10月27日，农林水产省1465号公告）

本公告在公布之日起30天后施行。

二、 中国有机产品标准和认证管理规范

有机产品生产

（“GB/T 19630.1－2011 有机产品 第2部分：生产”节选）

目 录

1 范围

2 规范性引用文件

3 术语和定义

4 通则

4.1 生产单元范围

4.2 转换期

4.3 基因工程生物/转基因生物

4.4 辐照

4.5 投入品

5 植物生产

5.1 转换期

5.2 平行生产

5.3 产地环境要求

5.4 缓冲带

5.5 种子和植物繁殖材料

5.6 栽培

5.7 土肥管理

5.8 病虫草害防治

5.9 其他植物生产

5.10 分选、清洗及其他收获后处理
5.11 污染控制
5.12 水土保持和生物多样性保护
6 野生植物采集
7 食用菌栽培
8 畜禽养殖
8.1 转换期
8.2 平行生产
8.3 畜禽的引入
8.4 饲料
8.5 饲养条件
8.6 疾病防治
8.7 非治疗性手术
8.8 繁殖
8.9 运输和屠宰
8.10 有害生物防治
8.11 环境影响
9 水产养殖
9.1 转换期
9.2 养殖场的选址
9.3 水质
9.4 养殖
9.5 捕捞
9.6 鲜活水产品的运输
9.7 水生动物的宰杀
9.8 环境影响
10 蜜蜂和蜂产品
10.1 转换期
10.2 蜜蜂引入
10.3 采蜜范围
10.4 蜜蜂的饲喂
10.5 疾病和有害生物防治
10.6 蜂王和蜂群的饲养
10.7 蜂蜡和蜂箱
10.8 蜂产品收获与处理
10.9 蜂产品贮存
11 包装、贮藏和运输

11.1　包装
11.2　贮藏
11.3　运输
附录 A（规范性附录）有机植物生产中允许使用的投入品
表 A.1　土壤培肥和改良物质
表 A.2　植物保护产品
表 A.3　清洁剂和消毒剂
附录 B（规范性附录）有机动物养殖中允许使用的物质
表 B.1　添加剂和用于动物营养的物质
表 B.2　动物养殖场所允许使用的清洁剂和消毒剂
表 B.3　蜜蜂养殖允许使用的疾病和有害生物控制物质
附录 C（资料性附录）评估有机生产中使用其他投入品的准则（略）
附录 D（规范性附录）畜禽养殖中不同种类动物的畜舍和活动空间（略）

1　范围

略。

2　规范性引用文件

略。

3　术语和定义

略。

4　通则

4.1　生产单元范围

有机生产单元的边界应清晰，所有权和经营权应明确，并且已按照 GB/T 19630.4 的要求建立并实施了有机生产管理体系。

4.2　转换期

由常规生产向有机生产发展需要经过转换，经过转换期后播种或收获的植物产品或经过转换期后的动物产品才可作为有机产品销售。生产者在转换期间应完全符合有机生产要求。

4.3　基因工程生物/转基因生物

4.3.1　不应在有机生产体系中引入或在有机产品上使用基因工程生物/转基因生物及其衍生物，包括植物、动物、微生物、种子、花粉、精子、卵子、其他繁殖材料及肥料、土壤改良物质、植物保护产品、植物生长调节剂、饲料、动物生长调节剂、兽药、渔药等农业投入品。

4.3.2　同时存在有机和非有机生产的生产单元，其常规生产部分也不得引入或使用基因工程生物/转基因生物。

4.4 辐照

不应在有机生产中使用辐照技术。

4.5 投入品

4.5.1 生产者应选择并实施栽培和/或养殖管理措施，以维持或改善土壤理化和生物性状，减少土壤侵蚀，保护植物和养殖动物的健康。

4.5.2 在栽培和/或养殖管理措施不足以维持土壤肥力和保证植物和养殖动物健康，需要使用有机生产体系外投入品时，可以使用附录A和附录B列出的投入品，但应按照规定的条件使用。在附录A和附录B涉及有机农业中用于土壤培肥和改良、植物保护、动物养殖的物质不能满足要求的情况下，可以参照附录C描述的评估准则对有机农业中使用除附录A和附录B以外的其他投入品进行评估。

4.5.3 作为植物保护产品的复合制剂的有效成分应是附录A表A.2列出的物质，不应使用具有致癌、致畸、致突变性和神经毒性的物质作为助剂。

4.5.4 不应使用化学合成的植物保护产品。

4.5.5 不应使用化学合成的肥料和城市污水污泥。

4.5.6 认证的产品中不得检出有机生产中禁用物质残留。

5 植物生产

5.1 转换期

5.1.1 一年生植物的转换期至少为播种前的24个月，草场和多年生饲料作物的转换期至少为有机饲料收获前的24个月，饲料作物以外的其他多年生植物的转换期至少为收获前的36个月。转换期内应按照本标准的要求进行管理。

5.1.2 新开垦的、撂荒36个月以上的或有充分证据证明36个月以上未使用本标准禁用物质的地块，也应经过至少12个月的转换期。

5.1.3 可延长本标准禁用物质污染的地块的转换期。

5.1.4 对于已经经过转换或正处于转换期的地块，如果使用了有机生产中禁止使用的物质，应重新开始转换。当地块使用的禁用物质是当地政府机构为处理某种病害或虫害而强制使用时，可以缩短5.1.1规定的转换期，但应关注施用产品中禁用物质的降解情况，确保在转换期结束之前，土壤中或多年生作物体内的残留达到非显著水平，所收获产品不应作为有机产品或有机转换产品销售。

5.1.5 野生采集、食用菌栽培（土培和覆土栽培除外）、芽苗菜生产可以免除转换期。

5.2 平行生产

5.2.1 在同一个生产单元中可同时生产易于区分的有机和非有机植物，但该单元的有机和非有机生产部分（包括地块、生产设施和工具）应能够完全分开，并能够采取适当措施避免与非有机产品混杂和被禁用物质污染。

5.2.2　在同一生产单元内，一年生植物不应存在平行生产。

5.2.3　在同一生产单元内，多年生植物不应存在平行生产，除非同时满足以下条件：

a. 生产者应制定有机转换计划，计划中应承诺在可能的最短时间内开始对同一单元中相关非有机生产区域实施转换，该时间最多不能超过5年；

b. 采取适当的措施以保证从有机和非有机生产区域收获的产品能够得到严格分离。

5.3　产地环境要求

有机生产需要在适宜的环境条件下进行。有机生产基地应远离城区、工矿区、交通主干线、工业污染源、生活垃圾场等。

产地的环境质量应符合以下要求：

a. 土壤环境质量符合GB 15618中的二级标准；

b. 农田灌溉用水水质符合GB 5084的规定；

c. 环境空气质量符合GB 3095中二级标准和GB 9137的规定。

5.4　缓冲带

应对有机生产区域受到邻近常规生产区域污染的风险进行分析。在存在风险的情况下，则应在有机和常规生产区域之间设置有效的缓冲带或物理屏障，以防止有机生产地块受到污染。缓冲带上种植的植物不能认证为有机产品。

5.5　种子和植物繁殖材料

5.5.1　应选择适应当地的土壤和气候条件、抗病虫害的植物种类及品种。在品种的选择上应充分考虑保护植物的遗传多样性。

5.5.2　应选择有机种子或植物繁殖材料。当从市场上无法获得有机种子或植物繁殖材料时，可选用未经禁止使用物质处理过的常规种子或植物繁殖材料，并制订和实施获得有机种子和植物繁殖材料的计划。

5.5.3　应采取有机生产方式培育一年生植物的种苗。

5.5.4　不应使用经禁用物质和方法处理过的种子和植物繁殖材料。

5.6　栽培

5.6.1　轮作植物包括但不限于种植豆科植物、绿肥、覆盖植物等。

5.6.2　宜通过间套作等方式增加生物多样性、提高土壤肥力、增强有机植物的抗病能力。

5.6.3　应根据当地情况制定合理的灌溉方式（如滴灌、喷灌、渗灌等）。

5.7　土肥管理

5.7.1　应通过适当的耕作与栽培措施维持和提高土壤肥力，包括：

a. 回收、再生和补充土壤有机质和养分来补充因植物收获而从土壤带走的有机质和土壤养分；

b. 采用种植豆科植物、免耕或土地休闲等措施进行土壤肥力的恢复。

5.7.2 当5.7.1描述的措施无法满足植物生长需求时，可施用有机肥以维持和提高土壤的肥力、营养平衡和土壤生物活性，同时应避免过度施用有机肥，造成环境污染。应优先使用本单元或其他有机生产单元的有机肥。如外购商品有机肥，应经认证机构按照附录C评估后许可使用。

5.7.3 不应在叶菜类、块茎类和块根类植物上施用人粪尿；在其他植物上需要使用时，应当进行充分腐熟和无害化处理，并不得与植物食用部分接触。

5.7.4 可使用溶解性小的天然矿物肥料，但不得将此类肥料作为系统中营养循环的替代物。矿物肥料只能作为长效肥料并保持其天然组分，不应采用化学处理提高其溶解性。不应使用矿物氮肥。

5.7.5 可使用生物肥料；为使堆肥充分腐熟，可在堆制过程中添加来自于自然界的微生物，但不应使用转基因生物及其产品。

5.7.6 有机植物生产中允许使用的土壤培肥和改良物质见附录A表A.1。

5.8 病虫草害防治

5.8.1 病虫草害防治的基本原则应从农业生态系统出发，综合运用各种防治措施，创造不利于病虫草害孳生和有利于各类天敌繁衍的环境条件，保持农业生态系统的平衡和生物多样化，减少各类病虫草害所造成的损失。应优先采用农业措施，通过选用抗病抗虫品种、非化学药剂种子处理、培育壮苗、加强栽培管理、中耕除草、耕翻晒垡、清洁田园、轮作倒茬、间作套种等一系列措施起到防治病虫草害的作用。还应尽量利用灯光、色彩诱杀害虫，机械捕捉害虫，机械或人工除草等措施，防治病虫草害。

5.8.2 5.8.1提及的方法不能有效控制病虫草害时，可使用附录A表A.2所列出的植物保护产品。

5.9 其他植物生产

5.9.1 设施栽培

5.9.1.1 应使用土壤或基质进行植物生产，不应通过营养液栽培的方式生产。不应使用禁用物质处理设施农业的建筑材料和栽培容器。转换期应符合5.1的要求。

5.9.1.2 应使用附录A表A.1列出的有机植物生产中允许使用的土壤培肥和改良物质作为基质，不应含有禁用的物质。

使用动物粪肥作为养分的来源时应堆制。可使用附录A表A.1列出的物质作为辅助肥源。可使用加热气体或水的方法取得辅助热源，也可以使用辅助光源。

5.9.1.3 可采用以下措施和方法：

a. 使用附录A表A.1列出的土壤培肥和改良物质作为辅助肥源。使用动物粪肥作为养分来源时应堆制；

b. 使用火焰、发酵、制作堆肥和使用压缩气体提高二氧化碳浓度；

c. 使用蒸汽和附录A表A.3列出的清洁剂和消毒剂对栽培容器进行清洁和消毒；

d. 通过控制温度和光照或使用天然植物生长调节剂调节生长和发育。

5.9.1.4 应采用土壤再生和循环使用措施。在生产过程中，可采用以下方法替代轮作：

a. 与抗病植株的嫁接栽培；

b. 夏季和冬季耕翻晒垡；

c. 通过施用可生物降解的植物覆盖物（如：作物秸秆和干草）来使土壤再生；

d. 部分或全部更换温室土壤，但被替换的土壤应再用于其他的植物生产活动。

5.9.1.5 在可能的情况下，应使用可回收或循环使用的栽培容器。

5.9.2 芽苗菜生产

5.9.2.1 应使用有机生产的种子生产芽苗菜。

5.9.2.2 生产用水水质应符合 GB 5749。

5.9.2.3 应采取预防措施防止病虫害，可使用蒸汽和附录 A 表 A.3 列出的清洁剂和消毒剂对培养容器和生产场地进行清洁和消毒。

5.10 分选、清洗及其他收获后处理

5.10.1 植物收获后在现场的清洁、分拣、脱粒、脱壳、切割、保鲜、干燥等简单加工过程应采用物理、生物的方法，不应使用 GB/T 19630.2—2011 附录 A 以外的化学物质进行处理。

5.10.2 用于处理非有机植物的设备应在处理有机植物前清理干净。对不易清理的处理设备可采取冲顶措施。

5.10.3 产品和设备器具应保证清洁，不得对产品造成污染。

5.10.4 如使用清洁剂或消毒剂清洁设备设施时，应避免对产品的污染。

5.10.5 收获后处理过程中的有害生物防治，应遵守 GB/T 19630.2—2011 中 4.2.3 的规定。

5.11 污染控制

5.11.1 应采取措施防止常规农田的水渗透或漫入有机地块。

5.11.2 应避免因施用外部来源的肥料造成禁用物质对有机生产的污染。

5.11.3 常规农业系统中的设备在用于有机生产前，应采取清洁措施，避免常规产品混杂和禁用物质污染。

5.11.4 在使用保护性的建筑覆盖物、塑料薄膜、防虫网时，不应使用聚氯类产品，宜选择聚乙烯、聚丙烯或聚碳酸酯类产品，并且使用后应从土壤中清除，不应焚烧。

5.12 水土保持和生物多样性保护

5.12.1 应采取措施，防止水土流失、土壤沙化和盐碱化。应充分考虑土壤和水资源的可持续利用。

5.12.2 应采取措施，保护天敌及其栖息地。

5.12.3 应充分利用作物秸秆，不应焚烧处理，除非因控制病虫害的需要。

6 野生植物采集

6.1 野生植物采集区域应边界清晰，并处于稳定和可持续的生产状态。

6.2 野生植物采集区应是在采集之前的 36 个月内没有受到任何禁用物质污染的地区。

6.3 野生植物采集区应保持有效的缓冲带。

6.4 采集活动不应对环境产生不利影响或对动植物物种造成威胁，采集量不应超过生态系统可持续生产的产量。

6.5 应制订和提交有机野生植物采集区可持续生产的管理方案。

6.6 野生植物采集后的处理应符合 5.10 的要求。

7 食用菌栽培

7.1 与常规农田邻近的食用菌栽培区应设置缓冲带或物理屏障，以避免禁用物质的影响。水源水质应符合 GB 5749 的要求。

7.2 应采用有机菌种。如无法获取有机来源的菌种，可以使用未被禁用物质处理的非有机菌种。

7.3 应使用天然材料或有机生产的基质，并可添加以下辅料：

a. 来自有机生产的农家肥和畜禽粪便；当无法得到有机生产的农家肥和动物粪便时，可使用附录 A 表 A.1 土壤培肥和改良物质中规定的物质，但不应超过基质总干重的 25%，且不应含有人粪尿和集约化养殖场的畜禽粪便；

b. 农业来源的产品应是除 7.3 a. 所涉及的产品外的其他按有机方式生产的产品；

c. 未经化学处理的泥炭；

d. 砍伐后未经化学产品处理的木材；

e. 本部分附录 A 表 A.1 土壤培肥和改良物质中列出的矿物来源的物质。

7.4 土培或覆土栽培食用菌的转换期同一年生植物的转换期，应符合 5.1 的要求。

7.5 木料和接种位使用的涂料应是食用级的产品，不应使用石油炼制的涂料、乳胶漆和油漆等。

7.6 应采用预防性的管理措施，保持清洁卫生，进行适当的空气交换，去除受感染的菌簇。

7.7 在非栽培期，可使用蒸汽和附录 A 表 A.3 列出的清洁剂和消毒剂对培养场地进行清洁和消毒。

7.8 食用菌收获后的处理应符合 5.10 的要求。

8 畜禽养殖

8.1 转换期

8.1.1 饲料生产基地的转换期应符合 5.1 的要求；如牧场和草场仅供非草食动物

使用，则转换期可缩短为 12 个月。如有充分证据证明 12 个月以上未使用禁用物质，则转换期可缩短到 6 个月。

8.1.2 畜禽应经过以下的转换期：

a. 肉用牛、马属动物、驼，12 个月；

b. 肉用羊和猪，6 个月；

c. 乳用畜，6 个月；

d. 肉用家禽，10 周；

e. 蛋用家禽，6 周；

f. 其他种类的转换期长于其养殖期的 3/4。

8.2　平行生产

如果一个养殖场同时以有机及非有机方式养殖同一品种或难以区分的畜禽品种，则应满足下列条件，其有机养殖的畜禽或其产品才可以作为有机产品销售：

a. 有机畜禽和非有机畜禽的圈栏、运动场地和牧场完全分开，或者有机畜禽和非有机畜禽是易于区分的品种；

b. 贮存饲料的仓库或区域应分开并设置了明显的标记；

c. 有机畜禽不能接触非有机饲料和禁用物质的贮藏区域。

8.3　畜禽的引入

8.3.1 应引入有机畜禽。当不能得到有机畜禽时，可引入常规畜禽，但应符合以下条件：

a. 肉牛、马属动物、驼，不超过 6 月龄且已断乳；

b. 猪、羊，不超过 6 周龄且已断乳；

c. 乳用牛，不超过 4 周龄，接受过初乳喂养且主要是以全乳喂养的犊牛；

d. 肉用鸡，不超过 2 日龄（其他禽类可放宽到 2 周龄）；

e. 蛋用鸡，不超过 18 周龄。

8.3.2 可引入常规种母畜，牛、马、驼每年引入的数量不应超过同种成年有机母畜总量的 10%，猪、羊每年引入的数量不应超过同种成年有机母畜总量的 20%。以下情况，经认证机构许可该比例可放宽到 40%：

a. 不可预见的严重自然灾害或人为事故；

b. 养殖场规模大幅度扩大；

c. 养殖场发展新的畜禽品种。

所有引入的常规畜禽都应经过相应的转换期。

8.3.3 可引入常规种公畜，引入后应立即按照有机方式饲养。

8.4　饲料

8.4.1 畜禽应以有机饲料饲养。饲料中至少应有 50%来自本养殖场饲料种植基地或本地区有合作关系的有机农场。饲料生产和使用应符合第 5 章植物生产和附录 B 表 B.1 的要求。

8.4.2 在养殖场实行有机管理的前12个月内，本养殖场饲料种植基地按照本标准要求生产的饲料可以作为有机饲料饲喂本养殖场的畜禽，但不得作为有机饲料销售。

饲料生产基地、牧场及草场与周围常规生产区域应设置有效的缓冲带或物理屏障，避免受到污染。

8.4.3 当有机饲料短缺时，可饲喂常规饲料。但每种动物的常规饲料消费量在全年消费量中所占比例不得超过以下百分比：

a. 草食动物（以干物质计）10%；

b. 非草食动物（以干物质计）15%。

畜禽日粮中常规饲料的比例不得超过总量的25%（以干物质计）。

出现不可预见的严重自然灾害或人为事故时，可在一定时间期限内饲喂超过以上比例的常规饲料。

饲喂常规饲料应事先获得认证机构的许可。

8.4.4 应保证草食动物每天都能得到满足其基础营养需要的粗饲料。在其日粮中，粗饲料、鲜草、青干草或者青贮饲料所占的比例不能低于60%（以干物质计）。对于泌乳期前3个月的乳用畜，此比例可降低为50%（以干物质计）。在杂食动物和家禽的日粮中应配以粗饲料、鲜草或青干草或者青贮饲料。

8.4.5 初乳期幼畜应由母畜带养，并能吃到足量的初乳。可用同种类的有机奶喂养哺乳期幼畜。在无法获得有机奶的情况下，可以使用同种类的非有机奶。

不应早期断乳，或用代乳品喂养幼畜。在紧急情况下可使用代乳品补饲，但其中不得含有抗生素、化学合成的添加剂（附录B表B.1中允许使用的物质除外）或动物屠宰产品。哺乳期至少需要：

a. 牛、马属动物、驼，3个月；

b. 山羊和绵羊，45d；

c. 猪，40d。

8.4.6 在生产饲料、饲料配料、饲料添加剂时均不应使用转基因（基因工程）生物或其产品。

8.4.7 不应使用以下方法和物质：

a. 以动物及其制品饲喂反刍动物，或给畜禽饲喂同种动物及其制品；

b. 未经加工或经过加工的任何形式的动物粪便；

c. 经化学溶剂提取的或添加了化学合成物质的饲料，但使用水、乙醇、动植物油、醋、二氧化碳、氮或羧酸提取的除外。

8.4.8 使用的饲料添加剂应在农业行政主管部门发布的饲料添加剂品种目录中，并批准销售的产品，同时应符合本部分的相关要求。

8.4.9 可使用氧化镁、绿砂等天然矿物质；不能满足畜禽营养需求时，可使用附录B表B.1中列出的矿物质和微量元素。

8.4.10　添加的维生素应来自发芽的粮食、鱼肝油、酿酒用酵母或其他天然物质；不能满足畜禽营养需求时，可使用人工合成的维生素。

8.4.11　不应使用以下物质（附录 B 表 B.1 中允许使用的物质除外）：

a. 化学合成的生长促进剂（包括用于促进生长的抗生素、抗寄生虫药和激素）；

b. 化学合成的调味剂和香料；

c. 防腐剂（作为加工助剂时例外）；

d. 化学合成的着色剂；

e. 非蛋白氮（如尿素）；

f. 化学提纯氨基酸；

g. 抗氧化剂；

h. 黏合剂。

8.5　饲养条件

8.5.1　畜禽的饲养环境（圈舍、围栏等）应满足下列条件，以适应畜禽的生理和行为需要：

a. 符合附录 D 的要求的畜禽活动空间和充足的睡眠时间；畜禽运动场地可以有部分遮蔽；水禽应能在溪流、水池、湖泊或池塘等水体中活动；

b. 空气流通，自然光照充足，但应避免过度的太阳照射；

c. 保持适当的温度和湿度，避免受风、雨、雪等侵袭；

d. 如垫料可能被养殖动物啃食，则垫料应符合 8.4 对饲料的要求；

e. 足够的饮水和饲料；

f. 不使用对人或畜禽健康明显有害的建筑材料和设备；

g. 避免畜禽遭到野兽的侵害。

8.5.2　饲养蛋禽可用人工照明来延长光照时间，但每天的总光照时间不得超过 16h。生产者可根据蛋禽健康情况或所处生长期（如：新生禽取暖）等原因，适当增加光照时间。

8.5.3　应使所有畜禽在适当的季节能够到户外自由运动。但以下情况可例外：

a. 特殊的畜禽舍结构使得畜禽暂时无法在户外运动，但应限期改进；

b. 圈养比放牧更有利于土地资源的持续利用。

8.5.4　肉牛最后的育肥阶段可采取舍饲，但育肥阶段不应超过其养殖期的 1/5，且最长不超过 3 个月。

8.5.5　不应采取使畜禽无法接触土地的笼养和完全圈养、舍饲、拴养等限制畜禽自然行为的饲养方式。

8.5.6　群居性畜禽不应单栏饲养，但患病的畜禽、成年雄性家畜及妊娠后期的家畜例外。

8.5.7　不应强迫喂食。

8.6 疾病防治

8.6.1 疾病预防应依据以下原则进行：

a. 根据地区特点选择适应性强、抗性强的品种；

b. 提供优质饲料、适当的营养及合适的运动等饲养管理方法，增强畜禽的非特异性免疫力；

c. 加强设施和环境卫生管理，并保持适宜的畜禽饲养密度。

8.6.2 可在畜禽饲养场所使用附录B表B.2中所列的消毒剂。消毒处理时，应将畜禽迁出处理区。应定期清理畜禽粪便。

8.6.3 可采用植物源制剂、微量元素和中兽医、针灸、顺势治疗等疗法医治畜禽疾病。

8.6.4 可使用疫苗预防接种，不应使用基因工程疫苗（国家强制免疫的疫苗除外）。当养殖场有发生某种疾病的危险而又不能用其他方法控制时，可紧急预防接种（包括为了促使母源体抗体物质的产生而采取的接种）。

8.6.5 不应使用抗生素或化学合成的兽药对畜禽进行预防性治疗。

8.6.6 当采用多种预防措施仍无法控制畜禽疾病或伤痛时，可在兽医的指导下对患病畜禽使用常规兽药，但应经过该药物的休药期的2倍时间（如果2倍休药期不足48h，则应达到48h）之后，这些畜禽及其产品才能作为有机产品出售。

8.6.7 不应为了刺激畜禽生长而使用抗生素、化学合成的抗寄生虫药或其他生长促进剂。不应使用激素控制畜禽的生殖行为（例如诱导发情、同期发情、超数排卵等），但激素可在兽医监督下用于对个别动物进行疾病治疗。

8.6.8 除法定的疫苗接种、驱除寄生虫治疗外，养殖期不足12个月的畜禽只可接受一个疗程的抗生素或化学合成的兽药治疗；养殖期超过12个月的，每12个月最多可接受三个疗程的抗生素或化学合成的兽药治疗。超过允许疗程的，应再经过规定的转换期。

8.6.9 对于接受过抗生素或化学合成的兽药治疗的畜禽，大型动物应逐个标记，家禽和小型动物则可按群批标记。

8.7 非治疗性手术

8.7.1 有机养殖强调尊重动物的个性特征。应尽量养殖不需要采取非治疗性手术的品种。在尽量减少畜禽痛苦的前提下，可对畜禽采用以下非治疗性手术，必要时可使用麻醉剂：

a. 物理阉割；

b. 断角；

c. 在仔猪出生后24h内对犬齿进行钝化处理；

d. 羔羊断尾；

e. 剪羽；

f. 扣环。

8.7.2 不应进行以下非治疗性手术：

a. 断尾（除羔羊外）；

b. 断喙、断趾；

c. 烙翅；

d. 仔猪断牙；

e. 其他没有明确允许采取的非治疗性手术。

8.8 繁殖

8.8.1 宜采取自然繁殖方式。

8.8.2 可采用人工授精等不会对畜禽遗传多样性产生严重影响的各种繁殖方法。

8.8.3 不应使用胚胎移植、克隆等对畜禽的遗传多样性会产生严重影响的人工或辅助性繁殖技术。

8.8.4 除非为了治疗目的，不应使用生殖激素促进畜禽排卵和分娩。

8.8.5 如母畜在妊娠期的后 1/3 时段内接受了禁用物质处理，其后代应经过相应的转换期。

8.9 运输和屠宰

8.9.1 畜禽在装卸、运输、待宰和屠宰期间都应有清楚的标记，易于识别；其他畜禽产品在装卸、运输、出入库时也应有清楚的标记，易于识别。

8.9.2 畜禽在装卸、运输和待宰期间应有专人负责管理。

8.9.3 应提供适当的运输条件，例如：

a. 避免畜禽通过视觉、听觉和嗅觉接触到正在屠宰或已死亡的动物；

b. 避免混合不同群体的畜禽；有机畜禽产品应避免与常规产品混杂，并有明显的标识；

c. 提供缓解应激的休息时间；

d. 确保运输方式和操作设备的质量和适合性；运输工具应清洁并适合所运输的畜禽，并且没有尖突的部位，以免伤害畜禽；

e. 运输途中应避免畜禽饥渴，如有需要，应给畜禽喂食、喂水；

f. 考虑并尽量满足畜禽的个体需要；

g. 提供合适的温度和相对湿度；

h. 装载和卸载时对畜禽的应激应最小。

8.9.4 运输和宰杀动物的操作应力求平和，并合乎动物福利原则。不应使用电棍及类似设备驱赶动物。不应在运输前和运输过程中对动物使用化学合成的镇静剂。

8.9.5 应在政府批准的或具有资质的屠宰场进行屠宰，且应确保良好的卫生条件。

8.9.6 应就近屠宰。除非从养殖场到屠宰场的距离太远，一般情况下运输畜禽的时间不超过 8h。

8.9.7 不应在畜禽失去知觉之前就进行捆绑、悬吊和屠宰，小型禽类和其他小型动物除外。用于使畜禽在屠宰前失去知觉的工具应随时处于良好的工作状态。如因宗教或文化原因不允许在屠宰前先使畜禽失去知觉，而必须直接屠宰，则应在平和的环境下以尽可能短的时间进行。

8.9.8 有机畜禽和常规畜禽应分开屠宰，屠宰后的产品应分开贮藏并清楚标记。用于畜体标记的颜料应符合国家的食品卫生规定。

8.10 有害生物防治

有害生物防治应按照优先次序采用以下方法：

a. 预防措施；

b. 机械、物理和生物控制方法；

c. 可在畜禽饲养场所，以对畜禽安全的方式使用国家批准使用的杀鼠剂和附录A表A.2中的物质。

8.11 环境影响

8.11.1 应充分考虑饲料生产能力、畜禽健康和对环境的影响，保证饲养的畜禽数量不超过其养殖范围的最大载畜量。应采取措施，避免过度放牧对环境产生不利影响。

8.11.2 应保证畜禽粪便的贮存设施有足够的容量，并得到及时处理和合理利用，所有粪便储存、处理设施在设计、施工、操作时都应避免引起地下及地表水的污染。养殖场污染物的排放应符合GB 18596的规定。

9 水产养殖

9.1 转换期

9.1.1 非开放性水域养殖场从常规养殖过渡到有机养殖至少应经过12个月的转换期。

9.1.2 位于同一非开放性水域内的生产单元的各部分不应分开认证，只有整个水体都完全符合有机认证标准后才能获得有机认证。

9.1.3 如果一个生产单元不能对其管辖下的各水产养殖水体同时实行有机转换，则应制订严格的平行生产管理体系。该管理体系应满足下列要求：

a. 有机和常规养殖单元之间应采取物理隔离措施；对于开放水域生长的固着性水生生物，其有机养殖区域应和常规养殖区域、常规农业或工业污染源之间保持一定的距离；

b. 有机水产养殖体系，包括水质、饵料、药物、投入物和与标准相关的其他要素应能够被认证机构检查；

c. 常规生产体系和有机生产体系的文件和记录应分开设立；

d. 有机转换养殖场应持续进行有机管理，不得在有机和常规管理之间变动。

9.1.4 开放水域采捕区的野生固着生物，在下列情况下可以直接被认证为有机水产品：

a. 水体未受本部分中禁用物质的影响；

b. 水生生态系统处于稳定和可持续的状态。

9.1.5 可引入常规养殖的水生生物，但应经过相应的转换期。引进非本地种的生物品种时应避免外来物种对当地生态系统的永久性破坏。不应引入转基因生物。

9.1.6 所有引入的水生生物至少应在后 2/3 的养殖期内采用有机方式养殖。

9.2 养殖场的选址

9.2.1 养殖场选址时，应考虑到维持养殖水域生态环境和周围水生、陆生生态系统平衡，并有助于保持所在水域的生物多样性。有机水产养殖场应不受污染源和常规水产养殖场的不利影响。

9.2.2 养殖和捕捞区应界定清楚，以便对水质、饵料、药物等要素进行检查。

9.3 水质

有机水产养殖场和开放水域采捕区的水质应符合 GB 11607 的规定。

9.4 养殖

9.4.1 养殖基本要求

9.4.1.1 应采取适合养殖对象生理习性和当地条件的养殖方法，保证养殖对象的健康，满足其基本生活需要。不应采取永久性增氧养殖方式。

9.4.1.2 应采取有效措施，防止其他养殖体系的生物进入有机养殖场及捕食有机生物。

9.4.1.3 不应对养殖对象采取任何人为伤害措施。

9.4.1.4 可人为延长光照时间，但每日的光照时间不应超过 16h。

9.4.1.5 在水产养殖用的建筑材料和生产设备上，不应使用涂料和合成化学物质，以免对环境或生物产生有害影响。

9.4.2 饵料

9.4.2.1 有机水产投喂的饵料应是有机的、野生的或认证机构许可的。在有机的或野生的饵料数量或质量不能满足需求时，可投喂最多不超过总饵料量 5%（以干物质计）的常规饵料。在出现不可预见的情况时，可在获得认证机构评估同意后在该年度投喂最多不超过 20%（干物质计）的常规饵料。

9.4.2.2 饵料中的动物蛋白至少应有 50%来源于食品加工的副产品或其他不适于人类消费的产品。在出现不可预见的情况时，可在该年度将该比例降至 30%。

9.4.2.3 可使用天然的矿物质添加剂、维生素和微量元素；不能满足水产动物营养需求时，可使用附录 B 表 B.1 中列出的矿物质和微量元素和人工合成的维生素。

9.4.2.4 不应使用人粪尿。不应不经处理就直接使用动物粪肥。

9.4.2.5 不应在饵料中添加或以任何方式向水生生物投喂下列物质：

a. 合成的促生长剂；

b. 合成诱食剂；

c. 合成的抗氧化剂和防腐剂；

d. 合成色素；

e. 非蛋白氮（尿素等）；

f. 与养殖对象同科的生物及其制品；

g. 经化学溶剂提取的饵料；

h. 化学提纯氨基酸；

i. 转基因生物或其产品。

特殊天气条件下，可使用合成的饵料防腐剂，但应事先获得认证机构认可，并需由认证机构根据具体情况规定使用期限和使用量。

9.4.3 疾病防治

9.4.3.1 应通过预防措施（如优化管理、饲养、进食）来保证养殖对象的健康。所有的管理措施应旨在提高生物的抗病力。

9.4.3.2 养殖密度不应影响水生生物的健康，不应导致其行为异常。应定期监测生物的密度，并根据需要进行调整。

9.4.3.3 可使用生石灰、漂白粉、二氧化氯、茶籽饼、高锰酸钾和微生物制剂对养殖水体和池塘底泥消毒，以预防水生生物疾病的发生。

9.4.3.4 可使用天然药物预防和治疗水生动物疾病。

9.4.3.5 在预防措施和天然药物治疗无效的情况下，可对水生生物使用常规渔药。在进行常规药物治疗时，应对患病生物采取隔离措施。

使用过常规药物的水生生物经过所使用药物的休药期的2倍时间后方能被继续作为有机水生生物销售。

9.4.3.6 不应使用抗生素、化学合成药物和激素对水生生物实行日常的疾病预防处理。

9.4.3.7 当有发生某种疾病的危险而不能通过其他管理技术进行控制，或国家法律有规定时，可为水生生物接种疫苗，但不应使用转基因疫苗。

9.4.4 繁殖

9.4.4.1 应尊重水生生物的生理和行为特点，减少对它们的干扰。宜采取自然繁殖方式，不宜采取人工授精和人工孵化等非自然繁殖方式。不应使用孤雌繁殖、基因工程和人工诱导的多倍体等技术繁殖水生生物。

9.4.4.2 应尽量选择适合当地条件、抗性强的品种。如需引进水生生物，在有条件时应优先选择来自有机生产体系的。

9.5 捕捞

9.5.1 开放性水域的有机水产的捕捞量不应超过生态系统的再生产能力，应维持自然水域的持续生产和其他物种的生存。

9.5.2 尽可能采用温和的捕捞措施，以使对水生生物的应激和不利影响降至最小程度。

9.5.3 捕捞工具的规格应符合国家有关规定。

9.6 鲜活水产品的运输

9.6.1 在运输过程中应有专人负责管理运输对象，使其保持健康状态。

9.6.2 运输用水的水质、水温、含氧量、pH 值，以及水生动物的装载密度应适应所运输物种的需求。

9.6.3 应尽量减少运输的频率。

9.6.4 运输设备和材料不应对水生动物有潜在的毒性影响。

9.6.5 在运输前或运输过程中不应对水生动物使用化学合成的镇静剂或兴奋剂。

9.6.6 运输时间尽量缩短，运输过程中，不应对运输对象造成可以避免的影响或物理伤害。

9.7 水生动物的宰杀

9.7.1 宰杀的管理和技术应充分考虑水生动物的生理和行为，并合乎动物福利原则。

9.7.2 在水生动物运输到达目的地后，应给予一定的恢复期，再行宰杀。

9.7.3 在宰杀过程中，应尽量减少对水生动物的胁迫和痛苦。宰杀前应使其处于无知觉状态。要定期检查设备是否处于良好的功能状态，确保在宰杀时让水生动物快速丧失知觉或死亡。

9.7.4 应避免让活的水生动物直接或间接接触已死亡的或正在宰杀的水生动物。

9.8 环境影响

9.8.1 非开放性水域的排水应得到当地环保行政部门的许可。

9.8.2 鼓励对非开放性水域底泥的农业综合利用。

9.8.3 在开放性水域养殖有机水生生物应避免或减少对水体的污染。

10 蜜蜂和蜂产品

10.1 转换期

10.1.1 蜜蜂养殖至少应经过 12 个月的转换期。

10.1.2 处于转换期的养蜂场，如果不能从市场或其他途径获得有机蜂蜡加工的巢础，经批准可使用常规的蜂蜡加工的巢础，但应在 12 个月内更换所有的巢础，若不能更换，则认证机构可以决定延长转换期。

10.2 蜜蜂引入

10.2.1 为了蜂群的更新，有机生产单元可以每年引入 10%的非有机的蜂王和蜂群，但放置蜂王和蜂群的蜂箱中的巢脾或巢础应来自有机生产单元。在这种情况下，可以不经过转换期。

10.2.2 由健康问题或灾难性事件引起蜜蜂大量死亡，且无法获得有机蜂群时，可以利用非有机来源的蜜蜂补充蜂群，且应满足 10.1 的要求。

10.3 采蜜范围

10.3.1 养蜂场应设在有机农业生产区内或至少 36 个月未使用过禁用物质的区域内。

10.3.2 在生产季节里，距蜂场半径 3km 范围（采蜜半径）内应有充足的蜜源植物，包括有机生产的作物、自然植被或环境友好方式种植的作物，以及清洁的水源。

10.3.3 蜂箱半径3km范围内不应有任何可能影响蜂群健康的污染源，包括使用过禁用物质的花期的作物、花期的转基因作物、高尔夫球场、垃圾场、大型居民点、繁忙路段等。

10.3.4 当蜜蜂在天然（野生）区域放养时，应考虑对当地昆虫种群的影响。

10.3.5 应明确划定蜂箱放置区域和采蜜范围。

10.4 蜜蜂的饲喂

10.4.1 采蜜期结束时，蜂巢内应存留足够的蜂蜜和花粉，以备蜜蜂过冬。

10.4.2 非采蜜季节，应为蜜蜂提供充足的有机蜂蜜和花粉。

10.4.3 在蜂群由于气候条件或其他特殊情况缺少蜂蜜面临饥饿时，可以进行蜜蜂的人工饲喂，但只可在最后一次采蜜期和在下次流蜜期开始前15d之间进行。如果能够购得有机蜂蜜或有机糖浆，应饲喂有机生产的蜂蜜或糖浆。如果无法购得有机蜂蜜和有机糖浆，经认证机构许可可以在规定的时间内饲喂常规蜂蜜或糖浆。

10.5 疾病和有害生物防治

10.5.1 应主要通过蜂箱卫生和管理来保证蜂群健康和生存条件，以预防寄生螨及其他有害生物的发生。具体措施包括：

a. 选择适合当地条件的健壮蜂群，淘汰脆弱蜂群；

b. 采取适当措施培育和筛选抗病和抗寄生虫的蜂王；

c. 定期对设施进行清洗和消毒；

d. 定期更换巢脾；

e. 在蜂箱内保留足够的花粉和蜂蜜；

f. 蜂箱应逐个标号，以便于识别，而且应定期检查蜂群。

10.5.2 在已发生疾病的情况下，应优先采用植物或植物源制剂治疗或顺势疗法；不得在流蜜期之前30d内使用植物或植物源制剂进行治疗，也不得在继箱位于蜂箱上时使用。

10.5.3 在植物或植物源制剂治疗和顺势疗法无法控制疾病的情况下，可使用附录B表B.3中的物质控制病害，并可用附录B表B.2中的物质对蜂箱或养蜂工具进行消毒。

10.5.4 应将有患病蜜蜂的蜂箱放置到远离健康蜂箱的医治区或隔离区。

10.5.5 应销毁受疾病严重感染的蜜蜂生活过的蜂箱及材料。

10.5.6 不应使用抗生素和其他未列入附录B表B.3的物质，但当整个蜂群的健康受到威胁时例外。经处理后的蜂箱应立即从有机生产中撤出并作标识，同时应重新经过12个月的转换期，当年的蜂产品也不能被认证为有机产品。

10.5.7 只有在被蜂螨感染时，才可杀死雄蜂群。

10.6 蜂王和蜂群的饲养

10.6.1 鼓励交叉繁育不同种类的蜂群。

10.6.2　可进行选育，但不应对蜂王人工授精。

10.6.3　可为了替换蜂王而杀死老龄蜂王，但不应剪翅。

10.6.4　不应在秋天捕杀蜂群。

10.7　蜂蜡和蜂箱

10.7.1　蜂蜡应来自有机养蜂的生产单元。

10.7.2　加工的蜂蜡应能确保供应有机养蜂场的巢础。

10.7.3　在新组建蜂群或转换期蜂群中可以使用非有机的蜂蜡，但是应满足以下条件：

a. 无法从市场上获得有机蜂蜡；

b. 有证据证明常规蜂蜡未受有机生产中禁用物质的污染；并且来源于蜂盖蜡。

10.7.4　不应使用来源不明的蜂蜡。

10.7.5　蜂箱应用天然材料（如未经化学处理的木材等）或涂有有机蜂蜡的塑料制成，不应用木材防腐剂及其他禁用物质处理过的木料来制作和维护蜂箱。

10.7.6　蜂箱表面不应使用含铅油漆。

10.8　蜂产品收获与处理

10.8.1　蜂群管理和蜂蜜收获方法应以保护蜂群和维持蜂群为目标；不应为提高蜂产量而杀死蜂群或破坏蜂蛹。

10.8.2　在蜂蜜提取操作中不应使用化学驱除剂。

10.8.3　不应收获未成熟蜜。

10.8.4　在去除蜂蜜中的杂质时，加热温度不得超过47℃，应尽量缩短加热过程。

10.8.5　不应从正在进行孵化的巢脾中摇取蜂蜜（中蜂除外）。

10.8.6　应尽量采用机械性蜂房脱盖，避免采用加热性蜂房脱盖。

10.8.7　应通过重力作用使蜂蜜中的杂质沉淀出来，如果使用细网过滤器，其孔径应大于等于0.2mm。

10.8.8　接触取蜜设施的所有材料表面应是不锈钢或涂有有机蜂蜡。

10.8.9　盛装蜂蜜容器的表面应使用食品和饮料包装中许可的涂料涂刷，并用有机蜂蜡覆盖。不应使蜂蜜接触电镀的金属容器或表面已氧化的金属容器。

10.8.10　防止蜜蜂进入蜂蜜提取设施。

10.8.11　提取设施应每天用热水清洗以保持清洁。

10.8.12　不应使用氰化物等化学合成物质作为熏蒸剂。

10.9　蜂产品贮存

10.9.1　成品蜂蜜应密封包装并在稳定的温度下贮存，以避免蜂蜜变质。

10.9.2　提蜜和贮存蜂蜜的场所，应防止虫害和鼠类等的入侵。

10.9.3　不应对贮存的蜂蜜和蜂产品使用萘等化学合成物质来控制蜡螟等害虫。

11　包装、贮藏和运输

11.1　包装

11.1.1　包装材料应符合国家卫生要求和相关规定；宜使用可重复、可回收和可生物降解的包装材料。

11.1.2 包装应简单、实用。

11.1.3 不应使用接触过禁用物质的包装物或容器。

11.2 贮藏

11.2.1 应对仓库进行清洁，并采取有害生物控制措施。

11.2.2 可使用常温贮藏、气调、温度控制、干燥和湿度调节等贮藏方法。

11.2.3 有机产品尽可能单独贮藏。如与常规产品共同贮藏，应在仓库内划出特定区域，并采取必要的包装、标签等措施，确保有机产品和常规产品的识别。

11.3 运输

11.3.1 应使用专用运输工具。如果使用非专用的运输工具，应在装载有机产品前对其进行清洁，避免常规产品混杂和禁用物质污染。

11.3.2 在容器和/或包装物上，应有清晰的有机标识及有关说明。

附录 A
（规范性附录）
有机植物生产中允许使用的投入品

表 A.1 土壤培肥和改良物质

类别	名称和组分	使用条件
Ⅰ.植物和动物来源	植物材料(秸秆、绿肥等)	
	畜禽粪便及其堆肥(包括圈肥)	经过堆制并充分腐熟
	畜禽粪便和植物材料的厌氧发酵产品(沼肥)	
	海草或海草产品	仅直接通过下列途径获得： 物理过程，包括脱水、冷冻和研磨； 用水或酸和/或碱溶液提取； 发酵
	木料、树皮、锯屑、刨花、木灰、木炭及腐殖酸类物质	来自采伐后未经化学处理的木材，地面覆盖或经过堆制
	动物来源的副产品(血粉、肉粉、骨粉、蹄粉、角粉、皮毛、羽毛和毛发粉、鱼粉、牛奶及奶制品等)	未添加禁用物质，经过堆制或发酵处理
	蘑菇培养废料和蚯蚓培养基质	培养基的初始原料限于本附录中的产品，经过堆制
	食品工业副产品	经过堆制或发酵处理
	草木灰	作为薪柴燃烧后的产品
	泥炭	不含合成添加剂。不应用于土壤改良；只允许作为盆栽基质使用
	饼粕	不能使用经化学方法加工的

续表

类别	名称和组分	使用条件
Ⅱ. 矿物来源	磷矿石	天然来源，镉含量小于等于 90mg/kg 五氧化二磷
	钾矿粉	天然来源，未通过化学方法浓缩。氯含量少于 60%
	硼砂	天然来源，未经化学处理、未添加化学合成物质
	微量元素	天然来源，未经化学处理、未添加化学合成物质
	镁矿粉	天然来源，未经化学处理、未添加化学合成物质
	硫黄	天然来源，未经化学处理、未添加化学合成物质
	石灰石、石膏和白垩	天然来源，未经化学处理、未添加化学合成物质
	黏土（如珍珠岩、蛭石等）	天然来源，未经化学处理、未添加化学合成物质
	氯化钠	天然来源，未经化学处理、未添加化学合成物质
	石灰	仅用于茶园土壤 pH 值调节
	窑灰	未经化学处理、未添加化学合成物质
	碳酸钙镁	天然来源，未经化学处理、未添加化学合成物质
	泻盐类	未经化学处理、未添加化学合成物质
Ⅲ. 微生物来源	可生物降解的微生物加工副产品，如酿酒和蒸馏酒行业的加工副产品	未添加化学合成物质
	天然存在的微生物提取物	未添加化学合成物质

表 A.2 植物保护产品

类别	名称和组分	使用条件
Ⅰ. 植物和动物来源	楝素（苦楝、印楝等提取物）	杀虫剂
	天然除虫菊素（除虫菊科植物提取液）	杀虫剂
	苦参碱及氧化苦参碱（苦参等提取物）	杀虫剂
	鱼藤酮类（如毛鱼藤）	杀虫剂
	蛇床子素（蛇床子提取物）	杀虫、杀菌剂
	小檗碱（黄连、黄柏等提取物）	杀菌剂
	大黄素甲醚（大黄、虎杖等提取物）	杀菌剂
	植物油（如薄荷油、松树油、香菜油）	杀虫剂、杀螨剂、杀真菌剂、发芽抑制剂
	寡聚糖（甲壳素）	杀菌剂、植物生长调节剂
	天然诱集和杀线虫剂（如万寿菊、孔雀草、芥子油）	杀线虫剂
	天然酸（如食醋、木醋和竹醋）	杀菌剂
	菇类蛋白多糖（蘑菇提取物）	杀菌剂
	水解蛋白质	引诱剂，只在批准使用的条件下，并与本附录的适当产品结合使用

续表

类别	名称和组分	使用条件
Ⅰ.植物和动物来源	牛奶	杀菌剂
	蜂蜡	用于嫁接和修剪
	蜂胶	杀菌剂
	明胶	杀虫剂
	卵磷脂	杀真菌剂
	具有驱避作用的植物提取物(大蒜、薄荷、辣椒、花椒、薰衣草、柴胡、艾草的提取物)	驱避剂
	昆虫天敌(如赤眼蜂、瓢虫、草蛉等)	控制虫害
Ⅱ.矿物来源	铜盐(如硫酸铜、氢氧化铜、氯氧化铜、辛酸铜等)	杀真菌剂,防止过量施用而引起铜的污染
	石硫合剂	杀真菌剂、杀虫剂、杀螨剂
	波尔多液	杀真菌剂,每年每公顷铜的最大使用量不能超过6kg
	氢氧化钙(石灰水)	杀真菌剂、杀虫剂
	硫黄	杀真菌剂、杀螨剂、驱避剂
	高锰酸钾	杀真菌剂、杀细菌剂;仅用于果树
	碳酸氢钾	杀真菌剂
	石蜡油	杀虫剂,杀螨剂
	轻矿物油	杀虫剂、杀真菌剂;仅用于果树
	氯化钙	用于治疗缺钙症
	硅藻土	杀虫剂
	黏土(如斑脱土、珍珠岩、蛭石、沸石等)	杀虫剂
	硅酸盐(硅酸钠,石英)	驱避剂
	硫酸铁(三价铁离子)	杀软体动物剂
Ⅲ.微生物来源	真菌及真菌提取物(如白僵菌、轮枝菌、木霉菌等)	杀虫、杀菌、除草剂
	细菌及细菌提取物(如苏云金芽孢杆菌、枯草芽孢杆菌、蜡质芽孢杆菌、地衣芽孢杆菌、荧光假单胞杆菌等)	杀虫、杀菌剂、除草剂
	病毒及病毒提取物(如核型多角体病毒、颗粒体病毒等)	杀虫剂
Ⅳ.其他	氢氧化钙	杀真菌剂
	二氧化碳	杀虫剂,用于贮存设施
	乙醇	杀菌剂
	海盐和盐水	杀菌剂,仅用于种子处理,尤其是稻谷种子
	明矾	杀菌剂

续表

类别	名称和组分	使用条件
Ⅳ. 其他	软皂(钾肥皂)	杀虫剂
	乙烯	香蕉、猕猴桃、柿子催熟，菠萝调花，抑制马铃薯和洋葱萌发
	石英砂	杀真菌剂、杀螨剂、驱避剂
	昆虫性外激素	仅用于诱捕器和散发皿内
	磷酸氢二铵	引诱剂，只限用于诱捕器中使用
Ⅴ. 诱捕器、屏障	物理措施(如色彩诱器、机械诱捕器)	
	覆盖物(网)	

表 A.3 清洁剂和消毒剂

名称	使用条件
醋酸(非合成的)	设备清洁
醋	设备清洁
乙醇	消毒
异丙醇	消毒
过氧化氢	仅限食品级的过氧化氢，设备清洁剂
碳酸钠、碳酸氢钠	设备消毒
碳酸钾、碳酸氢钾	设备消毒
漂白剂	包括次氯酸钙、二氧化氯或次氯酸钠，可用于消毒和清洁食品接触面。直接接触植物产品的冲洗水中余氯含量应符合 GB 5749—2006 的要求
过乙酸	设备消毒
臭氧	设备消毒
氢氧化钾	设备消毒
氢氧化钠	设备消毒
柠檬酸	设备清洁
肥皂	仅限可生物降解的。允许用于设备清洁
皂基杀藻剂/除雾剂	杀藻、消毒剂和杀菌剂，用于清洁灌溉系统，不含禁用物质
高锰酸钾	设备消毒

附录 B
(规范性附录)
有机动物养殖中允许使用的物质

表 B.1 添加剂和用于动物营养的物质

序号	名称	说明	INS
1	铁	一水硫酸亚铁、七水硫酸亚铁、碳酸亚铁	1
2	碘	无水碘酸钙、六水碘酸钙、碘化钠	2
3	钴	一水硫酸钴、七水硫酸钴	3
4	铜	五水硫酸铜	4
5	锰	碳酸锰、一氧化锰、三氧化二锰、一水硫酸锰、四水硫酸锰	5
6	锌	氧化锌、碳酸锌、一水硫酸锌、七水硫酸锌	6

续表

序号	名称	说明	INS
7	钼	钼酸钠	7
8	硒	亚硒酸钠	8
9	钠	氯化钠、硫酸钠	
10	钙	碳酸钙(石粉、贝壳粉)、乳酸钙	
11	磷	磷酸氢钙、磷酸二氢钙、磷酸三钙	
12	镁	氧化镁、氯化镁、硫酸镁	
13	硫	硫酸钠	
14	维生素	来源于天然生长的饲料源的维生素。在饲喂单胃动物时可使用与天然维生素结构相同的合成维生素。若反刍动物无法获得天然来源的维生素,可使用与天然维生素一样的合成的维生素A、维生素D和维生素E	
15	微生物	畜牧技术用途,不是转基因/基因工程生物或产品	
16	酵母	青贮饲料添加剂,不是转基因/基因工程生物或产品	
17	酿酒酵母	用于动物营养	
18	酶	青贮饲料添加剂和畜牧技术用途,不是转基因/基因工程生物或产品	
19	山梨酸	防腐剂	200
20	甲酸	防腐剂和青贮饲料添加剂,只可在天气条件不能满足充分发酵的情况下使用	236
21	乙酸	防腐剂和青贮饲料添加剂,只可在天气条件不能满足充分发酵的情况下	260
22	乳酸	防腐剂和青贮饲料添加剂,只可在天气条件不能满足充分发酵的情况下使用	270
23	丙酸	防腐剂和青贮饲料添加剂,只允许在天气条件不能满足充分发酵的情况下使用	280
24	柠檬酸	防腐剂,只可在天气条件不能满足充分发酵的情况下使用	330
25	硬脂酸钙	天然来源,黏合剂和抗结块剂	470
26	二氧化硅	黏结剂和抗结块剂	551b
27	海盐	青贮饲料添加剂	
28	粗食盐	青贮饲料添加剂	
29	乳清	青贮饲料添加剂	
30	糖	青贮饲料添加剂	
31	甜菜渣	青贮饲料添加剂	
32	谷物粉	青贮饲料添加剂	

表 B.2 动物养殖场所允许使用的清洁剂和消毒剂

名 称	使用条件
钾皂和钠皂	
水和蒸汽	
石灰水(氢氧化钙溶液)	
石灰(氧化钙)	
生石灰(氢氧化钙)	
次氯酸钠	用于消毒设施和设备
次氯酸钙	用于消毒设施和设备
二氧化氯	用于消毒设施和设备
高锰酸钾	可使用0.1%高锰酸钾溶液,以免腐蚀性过强
氢氧化钠	

续表

名　称	使用条件
氢氧化钾	
过氧化氢	仅限食品级，用作外部消毒剂。可作为消毒剂添加到家畜的饮水中
植物源制剂	
柠檬酸	
过乙酸	
蚁酸	
乳酸	
草酸	
异丙醇	
乙酸	
酒精	供消毒和杀菌用
碘(如碘酒)	作为清洁剂，应用热水冲洗；仅限非元素碘，体积百分含量不超过5%
硝酸	用于牛奶设备清洁，不应与有机管理的畜禽或者土地接触
磷酸	用于牛奶设备清洁，不应与有机管理的畜禽或者土地接触
甲醛	用于消毒设施和设备
用于乳头清洁和消毒的产品	符合相关国家标准
碳酸钠	

表 B.3　蜜蜂养殖允许使用的疾病和有害生物控制物质

名　称	使用条件
甲酸(蚁酸)	控制寄生螨。这种物质可以在该季最后一次蜂蜜收获之后并且在添加贮蜜继箱之前30天停止使用
乳酸、醋酸、草酸	控制病虫害
薄荷醇	控制蜜蜂呼吸道寄生螨
天然香精油(麝香草酚、桉油精或樟脑)	驱避剂
氢氧化钠	控制病害
氢氧化钾	控制病害
氯化钠	控制病害
草木灰	控制病害
氢氧化钙	控制病害
硫黄	仅限于蜂箱和巢脾的消毒
苏云金杆菌	非转基因
漂白剂(次氯酸钙、二氧化氯或次氯酸钠)	养蜂工具消毒
蒸汽和火焰	蜂箱的消毒
琼脂	仅限水提取的
杀鼠剂(维生素D)	用于控制鼠害，以对蜜蜂和蜂产品安全的方式使用

有机产品加工

（“GB/T 19630.2—2011 有机产品 第2部分：加工”节选）

目 录

1 范围
2 规范性引用文件
3 术语和定义
4 要求
4.1 通则
4.2 食品和饲料
4.2.1 配料、添加剂和加工助剂
4.2.2 加工
4.2.3 有害生物防治
4.2.4 包装
4.2.5 贮藏
4.2.6 运输
4.3 纺织品
4.3.1 原料
4.3.2 加工
4.3.3 染料和染整
4.3.4 制成品
附录A （规范性附录）有机食品加工中允许使用的食品添加剂、助剂和其他物质
A.1 食品添加剂
A.2 加工助剂
A.3 调味品
A.4 微生物制品
A.5 其他配料
附录B（规范性附录）有机饲料加工中允许使用的添加剂

1 范围

略。

2　规范性引用文件

略。

3　术语和定义

略。

4　要求

4.1　通则

4.1.1　应当对本部分所涉及的加工及其后续过程进行有效控制，以保持加工后产品的有机属性，具体表现在如下方面：

a. 配料主要来自 GB/T 19630.1 所描述的有机农业生产体系，尽可能减少使用非有机农业配料，有法律法规要求的情况除外；

b. 加工过程尽可能地保持产品的营养成分和原有属性；

c. 有机产品加工及其后续过程在空间或时间上与非有机产品加工及其后续过程分开。

4.1.2　有机产品加工应当符合相关法律法规的要求。有机食品加工厂应符合 GB 14881 的要求，有机饲料加工厂应符合 GB/T 16764 的要求，其他加工厂应符合国家及行业部门有关规定。

4.1.3　有机产品加工应考虑不对环境产生负面影响或将负面影响减少到最低。

4.2　食品和饲料

4.2.1　配料、添加剂和加工助剂

4.2.1.1　来自 GB/T 19630.1 所描述的有机农业生产体系的有机配料在终产品中所占的质量或体积不少于配料总量的 95%。

4.2.1.2　当有机配料无法满足需求时，可使用非有机农业配料，但应不大于配料总量的 5%。一旦有条件获得有机配料时，应立即用有机配料替换。

4.2.1.3　同一种配料不应同时含有有机、常规或转换成分。

4.2.1.4　作为配料的水和食用盐应分别符合 GB 5749 和 GB 2721 的要求，且不计入 4.2.1.1 所要求的配料中。

4.2.1.5　对于食品加工，可使用附录 A 中表 A.1 和表 A.2 所列的食品添加剂和加工助剂，使用条件应符合 GB 2760 的规定。

4.2.1.6　对于饲料加工，可使用附录 B 所列的饲料添加剂，使用时应符合国家相关法律法规的要求。

4.2.1.7　对于食品加工，需使用其他物质时，首先应符合 GB 2760 的规定，并按照附录 C 中的程序对该物质进行评估。

4.2.1.8 在下列情况下，可以使用矿物质（包括微量元素）、维生素、氨基酸：

a. 不能获得符合本标准的替代物；

b. 如果不使用这些配料，产品将无法正常生产或保存，或其质量不能达到一定的标准；

c. 其他法律法规要求的。

4.2.1.9 不应使用来自转基因的配料、添加剂和加工助剂。

4.2.2 加工

4.2.2.1 不应破坏食品和饲料的主要营养成分，可以采用机械、冷冻、加热、微波、烟熏等处理方法及微生物发酵工艺；可以采用提取、浓缩、沉淀和过滤工艺，但提取溶剂仅限于水、乙醇、动植物油、醋、二氧化碳、氮或羧酸，在提取和浓缩工艺中不应添加其他化学试剂。

4.2.2.2 应采取必要的措施，防止有机与非有机产品混合或被禁用物质污染。

4.2.2.3 加工用水应符合 GB 5749 的要求。

4.2.2.4 不应在加工和贮藏过程中采用辐照处理。

4.2.2.5 不应使用石棉过滤材料或可能被有害物质渗透的过滤材料。

4.2.3 有害生物防治

4.2.3.1 应优先采取以下管理措施来预防有害生物的发生：

a. 消除有害生物的孳生条件；

b. 防止有害生物接触加工和处理设备；

c. 通过对温度、湿度、光照、空气等环境因素的控制，防止有害生物的繁殖。

4.2.3.2 可使用机械类、信息素类、气味类、黏着性的捕害工具、物理障碍、硅藻土、声光电器具，作为防治有害生物的设施或材料。

4.2.3.3 可使用下述物质作为加工过程需要使用的消毒剂：乙醇、次氯酸钙、次氯酸钠、二氧化氯和过氧化氢。消毒剂应经国家主管部门批准。不应使用有毒有害物质残留的消毒剂。

4.2.3.4 在加工或贮藏场所遭受有害生物严重侵袭的紧急情况下，提倡使用中草药进行喷雾和熏蒸处理；不应使用硫黄熏蒸。

4.2.4 包装

4.2.4.1 提倡使用由木、竹、植物茎叶和纸制成的包装材料，可使用符合卫生要求的其他包装材料。

4.2.4.2 所有用于包装的材料应是食品级包装材料，包装应简单、实用，避免过度包装，并应考虑包装材料的可生物降解和回收利用。

4.2.4.3 可使用二氧化碳和氮作为包装填充剂。

4.2.4.4 不应使用含有合成杀菌剂、防腐剂和熏蒸剂的包装材料。

4.2.4.5 不应使用接触过禁用物质的包装袋或容器盛装有机产品。

4.2.5　贮藏

4.2.5.1　有机产品在贮藏过程中不得受到其他物质的污染。

4.2.5.2　储藏产品的仓库应干净、无虫害，无有害物质残留。

4.2.5.3　除常温贮藏外，可用以下贮藏方法：

a. 贮藏室空气调控；

b. 温度控制；

c. 干燥；

d. 湿度调节。

4.2.5.4　有机产品应单独存放。如果不得不与常规产品共同存放，应在仓库内划出特定区域，并采取必要的措施确保有机产品不与其他产品混放。

4.2.6　运输

4.2.6.1　运输工具在装载有机产品前应清洁。

4.2.6.2　有机产品在运输过程中应避免与常规产品混杂或受到污染。

4.2.6.3　在运输和装卸过程中，外包装上的有机认证标志及有关说明不得被玷污或损毁。

4.3　纺织品

4.3.1　原料

4.3.1.1　纺织品的纤维原料应是100%的有机原料。

4.3.1.2　在原料加工成纤维的过程中，应尽可能减少对环境的影响。

4.3.1.3　纺织品中的非纺织原料，在生产、使用和废弃物的处理过程中，不应对环境和人类造成危害。

4.3.2　加工

4.3.2.1　在纺织品加工过程中应采用适宜的生产方法，尽可能减少对环境的影响。

4.3.2.2　不应使用对人体和环境有害的物质，使用的助剂均不得含有致癌、致畸、致突变、致敏性的物质，对哺乳动物的毒性口服 LD_{50} 应大于2000mg/kg。

4.3.2.3　不应使用易生物积累的和不易生物降解的物质。

4.3.2.4　在纺织品加工过程中能耗应最小化，尽可能使用可再生能源。

4.3.2.5　如果在工艺或设备上将有机加工和常规加工分离会对环境造成显著不利的影响，而不分离不会导致有机纺织品与常规加工过程中使用的循环流体（如碱洗、上浆、漂洗等工序）接触的风险，则有机和常规工艺可以不分离，但加工厂应保证有机纺织品不受禁用物质污染。

4.3.2.6　加工单位应采用有效的污水处理工艺，确保排水中污染物浓度不超过GB 4287的规定。

4.3.2.7　应制定并实施生产过程中的环境管理改善计划。

4.3.2.8　煮茧过程或洗毛过程所用的表面活性剂应选择易生物降解的种类。

4.3.2.9　浆液应易于降解或至少有80%可得到循环利用。

4.3.2.10 在丝光处理工艺中，可使用氢氧化钠或其他的碱性物质，但应最大限度地循环利用。

4.3.2.11 纺织油和编织油（针油）应选用易生物降解的或由植物提取的油剂。

4.3.3 染料和染整

4.3.3.1 应使用植物源或矿物源的染料。

4.3.3.2 不应使用GB/T 18885中规定的禁止使用的有害染料及物质。

4.3.3.3 可使用天然的印染增稠剂。

4.3.3.4 可使用易生物降解的软化剂。

4.3.3.5 不应使用含有会在污水中形成有机卤素化合物的物质进行印染设备的清洗。

4.3.3.6 染料中的重金属类含量不得超过下表中的指标。

金属名称	指标/(mg/kg)	金属名称	指标/(mg/kg)	金属名称	指标/(mg/kg)
锑	50	砷	50	钡	100
铅	100	镉	20	铬	100
铁	2500	铜	250	锰	1000
镍	200	汞	4	硒	20
银	100	锌	1500	锡	250

4.3.4 制成品

4.3.4.1 辅料（如衬里、装饰物、纽扣、拉链、缝线等）应使用对环境无害的材料，尽量使用天然材料。

4.3.4.2 制成品加工过程（如砂洗、水洗）不得使用对人体及环境有害的助剂。

4.3.4.3 制成品中有害物质含量不得超过GB/T 18885的规定。

附录A
(规范性附录)
有机食品加工中允许使用的食品添加剂、助剂和其他物质

A.1 食品添加剂

表A.1 食品添加剂列表

序号	名 称	使用条件	INS
1	阿拉伯胶(arabic gum)	增稠剂,用于GB 2760—2011表A.3所列食品之外的各类食品	414
2	刺梧桐树胶(karaya gum)	稳定剂,用于调制乳和水油状脂肪乳化制品以及GB 2760—2011表A.3所列食品之外的各类食品,按生产需要适量使用	416
3	二氧化硅(silicon dioxide)	抗结剂,用于脱水蛋制品、乳粉、可可粉、可可脂、糖粉、植物性粉末、固体复合调味料、固体饮料类、香辛料类,按GB 2760-2011限量使用	551

续表

序号	名 称	使用条件	INS
4	二氧化硫(sulfur dioxide)	漂白剂,用于葡萄酒、未加糖的果酒(包括苹果酒、梨酒、蜂蜜酒),按 GB 2760—2011 限量使用	220
5	甘油(glycerine)	水分保持剂,用于 GB 2760—2011 表 A.3 所列食品之外的各类食品,按生产需要适量使用	422
6	瓜尔胶(guar gum)	增稠剂,用于 GB 2760—2011 表 A.3 所列食品之外的各类食品,按生产需要适量使用	412
7	果胶(pectins)	增稠剂,用于 GB 2760—2011 表 A.3 所列食品之外的各类食品,按生产需要适量使用	440
8	海藻酸钾(potassium alginate)	增稠剂,用于 GB 2760—2011 表 A.3 所列食品之外的各类食品,按生产需要适量使用	402
9	海藻酸钠(sodium alginate)	增稠剂,用于 GB 2760—2011 表 A.3 所列食品之外的各类食品,按生产需要适量使用	401
10	槐豆胶(carob bean gum)	增稠剂,用于果冻、果酱、冰淇淋,按生产需要适量使用	410
11	黄原胶(xanthan gum)	增稠剂,用于果冻、花色酱汁,按生产需要适量使用	415
12	焦亚硫酸钾(potassium metabisulphite)	漂白剂,用于啤酒、发酵后加糖或浓缩果汁的苹果酒及梨酒等(葡萄酒除外),按 GB 2760—2011 限量使用	224
13	酒石酸(tartaric acid)	酸度调节剂,用于 GB 2760—2011 表 A.3 所列食品之外的各类食品,按生产需要适量使用	334
14	酒石酸氢钾(potassium bitartrate)	膨松剂,用于小麦粉及其制品、焙烤食品。按 GB 2760-2011 限量使用	336
15	卡拉胶(carrageenan)	增稠剂,用于 GB 2760—2011 表 A.3 所列食品之外的各类食品,按生产需要适量使用	407
16	抗坏血酸(维生素 C,ascorbic acid)	抗氧化剂,用于啤酒、发酵面制品、果蔬汁(肉)饮料、植物蛋白饮料、茶饮料、可可制品、巧克力和巧克力制品及糖果。按 GB 2760—2011 限量使用	300
17	磷酸氢钙(calcium hydrogen phosphate)	膨松剂,用于发酵面制品、饼干。按 GB 2760 限量使用	341ii
18	硫酸钙(天然,calcium sulfate)	稳定剂、凝固剂,用于小麦粉制品,按 GB 2760—2011 限量使用;用于豆制品,按生产需要适量使用	516
19	氯化钙(calcium chloride)	凝固剂,用于豆制品,按生产需要适量使用	509
20	氯化钾(potassium chloride)	用于矿物质饮料、运动饮料、低钠盐,按 GB 2760—2011 限量使用	508
21	氯化镁(天然)magnesium chloride	稳定和凝固剂,用于豆类制品,按生产需要适量使用	511
22	明胶(gelatin)	增稠剂,用于 GB 2760—2011 表 A.3 所列食品之外的各类食品,按生产需要适量使用	
23	柠檬酸(citric acid)	酸度调节剂,应是碳水化合物经微生物发酵的产物。用于 GB 2760—2011 表 A.3 所列食品之外的各类食品,按生产需要适量使用	330
24	柠檬酸钾(tripotassium citrate)	酸度调节剂,用于 GB 2760—2011 表 A.3 所列食品之外的各类食品,按生产需要适量使用	332ii
25	柠檬酸钠(trisodium citrate)	酸度调节剂,用于 GB 2760—2011 表 A.3 所列食品之外的各类食品,按生产需要适量使用	331iii

续表

序号	名 称	使 用 条 件	INS
26	苹果酸(malic acid)	酸度调节剂，不能是转基因产品，用于 GB 2760—2011 表 A.3 所列食品之外的各类食品，按生产需要适量使用	296
27	氢氧化钙(calcium hydroxide)	酸度调节剂，用于乳粉(包括加糖乳粉)和奶油粉及其调制产品、婴儿配方食品，按生产需要适量使用	526
28	琼脂(agar)	增稠剂，用于 GB 2760—2011 表 A.3 所列食品之外的各类食品，按生产需要适量使用	406
29	乳酸(lactic acid)	酸度调节剂，不能是转基因产品，用于 GB 2760—2011 表 A.3 所列食品之外的各类食品，按生产需要适量使用	270
30	乳酸钠(sodium lactate)	水分保持剂，用于奶制品(原味发酵乳和稀奶油除外)及肉制品，按 GB 2760—2011 限量使用	325
31	碳酸钙(calcium carbonate)	膨松剂，用于 GB 2760—2011 表 A.3 所列食品之外的各类食品，按生产需要适量使用	170i
32	碳酸钾(potassium carbonate)	酸度调节剂，仅可在不能使用天然碳酸钠的情况下使用，用于面食制品(生湿面制品和生干面制品除外)，按生产需要适量使用	501i
33	碳酸钠(sodium carbonate)	酸度调节剂，用于小麦粉制品、糕点，按生产需要适量使用	500i
34	碳酸氢铵(ammonium hydrogen carbonate)	膨松剂，用于 GB 2760—2011 表 A.3 所列食品之外的各类食品，按生产需要适量使用	503ii
35	硝酸钾(potassium nitrate)	防腐剂，用于肉制品，最大使用量 80mg/kg，最大残留量 30mg/kg	252
36	亚硝酸钠(sodium nitrite)	防腐剂，用于肉制品，最大使用量 80mg/kg，最大残留量 30mg/kg	250
37	胭脂树橙(降红木素)annatto extract	着色剂，用于再制干酪，按 GB 2760—2011 限量使用	160b

A.2 加工助剂

表 A.2 加工助剂列表

序号	中文名称	使 用 条 件	INS
1	氮气(nitrogen)	用于食品保存，仅允许使用非石油来源的不含石油级产品	941
2	二氧化碳(非石油制品)(carbon dioxide)	防腐剂、加工助剂，应是非石油制品。用于碳酸饮料，其他发酵酒类(充气型)	290
3	高岭土(kaolin)	澄清剂、过滤助剂，用于葡萄酒、果酒、配制酒的加工工艺和发酵工艺	559
4	固化单宁(immobilized tannin)	澄清剂，用于配制酒的加工工艺和发酵工艺	
5	硅胶(silica gel)	澄清剂，用于啤酒、葡萄酒、果酒、配制酒和黄酒的加工工艺	

续表

序号	中文名称	使用条件	INS
6	硅藻土(diatomaceous earth)	过滤助剂	
7	活性炭(activated carbon)	加工助剂	
8	磷酸铵(ammonium phosphate)	加工助剂	
9	硫酸(sulfuric acid)	絮凝剂,用于啤酒的加工工艺	
10	氯化钙(calcium chloride)	加工助剂,用于豆制品加工工艺	509
11	膨润土(皂土、斑脱土)(bentonite)	吸附剂、助滤剂、澄清剂,用于葡萄酒、果酒、黄酒和配制酒的加工工艺、发酵工艺	
12	氢氧化钙(calcium hydroxide)	用作玉米面的添加剂和食糖加工助剂	526
13	氢氧化钠(sodium hydroxide)	酸度调节剂,加工助剂	524
14	食用单宁(edible tannin)	用于黄酒、啤酒、葡萄酒和配制酒的加工工艺、油脂脱色工艺	181
15	碳酸钙(calcium carbonate)	加工助剂	170i
16	碳酸钾(potassium carbonate)	用于葡萄干燥	501i
17	碳酸镁(magnesium carbonate)	加工助剂,用于面粉加工	504i
18	碳酸钠(sodium carbonate)	用于食糖的生产	500i
19	纤维素(cellulose)	用于白明胶的生产	
20	盐酸(hydrochloric acid)	用于白明胶的生产	507
21	乙醇(ethanol)	用作原料的乙醇必须是有机来源的	
22	珍珠岩(pearl rock)	助滤剂,用于啤酒、葡萄酒、果酒和配制酒的加工工艺、发酵工艺	
23	滑石粉(talc)	脱模剂,用于糖果的加工工艺	553iii

A.3 调味品

调味品包括：

a. 香精油：以油、水、酒精、二氧化碳为溶剂通过机械和物理方法提取的天然香料；

b. 天然烟熏味调味品；

c. 天然调味品：须根据附录C评估添加剂和加工助剂的准则来评估认可。

A.4 微生物制品

微生物制品包括：

a. 天然微生物及其制品：基因工程生物及其产品除外；

b. 发酵剂：生产过程未使用漂白剂和有机溶剂。

A.5 其他配料

其他配料包括：

a. 饮用水；

b. 食盐；

c. 矿物质（包括微量元素）和维生素：法律规定必须使用，或有确凿证据证明食品中严重缺乏时才可以使用。

附录B
（规范性附录）
有机饲料加工中允许使用的添加剂

表 B.1 饲料添加剂列表

序号	名 称	说 明	INS
1	铁(iron)	硫酸亚铁、碳酸亚铁	
2	碘(iodine)	碘酸钙、六水碘酸钙、碘化钾、碘化钠	
3	钴(cobalt)	硫酸钴、氯化钴	
4	铜(copper)	五水硫酸铜、氧化铜(反刍动物)	
5	锰(manganese)	碳酸锰、氧化锰、硫酸锰、氯化锰	
6	锌(zinc)	碳酸锌、氧化锌、硫酸锌	
7	钼(molybdenum)	钼酸钠	
8	硒(selenium)	亚硒酸钠	
9	钠(sodium)	氯化钠、硫酸钠	
10	钙(calcium)	碳酸钙(石粉、贝壳粉)、乳酸钙	
11	磷(phosphorous)	磷酸氢钙、磷酸二氢钙、磷酸三钙	
12	镁(magnesium)	氧化镁、氯化镁、硫酸镁	
13	硫(sulfur)	硫酸钠	
14	维生素(vitamine)	来源于天然生长的饲料原料的维生素。在饲喂单胃动物时可使用与天然维生素一样的合成维生素。若反刍动物无法获得天然来源的维生素,允许使用与天然维生素一样的合成的维生素A、维生素D和维生素E	
15	微生物(microorganism)	地衣芽孢杆菌、枯草芽孢杆菌、两歧双歧杆菌、粪肠球菌、屎肠球菌、乳酸肠球菌、嗜酸乳杆菌、干酪乳杆菌、乳酸乳杆菌、植物乳杆菌、乳酸片球菌、戊糖片球菌、产朊假丝酵母、酿酒酵母、沼泽红假单胞菌、保加利亚乳杆菌(仅用于猪、鸡饲料和青贮饲料)	
16	酶(enzyme)	青贮饲料添加剂	
17	山梨酸(sorbic acid)	防腐剂	200
18	甲酸(formic acid)	防腐剂,用于青贮饲料,只有在天气条件不能满足充分发酵时才可使用	236
19	乙酸(acetic acid)	防腐剂,用于青贮饲料,只有在天气条件不能满足充分发酵时才可使用	260
20	乳酸(lactic acid)	防腐剂,用于青贮饲料,只有在天气条件不能满足充分发酵时才可使用	270
21	丙酸(propionic acid)	防腐剂,用于青贮饲料,只有在天气条件不能满足充分发酵时才可使用	280
22	柠檬酸(citric acid)	防腐剂	330
23	硬脂酸钙(calcium stearate)	天然来源,黏合剂和抗结块剂	470
24	二氧化硅(silicon dioxide)	黏合剂和抗结块剂	551b
25	硅藻土(diatomaceous earth)	黏合剂和抗结块剂	551c
26	膨润土(bentonite)	黏合剂和抗结块剂	558
27	高岭石黏土(kaolin)	黏合剂和抗结块剂	559
28	珍珠岩(pearl rock)	黏合剂和抗结块剂	599

有机产品标识与销售

（“GB/T 19630.3—2011 有机产品 第3部分：标识与销售”节选）

1　范围

略。

2　规范性引用文件

略。

3　术语和定义

略。

4　通则

4.1　有机产品应按照国家有关法律法规、标准的要求进行标识。

4.2　“有机”术语或其他间接暗示为有机产品的字样、图案、符号，以及中国有机产品认证标志只应用于按照GB/T 19630.1、GB/T 19630.2和GB/T 19630.4的要求生产和加工并获得认证的有机产品的标识，除非“有机”表述的意思与本标准完全无关。

4.3　“有机”、“有机产品”仅适用于获得有机产品认证的产品，“有机转换”、“有机转换产品”仅适用于获得转换产品认证的产品。不得误导消费者将常规产品作为有机转换产品或者将有机转换产品作为有机产品。

4.4　标识中的文字、图形或符号等应清晰、醒目。图形、符号应直观、规范。文字、图形、符号的颜色与背景色或底色应为对比色。

4.5　进口有机产品的标识和有机产品认证标志也应符合本标准的规定。

5　产品的标识要求

5.1　有机配料含量等于或者高于95%并获得有机产品认证的产品，方可在产品名称前标识“有机”，在产品或者包装上加施中国有机产品认证标志。

5.2　有机配料含量等于或者高于95%并获得有机转换产品认证的产品，方可在产品名称前标识“有机转换”，在产品或者包装上加施中国有机转换产品认证标志。

5.3　有机配料含量低于95%、等于或者高于70%的产品，可在产品名称前标识“有机配料生产”，并应注明获得认证的有机配料的比例。

5.4 有机配料含量低于95%、等于或者高于70%的产品，有机配料为转换期产品的，可在产品名称前标识“有机转换配料生产”，并应注明获得认证的有机转换配料的比例。

5.5 有机配料含量低于70%的加工产品，只可在产品配料表中将获得认证的有机配料标识为“有机”，并应注明有机配料的比例。

5.6 有机配料含量低于70%的加工产品，有机配料为转换期产品的，只能在产品配料表中将某种获得认证的配料标识为“有机转换”，并注明有机转换配料的比例。

6 有机配料百分比的计算

6.1 有机配料百分比的计算不包括加工过程中及以配料形式添加的水和食盐。

6.2 对于固体形式的有机产品，其有机配料百分比按照式（1）计算：

$$Q=\frac{W_1}{W}\times 100\% \tag{1}$$

式中 Q——有机配料百分比，%；

W_1——产品有机配料的总重量，kg；

W——产品总重量，kg。

注：计算结果均应向下取整数。

6.3 对于液体形式的有机产品，其有机配料百分比按照式（2）计算（对于由浓缩物经重新组合制成的，应在配料和产品成品浓缩物的基础上计算其有机配料的百分比）：

$$Q=\frac{V_1}{V}\times 100\% \tag{2}$$

式中 Q——有机配料百分比，%；

V_1——产品有机配料的总体积，L；

V——产品总体积，L。

注：计算结果均应向下取整数。

6.4 对于包含固体和液体形式的有机产品，其有机配料百分比按照式（3）计算：

$$Q=\frac{W_1+W_2}{W}\times 100\% \tag{3}$$

式中 Q——有机配料百分比，%；

W_1——产品中固体有机配料的总重量，kg；

W_2——产品中液体有机配料的总重量，kg；

W——产品总重量，kg。

注：计算结果均应向下取整数。

7 中国有机产品认证标志

7.1 中国有机产品认证标志的图形与颜色要求如图1所示。

7.2 标识为“有机”的产品应在获证产品或者产品的最小销售包装上加施中国有

机产品认证标志及其唯一编号、认证机构名称或者其标识。

7.3　中国有机产品认证标志可以根据产品的特性，采取粘贴或印刷等方式直接加施在产品或产品的最小包装上。对于散装或裸装产品，以及鲜活动物产品，应在销售专区的适当位置展示中国有机产品认证标志、认证证书复印件。不直接零售的加工原料，可以不加施。

7.4　印制的中国有机产品认证标志应当清楚、明显。

7.5　印制在获证产品标签、说明书及广告宣传材料上的中国有机产品认证标志，可以按比例放大或者缩小，但不得变形、变色。

C:100 M:0 Y:100 K:0

C:0 M:60 Y:100 K:0

图1　中国有机产品认证标志

8　销售

8.1　为保证有机产品的完整性和可追溯性，销售者在销售过程中应采取但不限于下列措施：

- 有机产品应避免与非有机产品的混合；
- 有机产品避免与本标准禁止使用的物质接触。
- 建立有机产品的购买、运输、储存、出入库和销售等记录。

8.2　有机产品进货时，销售商应索取有机产品认证证书、有机产品销售证等证明材料，有机配料低于95%并标识“有机配料生产”等字样的产品，其证明材料应能证明有机产品的来源。

8.3　生产商、销售商在采购时应对有机产品认证证书的真伪进行验证，并留存认证证书复印件。

8.4　对于散装或裸装产品，以及鲜活动物产品，应在销售场所设立有机产品销售专区或陈列专柜，并与非有机产品销售区、柜分开。

8.5　在有机产品的销售专区或陈列专柜，应在显著位置摆放有机产品认证证书复印件。

有机产品管理体系

（“GB/T 19630.4—2011 有机产品 第 4 部分：管理体系”节选）

1 范围

略。

2 规范性引用文件

略。

3 术语和定义

略。

4 要求

4.1 通则

4.1.1 有机产品生产、加工、经营者应有合法的土地使用权和合法的经营证明文件。

4.1.2 有机产品生产、加工、经营者应按 GB/T 19630.1、GB/T 19630.2、GB/T19630.3 的要求建立和保持有机生产、加工、经营管理体系，该管理体系应形成本部分 4.2 要求的系列文件，加以实施和保持。

4.2 文件要求

4.2.1 文件内容

有机生产、加工、经营管理体系的文件应包括：

a. 生产单元或加工、经营等场所的位置图；

b. 有机生产、加工、经营的管理手册；

c. 有机生产、加工、经营的操作规程；

d. 有机生产、加工、经营的系统记录。

4.2.2 文件的控制

有机生产、加工、经营管理体系所要求的文件应是最新有效的，应确保在使用时可获得适用文件的有效版本。

4.2.3 生产单元或加工、经营等场所的位置图

应按比例绘制生产单元或加工、经营等场所的位置图，并标明但不限于以下

内容：

a. 种植区域的地块分布，野生采集区域、水产捕捞区域、水产养殖场、蜂场及蜂箱的分布，畜禽养殖场及其牧草场、自由活动区、自由放牧区、粪便处理场所的分布，加工、经营区的分布；

b. 河流、水井和其他水源；

c. 相邻土地及边界土地的利用情况；

d. 畜禽检疫隔离区域；

e. 加工、包装车间、仓库及相关设备的分布；

f. 生产单元内能够表明该单元特征的主要标示物。

4.2.4　有机产品生产、加工、经营管理手册

应编制和保持有机产品生产、加工、经营组织管理手册，该手册应包括但不限于以下内容：

a. 有机产品生产、加工、经营者的简介；

b. 有机产品生产、加工、经营者的管理方针和目标；

c. 管理组织机构图及其相关岗位的责任和权限；

d. 有机标识的管理；

e. 可追溯体系与产品召回；

f. 内部检查；

g. 文件和记录管理；

h. 客户投诉的处理；

i. 持续改进体系。

4.2.5　生产、加工、经营操作规程

应制定并实施生产、加工、经营操作规程，操作规程中至少应包括：

a. 作物种植、食用菌栽培、野生采集、畜禽养殖、水产养殖/捕捞、蜜蜂养殖等生产技术规程；

b. 防止有机生产、加工和经营过程中受禁用物质污染所采取的预防措施；

c. 防止有机产品与非有机产品混杂所采取的措施；

d. 植物产品收获规程及收获、采集后运输、加工、贮藏等各道工序的操作规程；

e. 动物产品的屠宰、捕捞、提取、加工、运输及贮藏等环节的操作规程；

f. 运输工具、机械设备及仓储设施的维护、清洁规程；

g. 加工厂卫生管理与有害生物控制规程；

h. 标签及生产批号的管理规程；

i. 员工福利和劳动保护规程。

4.2.6　记录

有机产品生产、加工、经营者应建立并保持记录。记录应清晰准确，为有机生

产、加工、经营活动提供有效证据。记录至少保存 5 年并应包括但不限于以下内容：

a. 生产单元的历史记录及使用禁用物质的时间及使用量；

b. 种子、种苗、种畜禽等繁殖材料的种类、来源、数量等信息；

c. 肥料生产过程记录；

d. 土壤培肥施用肥料的类型、数量、使用时间和地块；

e. 病、虫、草害控制物质的名称、成分、使用原因、使用量和使用时间等；

f. 动物养殖场所有进入、离开该单元动物的详细信息（品种、来源、识别方法、数量、进出日期、目的地等）；

g. 动物养殖场所有药物的使用情况，包括：产品名称、有效成分、使用原因、用药剂量，被治疗动物的识别方法、治疗数目、治疗起始日期、销售动物或其产品的最早日期；

h. 动物养殖场所有饲料和饲料添加剂的使用详情，包括种类、成分、使用时间及数量等；

i. 所有生产投入品的台账记录（来源、购买数量、使用去向与数量、库存数量等）及购买单据；

j. 植物收获记录，包括品种、数量、收获日期、收获方式、生产批号等；

k. 动物（蜂）产品的屠宰、捕捞、提取记录；

l. 加工记录，包括原料购买、入库、加工过程、包装、标识、贮藏、出库、运输记录等；

m. 加工厂有害生物防治记录和加工、贮存、运输设施清洁记录；

n. 销售记录及有机标识的使用管理记录；

o. 培训记录；

p. 内部检查记录。

4.3 资源管理

4.3.1 有机产品生产、加工、经营者应具备与有机生产、加工、经营规模和技术相适应的资源。

4.3.2 应配备有机产品生产、加工、经营的管理者并具备以下条件：

a. 本单位的主要负责人之一；

b. 了解国家相关的法律、法规及相关要求；

c. 了解 GB/T 19630.1、GB/T 19630.2、GB/T 19630.3，以及本部分的要求；

d. 具备农业生产和（或）加工、经营的技术知识或经验；

e. 熟悉本单位的有机生产、加工、经营管理体系及生产和（或）加工、经营过程。

4.3.3 应配备内部检查员并具备以下条件：

a. 了解国家相关的法律、法规及相关要求；

b. 相对独立于被检查对象；

c. 熟悉并掌握 GB/T 19630.1、GB/T 19630.2、GB/T 19630.3，以及本部分的要求；

d. 具备农业生产和（或）加工、经营的技术知识或经验；

e. 熟悉本单位的有机生产、加工和经营管理体系及生产和（或）加工、经营过程。

4.4 内部检查

4.4.1 应建立内部检查制度，以保证有机生产、加工、经营管理体系及生产过程符合 GB/T 19630.1、GB/T 19630.2、GB/T 19630.3 以及本部分的要求。

4.4.2 内部检查应由内部检查员来承担。

4.4.3 内部检查员的职责是：

a. 按照本部分，对本企业的管理体系进行检查，并对违反本部分的内容提出修改意见；

b. 按照 GB/T 19630.1、GB/T 19630.2、GB/T 19630.3 的要求，对本企业生产、加工过程实施内部检查，并形成记录；

c. 配合认证机构的检查和认证。

4.5 可追溯体系与产品召回

有机产品生产、加工、经营者应建立完善的可追溯体系，保持可追溯的生产全过程的详细记录（如地块图、农事活动记录、加工记录、仓储记录、出入库记录、销售记录等）以及可跟踪的生产批号系统。

有机产品生产、加工、经营者应建立和保持有效的产品召回制度，包括产品召回的条件、召回产品的处理、采取的纠正措施、产品召回的演练等。并保留产品召回过程中的全部记录，包括召回、通知、补救、原因、处理等。

4.6 投诉

有机产品生产、加工、经营者应建立和保持有效的处理客户投诉的程序，并保留投诉处理全过程的记录，包括投诉的接受、登记、确认、调查、跟踪、反馈。

4.7 持续改进

组织应持续改进其有机生产、加工和经营管理体系的有效性，促进有机生产、加工和经营的健康发展，以消除不符合或潜在不符合有机生产、加工和经营的因素。有机生产、加工和经营者应：

a. 确定不符合的原因；

b. 评价确保不符合不再发生的措施的需求；

c. 确定和实施所需的措施；

d. 记录所采取措施的结果；

e. 评审所采取的纠正或预防措施。

有机产品认证管理办法

第一章 总 则

第一条 为促进有机产品生产、加工和贸易的发展，规范有机产品认证活动，提高有机产品的质量和管理水平，保护生态环境，根据《中华人民共和国认证认可条例》等有关法律、行政法规的规定，制定本办法。

第二条 本办法所称的有机产品，是指生产、加工、销售过程符合有机产品国家标准的供人类消费、动物食用的产品。

本办法所称的有机产品认证，是指认证机构按照有机产品国家标准和本办法的规定对有机产品生产和加工过程进行评价的活动。

第三条 在中华人民共和国境内从事有机产品认证活动以及有机产品生产、加工、销售活动，应当遵守本办法。

第四条 国家认证认可监督管理委员会 （以下简称国家认监委）负责有机产品认证活动的统一管理、综合协调和监督工作。

地方质量技术监督部门和各地出入境检验检疫机构（以下统称地方认证监督管理部门）按照各自职责依法对所辖区域内有机产品认证活动实施监督检查。

第五条 国家制定统一的有机产品认证基本规范、规则，统一的合格评定程序，统一的标准，统一的标志。

第六条 国家按照平等互利的原则开展有机产品认证认可的国际互认。

从事有机产品认证的机构（以下简称有机产品认证机构），应当按照国家认监委对外签署的有机产品认证互认协议开展相关互认活动。

第二章 机构管理

第七条 有机产品认证机构应当依法设立，具有《中华人民共和国认证认可条例》规定的基本条件和从事有机产品认证的技术能力，并取得国家认监委确定的认可机构（以下简称认可机构）的认可后，方可从事有机产品认证活动。

境外有机产品认证机构在中国境内开展有机产品认证活动的，应当符合《中华人民共和国认证认可条例》和其他有关法律、行政法规以及本办法的有关规定。

第八条 从事有机产品认证的检查员应当经认可机构注册后，方可从事有机产品认证活动。

第九条 从事与有机产品认证有关的产地（基地）环境检测、产品样品检测活动的机构（以下简称有机产品检测机构）应当具备相应的检测条件和能力，并通过计量认证或者取得实验室认可。

第十条 国家认监委对符合本办法第七条规定的有机产品认证机构予以批准。

国家认监委定期公布符合本办法第七条和第九条规定的有机产品认证机构和有

机产品检测机构的名录。不在目录所列范围之内的认证机构和产品检测机构，不得从事有机产品的认证和相关检测活动。

第三章　认证实施

第十一条　有机产品认证机构实施有机产品认证，应当依据有机产品国家标准。

出口的有机产品，应当符合进口国家或者地区的特殊要求。

第十二条　有机产品认证机构，应当公开有机产品认证依据的标准、认证基本规范、规则和收费标准等信息。

第十三条　有机产品生产、加工单位和个人或者其代理人（以下统称申请人），可以自愿向有机产品认证机构提出有机产品认证申请。申请时，应当提交下列书面材料：

（一）申请人名称、地址和联系方式；

（二）产品产地（基地）区域范围，生产、加工规模；

（三）产品生产、加工或者销售计划；

（四）产地（基地）、加工或者销售场所的环境说明；

（五）符合有机产品生产、加工要求的质量管理体系文件；

（六）有关专业技术和管理人员的资质证明材料；

（七）保证执行有机产品标准、技术规范和其他特殊要求的声明；

（八）其他材料。

申请人不是有机产品的直接生产者或者加工者的，还应当提供其与有机产品的生产者或者加工者签定的书面合同。

第十四条　有机产品认证机构应当自收到申请人书面申请之日起10日内，完成申请材料的审核，并作出是否受理的决定；对不予受理的，应当书面通知申请人，并说明理由。

第十五条　有机产品认证机构受理有机产品认证后，应当按照有机产品认证基本规范、规则规定的程序实施认证活动，保证有机产品认证等过程的完整、客观、真实，并对认证过程作出完整记录，归档留存。

第十六条　有机产品认证机构应当按照相关标准或者技术规范的要求及时作出认证结论，并保证认证结论的客观、真实。

有机产品认证机构应当对其作出的认证结论负责。

第十七条　对符合有机产品认证要求的，有机产品认证机构应当向申请人出具有机产品认证证书，并允许其使用中国有机产品认证标志；对不符合认证要求的，应当书面通知申请人，并说明理由。

第十八条　按照有机产品国家标准在转换期内生产的产品，或者以转换期内生产的产品为原料的加工产品，证书中应当注明“转换”字样和转换期限，并应当使用中国有机转换产品认证标志。

第十九条 有机产品认证机构应当按照规定对获证单位和个人、获证产品进行有效跟踪检查，保证认证结论能够持续符合认证要求。

第二十条 有机产品认证机构不得对有机配料含量（指重量或者液体体积，不包括水和盐）低于95%的加工产品进行有机认证。

第二十一条 生产、加工、销售有机产品的单位及个人和有机产品认证机构，应当采取有效措施，按照认证证书确定的产品范围和数量销售有机产品，保证有机产品的生产和销售数量的一致性。

第四章 认证证书和标志

第二十二条 国家认监委规定有机产品认证证书的基本格式和有机产品认证标志的式样。

第二十三条 有机产品认证证书应当包括以下内容：

（一）获证单位和个人名称、地址；

（二）获证产品的数量、产地面积和产品种类；

（三）有机产品认证的类别；

（四）依据的标准或者技术规范；

（五）有机产品认证标志的使用范围、数量、使用形式或者方式；

（六）颁证机构、颁证日期、有效期和负责人签字；

（七）在有机产品转换期内生产的产品或者以转换期内生产的产品为原料的加工产品，应当注明“转换”字样和转换期限。

第二十四条 有机产品认证证书有效期为一年。

第二十五条 获得有机产品认证证书的单位或者个人，在有机产品认证证书有效期内，发生下列情形之一的，应当向有机产品认证机构办理变更手续：

（一）获证单位或者个人发生变更的；

（二）有机产品生产、加工单位或者个人发生变更的；

（三）产品种类变更的；

（四）有机产品转换期满，需要变更的。

第二十六条 获得有机产品认证证书的单位或者个人，在有机产品认证证书有效期内，发生下列情形之一的，应当向有机产品认证机构重新申请认证：

（一）产地（基地）、加工场所或者经营活动发生变更的；

（二）其他不能持续符合有机产品标准、相关技术规范要求的。

第二十七条 获得有机产品认证证书的单位或者个人，发生下列情形之一的，认证机构应当及时作出暂停、撤销认证证书的决定：

（一）获证产品不能持续符合标准、技术规范要求的；

（二）获证单位或者个人发生变更的；

（三）有机产品生产、加工单位发生变更的；

（四）产品种类与证书不相符的；

（五）未按规定加施或者使用有机产品标志的。

对于撤销的证书，有机产品认证机构应当予以收回。

第二十八条　有机产品认证标志分为中国有机产品认证标志和中国有机转换产品认证标志，图案见附件。

中国有机产品认证标志标有中文“中国有机产品”字样和相应英文（ORGANIC）。

在有机产品转换期内生产的产品或者以转换期内生产的产品为原料的加工产品，应当使用中国有机转换产品认证标志。该标志标有中文“中国有机转换产品”字样和相应英文（CONVERSION TO ORGANIC）。

第二十九条　有机产品认证标志应当在有机产品认证证书限定的产品范围、数量内使用。

获证单位或者个人，应当按照规定在获证产品或者产品的最小包装上加施有机产品认证标志。

获证单位或者个人可以将有机产品认证标志印制在获证产品标签、说明书及广告宣传材料上，并可以按照比例放大或者缩小，但不得变形、变色。

第三十条　在获证产品或者产品最小包装上加施有机产品认证标志的同时，应当在相邻部位标注有机产品认证机构的标识或者机构名称，其相关图案或者文字应当不大于有机产品认证标志。

第三十一条　未获得有机产品认证的产品，不得在产品或者产品包装及标签上标注“有机产品”、“有机转换产品”（“ORGANIC”、“CONVERSION TO ORGANIC”）和“无污染”、“纯天然”等其他误导公众的文字表述。

第三十二条　有机配料含量等于或者高于95%的加工产品，可以在产品或者产品包装及标签上标注“有机”字样。

有机配料含量低于95%且等于或者高于70%的加工产品，可以在产品或者产品包装及标签上标注“有机配料生产”字样。

有机配料含量低于70%的加工产品，只能在产品成分表中注明某种配料为“有机”字样。

有机配料，应当获得有机产品认证。

第三十三条　有机产品认证机构在作出撤销、暂停使用有机产品认证证书的决定的同时，应当监督有关单位或者个人停止使用、暂时封存或者销毁有机产品认证标志。

第五章　监督检查

第三十四条　国家认监委应当组织地方认证监督管理部门和有关单位对有机产品认证以及有机产品的生产、加工、销售活动进行监督检查。监督检查可采取以下方式：

（一）组织同行进行评议；

（二）向被认证的企业或者个人征求意见；

（三）对认证及相关检测活动及其认证决定、检测结果等进行抽查；

（四）要求从事有机产品认证及检测活动的机构报告业务情况；

（五）对证书、标志的使用情况进行抽查；

（六）对销售的有机产品进行检查；

（七）受理认证投诉、申诉，查处认证违法、违规行为。

第三十五条 获得有机产品认证的生产、加工单位或者个人，从事有机产品销售的单位或者个人，应当在生产、加工、包装、运输、贮藏和经营等过程中，按照有机产品国家标准和本办法的规定，建立完善的跟踪检查体系和生产、加工、销售记录档案制度。

第三十六条 进口的有机产品应当符合中国有关法律、行政法规和部门规章的规定，并符合有机产品国家标准。

第三十七条 申请人对有机产品认证机构的认证结论或者处理决定有异议的，可以向作出结论、决定的认证机构提出申诉，对有机产品认证机构的处理结论仍有异议的，可以向国家认监委申诉或者投诉。

第六章 罚　　则

第三十八条 违反本办法第二十条规定，对有机配料含量低于95%的加工产品实施有机产品认证的，责令改正，并处2万元罚款。

第三十九条 违反本办法第二十一条规定的，责令改正，并处1万元以上3万元以下罚款。

第四十条 违反本办法第二十九条、第三十条和第三十一条规定的，责令改正，并处1万元以上3万元以下罚款。

第四十一条 违反本办法第三十二条规定的，责令改正，并处1万元以上3万元以下罚款。

第四十二条 对伪造、冒用、买卖、转让有机产品认证证书、认证标志等其他违法行为，依照有关法律、行政法规、部门规章的规定予以处罚。

第四十三条 有机产品认证机构、有机产品检测机构以及从事有机产品认证活动的人员出具虚假认证结论或者出具的认证结论严重失实的，按照《中华人民共和国认证认可条例》第六章的规定予以处罚。

第七章 附　　则

第四十四条 有机产品认证收费应当按照国家有关价格法律、行政法规的规定执行。

第四十五条 本办法由国家质量监督检验检疫总局负责解释。

第四十六条 本办法自2005年4月1日起施行。

有机产品认证实施规则

（CNCA-N-009：2011 节选）

目　录

1　目的和范围
2　认证机构要求
3　认证人员要求
4　认证依据
5　认证程序
　5.1　认证申请
　5.2　认证受理
　5.3　现场检查准备与实施
　5.4　认证决定
6　认证后管理
7　再认证
8　认证证书、认证标志的管理
9　信息报告
10　认证收费（略）

1　目的和范围

1.1　为规范有机产品认证活动，根据《中华人民共和国认证认可条例》、《有机产品认证管理办法》等有关规定制定本规则。

1.2　本规则规定了从事有机产品认证的认证机构（以下简称认证机构）实施有机产品认证的程序与管理的基本要求。

1.3　对在中华人民共和国境内销售的有机产品进行的认证活动，应当遵守本规则的规定。

从与国家认证认可监督管理委员会（以下简称“国家认监委”）签署了有机产品认证体系等效备忘录或协议的国家/地区进口的有机产品进行的认证活动，应当遵守备忘录或协议的相关规定。

1.4　遵守本规则的规定，并不意味着可免除其所承担的法律责任。

2　认证机构要求

2.1　从事有机产品认证活动的认证机构，应当具备《中华人民共和国认证认可条例》规定的条件和从事有机产品认证的技术能力，并获得国家认监委的批准。

2.2 认证机构应在获得国家认监委批准后的12个月内，向国家认监委提交其实施有机产品认证活动符合本规则和GB/T 27065《产品认证机构通用要求》的证明文件。认证机构在未提交相关证明文件前，每个批准认证范围颁发认证证书数量不得超过5张。

3 认证人员要求

3.1 认证机构从事认证活动的人员应当具备必要的个人素质；具有相关专业教育和工作经历；接受过有机产品生产、加工、经营、食品安全及认证技术等方面的培训，具备相应的知识和技能。

3.2 有机产品认证检查员应取得中国认证认可协会的执业注册资质。

3.3 认证机构应对本机构的认证检查员的能力做出评价，以满足实施有机产品认证活动的需要。

4 认证依据

GB/T 19630《有机产品》。

5 认证程序

5.1 认证申请

5.1.1 认证委托人应具备以下条件：

（1）取得国家工商行政管理部门或有关机构注册登记的法人资格；

（2）已取得相关法规规定的行政许可（适用时）；

（3）生产、加工的产品符合中华人民共和国相关法律、法规、安全卫生标准和有关规范的要求；

（4）建立和实施了文件化的有机产品管理体系，并有效运行3个月以上；

（5）申请认证的产品种类应在国家认监委公布的《有机产品认证目录》内；

（6）在五年内未因8.5中（1）至（4）的原因，被认证机构撤销认证证书；

（7）在一年内，未因8.5中（5）至（10）的原因，被认证机构撤销认证证书。

5.1.2 认证委托人应提交的文件和资料：

（1）认证委托人的合法经营资质文件复印件，如营业执照副本、组织机构代码证、土地使用权证明及合同等。

（2）认证委托人及其有机生产、加工、经营的基本情况：

a. 认证委托人名称、地址、联系方式；当认证委托人不是产品的直接生产、加工者时，生产、加工者的名称、地址、联系方式；

b. 生产单元或加工场所概况；

c. 申请认证产品名称、品种及其生产规模包括面积、产量、数量、加工量等；

同一生产单元内非申请认证产品和非有机方式生产的产品的基本信息；

d. 过去三年间的生产历史，如植物生产的病虫草害防治、投入物使用及收获等农事活动描述；野生植物采集情况的描述；动物、水产养殖的饲养方法、疾病防治、投入物使用、动物运输和屠宰等情况的描述；

e. 申请和获得其他认证的情况。

(3) 产地（基地）区域范围描述，包括地理位置、地块分布、缓冲带及产地周围临近地块的使用情况等；加工场所周边环境描述、厂区平面图、工艺流程图等。

(4) 有机产品生产、加工计划，上一年度销售量、销售额和主要销售市场等。

(5) 生产加工场所环境质量的证明材料。

(6) 承诺守法诚信，接受行政监管部门及认证机构监督和检查，保证提供材料真实、执行有机产品标准、技术规范的声明。

(7) 有机生产、加工的管理体系文件。

(8) 有机转换计划（适用时）。

(9) 当认证委托人不是有机产品的直接生产、加工者时，认证委托人与有机产品生产、加工者签订的书面合同复印件。

(10) 经所在地县级以上相关行政部门批准的有机生产、加工规划，包括对生产、加工环境适应评价，对生产方式、加工工艺和流程的说明，农药、肥料、食品添加剂等投入物质的管理制度以及质量保证、标识与追溯体系建立、有机生产加工风险控制措施等。

(11) 其他相关材料。

5.2　认证受理

5.2.1　认证机构应至少公开以下信息：

(1) 认证资质范围及有效期；

(2) 认证程序和认证要求；

(3) 认证依据；

(4) 认证收费标准；

(5) 认证机构和认证委托人的权利与义务；

(6) 认证机构处理申诉、投诉和争议的程序；

(7) 批准、注销、变更、暂停、恢复和撤销认证证书的规定与程序；

(8) 获证组织使用中国有机产品认证标志、认证证书和认证机构标识或名称的要求；

(9) 获证组织正确宣传的要求。

5.2.2　申请评审

对符合5.1要求的认证委托人，认证机构应根据有机产品认证依据、程序等要求，在10个工作日内对提交的申请文件和资料进行评审并保存评审记录，以确保：

(1) 认证要求规定明确、形成文件并得到理解；

（2）认证机构和认证委托人之间在理解上的差异得到解决；

（3）对于申请的认证范围，认证委托人的工作场所和任何特殊要求，认证机构均有能力开展认证服务。

5.2.3 评审结果处理

申请材料齐全、符合要求的，予以受理认证申请。

对不予受理的，应当书面通知认证委托人，并说明理由。

5.3 现场检查准备与实施

5.3.1 根据所申请产品的对应的认证范围，认证机构应委派具有相应资质和能力的检查员组成检查组。每个检查组应至少有一名相应认证范围注册资质的专业检查员。

对同一认证委托人的同一生产单元不能连续3年以上（含3年）委派同一检查员实施检查。

5.3.2 检查任务

认证机构在现场检查前应向检查组下达检查任务书，内容包括但不限于：

（1）认证委托人的联系方式、地址等；

（2）检查依据，包括认证标准、认证实施规则和其他规范性文件；

（3）检查范围，包括检查的产品种类、生产加工过程和生产加工基地等；

（4）检查组成员，检查的时间要求；

（5）检查要点，包括管理体系、追踪体系、投入物的使用和包装标识等；

（6）上年度认证机构提出的不符合项（适用时）。

5.3.3 文件评审

在现场检查前，应对认证委托人的管理体系文件进行评审，确定其适宜性、充分性及与认证要求的符合性，并保存评审记录。

5.3.4 检查计划

5.3.4.1 检查组应制定检查计划，并在现场检查前得到认证委托人的确认，且将计划上传至认证监管部门。

认证监管部门对认证机构检查方案、计划有异议的，应至少在现场检查前2天提出。认证机构应当及时与该部门进行沟通，协调一致后方可实施现场检查。

5.3.4.2 现场检查时间应当安排在申请认证产品的生产、加工的高风险阶段。

5.3.4.3 生产单元的现场检查，应对全部生产活动范围逐一进行检查；对直接由多个农户负责生产（如农业合作社或公司＋农户）的组织应检查全部农户。应对所有加工场所实施检查。现场检查应考虑以下因素：

- 有机与非有机产品间的价格差异；
- 组织内农户间生产体系和种植、养殖品种的相似程度；
- 往年检查中发现的不符合项；
- 组织内部控制体系的有效性。

5.3.5　检查实施

根据认证依据的要求对认证委托人的管理体系进行评审，核实生产、加工过程与认证委托人按照5.1.2条款所提交的文件的一致性，确认生产、加工过程与认证依据的符合性。检查过程至少应包括：

（1）对生产、加工、储存过程和场所的检查；如生产单元存在非有机生产或加工时，也应对其非有机部分进行检查；

（2）对生产、加工管理人员、内部检查员、操作者的访谈；

（3）对GB/T 19630.4所规定的管理体系文件与记录进行审核；

（4）对认证产品的产量与销售量的汇总核算；

（5）对产品和认证标志追溯体系、包装标识情况的评价和验证；

（6）对内部检查和持续改进的评估；

（7）对产地环境质量状况的确认并评估对有机生产、加工的潜在污染风险；

（8）样品采集；

（9）对上一年度提出的不符合项采取的纠正和/或纠正措施进行验证（适用时）。

检查组在结束检查前，应对检查情况进行总结，向受检查方及认证委托人明确并确认存在的不符合项，对存在的问题进行说明。

5.3.6　样品检测

5.3.6.1　应对申请认证的所有产品进行检测，并在风险评估基础上确定检测项目。认证证书发放前无法采集样品的，应在证书有效期内进行检测。

5.3.6.2　认证机构应委托具备法定资质的检测机构对样品进行检测。

5.3.6.3　有机生产或加工中允许使用物质的残留量应符合相关法规、标准的规定。有机生产和加工中禁止使用的物质不得检出。

5.3.7　产地环境质量状况

认证委托人应出具有资质的监（检）测机构对产地环境质量进行的监（检）测报告以证明其产地的环境质量状况符合GB/T 19630《有机产品》规定的要求。土壤和水的检测报告委托方应为认证委托人。

（按管理办法写）认证机构应以书面或登录相关信息系统等形式，向认证委托人所在地县级以上环保、农业、卫生、质量监督行政管理部门征询认证委托人生产环境是否符合要求及其加工资质、食品安全卫生资质情况。

5.3.8　有机转换要求

5.3.8.1　已通过有机认证的生产单元一旦回到非有机生产方式，需要重新经过有机转换才能再次获得有机认证。

5.3.8.2　有机转换计划须获得认证机构批准，并且在开始实施转换计划后每年须经认证机构核实、确认。未按转换计划完成转换的生产单元不能获得认证。

5.3.9　投入品

5.3.9.1 有机生产或加工过程中允许使用GB/T 19630.1附录A、附录B及GB/T 19630.2附录A、附录B列出的物质。

5.3.9.2 对未列入GB/T 19630.1附录A、附录B或GB/T19630.2附录A、附录B的投入品，认证委托人应在使用前向认证机构提交申请，详细说明使用的必要性和申请使用投入品的组分、组分来源、使用方法、使用条件、使用量以及该物质的分析测试报告（必要时），认证机构应根据GB/T 19630.1附录C或GB/T 19630.2附录C的要求对其进行评估。经评估符合要求的，由认证机构报国家认监委批准后方可使用。

5.3.9.3 国家认监委可在专家评估和企业应用的基础上，公布有机生产、加工投入品临时补充列表。

5.3.10 检查报告

5.3.10.1 认证机构应规定检查报告的格式。

5.3.10.2 应通过检查记录、检查报告等书面文件，提供充分的信息使认证机构能做出客观的认证决定。

5.3.10.3 检查报告应包括检查组通过风险评估对认证委托人的生产、加工活动与认证要求符合性的判断，对其管理体系运行有效性的评价，对检查过程中收集的信息以及对符合与不符合认证要求的说明，对其产品质量安全状况的判定等内容。

5.3.10.4 检查组应对认证委托人执行标准的总体情况做出评价，但不应对认证委托人是否通过认证做出书面结论。

5.4 认证决定

5.4.1 认证机构应在现场检查和产品检测的基础上做出认证决定。列入认证范围的产品均需在认证证书有效期内进行现场检查和产品检测，认证决定应考虑的因素还应包括：产品生产、加工特点，企业管理体系稳定性，当地农兽药管理和社会整体诚信水平等。

对于符合认证要求的认证委托人，认证机构应颁发认证证书（基本格式见附件1）。

对于不符合认证要求的认证委托人，认证机构应以书面的形式明示其不能通过认证的原因。

5.4.2 认证委托人符合下列条件之一，予以批准认证：

（1）生产加工活动、管理体系及其他审核证据符合本规则和认证标准的要求；

（2）生产加工活动、管理体系及其他审核证据虽不完全符合本规则和认证标准的要求，但认证委托人已经在规定的期限内完成了不符合项纠正或（和）纠正措施，并通过认证机构验证。

5.4.3 认证委托人的生产加工活动存在以下情况之一，不予批准认证：

（1）提供虚假信息，不诚信的；

（2）未建立管理体系或建立的管理体系未有效实施的；

（3）生产加工过程使用了禁用物质或者受到禁用物质污染的；

（4）产品检测发现存在禁用物质残留的；

（5）申请认证的产品质量不符合国家相关法规和（或）标准强制要求的；

（6）存在认证现场检查场所外进行再次加工、分装、分割情况的；

（7）一年内出现重大产品质量安全问题或因产品质量安全问题被撤销有机产品认证证书的；

（8）未在规定的期限完成不符合项纠正或者（和）纠正措施，或者提交的纠正或者（和）纠正措施未满足认证要求的；

（9）经监（检）测产地环境受到污染的；

（10）其他不符合本规则和（或）有机标准要求，且无法纠正的。

5.4.4　申诉

认证委托人如对认证决定结果有异议，可在10个工作日内向认证机构申诉，认证机构自收到申诉之日起，应在30个工作日内进行处理，并将处理结果书面通知认证委托人。

认证委托人如认为认证机构的行为严重侵害了自身合法权益，可以直接向认证监管部门申诉。

6　认证后管理

6.1　认证机构应当每年对获证组织至少实施一次现场检查。认证机构应根据申请认证产品种类和风险、生产企业管理体系的稳定性、当地诚信水平总体情况等，合理确定现场检查频次。同一认证的品种在证书有效期内如有多个生产季的，则每一生产季均需进行现场检查。

此外，认证机构还应在风险评估的基础上每年至少对5%的获证组织实施一次不通知的现场检查。

6.2　认证机构应及时获得获证组织变更信息，对获证组织有效管理，以保证其持续符合认证的要求。

6.3　认证机构在与认证委托人签订的合同中，应明确约定获证组织需建立信息通报制度，及时向认证机构通报以下信息：

（1）法律地位、经营状况、组织状态或所有权变更的信息；

（2）组织和管理层变更的信息；

（3）联系地址和场所变更的信息；

（4）有机产品管理体系、生产、加工、经营状况或过程变更的信息；

（5）认证产品的生产、加工、经营场所周围发生重大动、植物疫情的信息；

（6）生产、加工、经营的有机产品质量安全重要信息，如相关部门抽查发现存在严重质量安全问题或消费者重大投诉等；

（7）获证组织因违反国家农产品、食品安全管理相关法律法规而受到处罚；

(8) 采购的原料或产品存在不符合认证依据要求的情况；

(9) 不合格品撤回及处理的信息；

(10) 其他重要信息。

6.4 销售证

6.4.1 认证机构应制定销售证申请和办理程序，要求获证组织在销售认证产品前向认证机构申请销售证。

6.4.2 认证机构应对获证组织与顾客签订的供货协议、销售的认证产品范围和数量进行审核。对符合要求的，颁发有机产品销售证。

6.4.3 销售证由获证组织在销售获证产品时转交给买方。获证组织应保存销售证的复印件，以备认证机构审核。

6.4.4 销售证基本格式见附件 2。

7 再认证

7.1 获证组织应至少在认证证书有效期结束前 3 个月向认证机构提出再认证申请。

获证组织的有机产品管理体系和生产、加工过程未发生变更时，可适当简化申请评审和文件评审程序。

7.2 认证机构应当在认证证书有效期内进行再认证检查。因不可抗拒原因，不能在认证证书有效期内进行再认证检查时，获证组织应在证书有效期内向认证机构提出书面申请，说明原因。经认证机构确认，再认证可在认证证书有效期后的 3 个月内实施，但不得超过 3 个月。延长期内生产的产品，不得作为有机产品进行销售。

7.3 不能在认证证书有效期内进行现场检查，又无正当理由在 3 个月延长期内实施再认证的生产单元需重新进行转换认证。

8 认证证书、认证标志的管理

8.1 有机产品认证证书有效期为一年，认证证书基本格式应符合本规则附件 1 的规定。认证证书的编号应当从“中国食品农产品认证信息系统”中获取，认证机构不得自行编制认证证书编号发放认证证书。

8.2 认证证书的变更

获证产品在认证证书有效期内，有下列情形之一的，认证委托人应当向认证机构申请认证证书的变更：

(1) 有机产品生产、加工单位名称或者法人性质发生变更的；

(2) 产品种类和数量减少的；

(3) 有机产品转换期满的；

(4) 其他需要变更的情形。

8.3 认证证书的注销

有下列情形之一的，认证机构应当注销获证组织认证证书，并对外公布：

（1）认证证书有效期届满，未提出申请认证的；

（2）获证产品不再生产的；

（3）认证委托人申请注销的；

（4）其他依法应当注销的情形。

8.4　认证证书的暂停

有下列情形之一的，认证机构应当暂停认证证书1～3个月，并对外公布：

（1）未按规定使用认证证书或认证标志的；

（2）获证产品的生产、加工过程或者管理体系不符合认证要求，且在30日内不能采取有效纠正或（和）纠正措施的；

（3）未按要求对信息进行通报的；

（4）认证监督部门责令暂停认证证书的；

（5）其他需要暂停认证证书的情形。

8.5　认证证书的撤销

有下列情况之一的，认证机构应当撤销认证证书，并对外公布：

（1）获证产品质量不符合国家相关法规、标准强制要求或者被检出禁用物质残留的；

（2）生产、加工过程中使用了有机产品国家标准禁用物质或者受到禁用物质污染的；

（3）虚报、瞒报获证所需信息的；

（4）产地（基地）环境质量不符合认证要求的；

（5）超范围使用认证标志的；

（6）认证证书暂停期间，认证委托人未采取有效纠正或者（和）纠正措施的；

（7）对相关方重大投诉未能采取有效处理措施的；

（8）获证组织因违反国家农产品、食品安全管理相关法律法规，受到相关行政处罚的；

（9）获证组织不接受认证监管部门、认证机构对其实施监督的；

（10）认证监督部门责令撤销认证证书的；

（11）其他需要撤销认证证书的。

8.6　认证证书的恢复

被暂停证书的原获证组织希望恢复认证证书的，在认证证书暂停期满前应完成不符合项纠正或（和）纠正措施并经认证机构确认。

8.7　证书与标志管理

认证证书和认证标志的管理、使用应当符合《认证证书和认证标志管理办法》、《有机产品认证管理办法》和《有机产品》国家标准的规定。

获证产品或者产品的最小销售包装上应当加施中国有机产品认证标志及其唯一编号（编号前应注明“有机码”以便识别）、认证机构名称或者其标识。

认证证书暂停期间，认证机构应当通知并监督获证组织停止使用有机产品认证证书和标志，暂时封存仓库中带有有机产品认证标志的相应批次产品；获证组织应将注销、撤销的有机产品认证证书和未使用的标志交回认证机构或获证组织应在认证机构的监督下销毁剩余标志和带有有机产品认证标志的产品包装。必要时，召回相应批次带有有机产品认证标志的产品。

9 信息报告

9.1 认证机构应当按照要求及时将下列信息通报相关政府监管部门：

（1）认证机构应当在现场检查5个工作日前，将现场检查计划等信息录入“中国食品农产品认证信息系统”。

（2）认证机构应当在10个工作日内将撤销、暂停认证证书的获证组织名单和原因，向国家认监委和该组织所在地的省级质量监督、检验检疫、工商行政管理部门报告，并向社会公布。

（3）认证机构在获知获证组织发生产品质量安全事故后，应当及时将相关信息向国家认监委和获证组织所在地的省级质量监督、检验检疫、工商行政管理部门通报。

（4）认证机构应当按要求，及时向“中国食品农产品认证信息系统”填报认证活动信息。

（5）认证机构应当于每年3月底之前将上年度有机产品生产/加工（如包含加工企业时）企业认证工作报告报送国家认监委，报告内容至少包括：颁证数量、获证产品质量分析、暂停和撤销认证证书清单及原因分析等。

9.2 认证机构应将申请受理、现场检查、认证决定、证后监督等有机产品认证活动关键环节实施计划提前向获证组织所在地方认证监督部门报告。地方认证监督部门应在风险评估的基础上，对有机产品认证活动采取全过程监督。认证监督部门对有机产品认证机构认证方案有异议的，协商一致后认证机构方可实施。

10 认证收费

略。

有机产品认证流程

1　确定申请认证的产品种类是否能获得认证

企业申请认证的产品种类应在中国国家认证认可监督管理委员会（以下简称国家认监委）公布的《有机产品认证目录》内，不在目录内的产品不能申请认证。具体查询地址是：国家认监委网站（http：//www.cnca.gov.cn）-公文公告-国家认监委2012年第2号公告关于发布《有机产品认证目录》的公告。

2　选择有资质的认证机构

企业要想获得有机产品的认证证书，首先要向有资质的有机产品认证机构提出认证申请。有机产品认证机构必须同时获得国家认监委的批准和中国合格评定国家认可委员会（以下简称国家认可委）的认可，才能在中国从事有机产品认证活动。截止2012年5月底，全国共有23家认证机构获得了国家认监委的批准（其中21家从事中国有机产品认证标准的认证，3家从事国际有机产品认证标准的认证）；共有21家认证机构获得了国家认可委的认可。具体查询地址是：①国家认监委网站（http：//www.cnca.gov.cn），查询专区-机构查询-认证机构名录-有机产品。②国家认可委网站（http：//www.cnas.org.cn），获认可的机构目录-获认可认证机构-有机产品。网站上提供了这些认证机构的联系方式、获准认证范围等信息。

3　认证申请及受理

企业向认证机构提出认证申请，需提供的文件资料包括：

（1）企业的合法经营资质文件复印件，如营业执照副本、组织机构代码证副本、土地使用权证明、QS证等。当企业不是有机产品的直接生产、加工者时，还需要提交与各方签订的书面合同复印件。

（2）“有机产品认证申请表”、“有机产品认证基本情况调查表”。这些表格是认证机构提供的，企业按照要求如实填写，以便认证机构初步了解企业的基本情况。

（3）承诺守法诚信，接受行政监管部门及认证机构的监督和检查，保证提供材料真实，执行有机产品标准、技术规范的声明，这个声明一般包含在“有机产品认证申请表”中。

（4）产地区域范围描述，加工场所周边环境描述、厂区平面图、工艺流程图等。

（5）企业应委托有资质的监（检）测机构对产地环境质量进行监（检）测，包括土壤、灌溉水和加工用水等，以证明其产地的环境质量状况符合GB/T 19630

《有机产品》的要求。有资质的监（检）测机构出具的监（检）测报告带有 CMA（计量认证）、CAL（审查认可）、CNAS（实验室认可）其中一个或多个标志。

（6）有机产品生产、加工规划，包括对生产、加工环境适宜性的评价，对生产方式、加工工艺和流程的说明及证明材料，农药、肥料、食品添加剂等投入物质的管理制度以及质量保证、标识与追溯体系建立、有机生产加工风险控制措施等。

（7）本年度有机产品生产、加工计划，上一年度销售量、销售额和主要销售市场等。

（8）有机生产、加工、经营的管理体系文件，包括：①生产单元或加工、经营等场所的位置图；②有机生产、加工、经营的管理手册；③有机生产、加工、经营的操作规程；④有机生产、加工、经营的系统记录。企业必须建立和实施文件化的有机产品管理体系，并有效运行 3 个月以上。

（9）有机转换计划（适用时）。

（10）其他相关材料。

认证机构对企业提交的申请材料进行评审，申请材料齐全、符合要求的，予以受理认证申请。对不予受理的，书面通知企业，并说明理由。

4 认证准备

在现场检查前，企业要做好人力资源上的储备。企业应具备与有机生产、加工、经营规模和技术相适应的资源。应配备符合 GB/T 19630《有机产品》要求的有机产品生产、加工、经营的管理者和内部检查员。管理者和内部检查员应参加 GB/T 19630《有机产品》的培训并保存培训证据（如培训证书、培训记录等）。企业应建立内部检查制度，在现场检查前至少完成一次内部检查并保存内部检查记录、不符合报告及其整改材料和内部检查报告。内部检查应由内部检查员来承担。

在现场检查前，认证机构确定检查组和现场检查时间，并得到企业的认可。检查组对企业的管理手册和操作规程等文件进行评审，并向企业提交文件评审报告，如有文件修改要求时，企业应予以纠正并重新提交检查组，在现场检查前得到再次确认。企业根据经和检查组确认过的检查计划通知有关部门和人员，作好现场检查前的准备。

5 现场检查和不符合项整改

检查组根据检查计划的安排对企业进行现场检查。现场检查以首次会议开始，以末次会议结束，包括对企业的基地、加工厂等区域的现场检查，对管理人员和操作人员的访问，对管理体系文件的评审，对申请认证的产品进行取样送检等。检查组会对发现的不符合事实，出具书面不符合项报告，对企业能否通过认证仅做出推荐性意见。

现场检查后，企业应对不符合项进行原因分析，采取有效的纠正措施，在认证机构规定的期限内向检查组长提交纠正措施的实施证据，由检查组长对企业进行书面或现场的跟踪验证（根据不符合项的严重情况，不符合项分一般不符合项和严重不符合项两种，前者进行书面的资料验证，后者进行现场验证）。纠正措施实施的有效性经检查组长验证符合要求后上报认证机构。

6　注册颁证

检查组提交的检查资料经认证机构技术委员会合格评定人员评定，对符合要求的组织进行认证注册并颁发证书，认证证书有效期为一年。颁发证书的同时，获证组织需与认证机构签订“有机产品认证标志使用许可协议”，以获准在证书规定范围内按要求使用认证证书及标志的权利，认证机构将在国家认监委管理的“中国食品农产品认证信息系统”（http：//food.cnca.cn）上公布获证组织的认证信息。

7　认证后管理

（1）日常管理　获证组织应建立“信息通报制度”，以便于认证机构在证书有效期内就有机产品认证相关事宜进行相互了解和沟通。获证组织应按规定将变更的信息和重大的情况及时通知认证机构。认证机构对这些信息进行评审，必要时对获证组织进行现场检查。在没有得到认证机构的相关通知前，获证组织不得放行任何已更改的获证产品。

（2）非例行监督检查　认证机构每年安排不少于5%的获证组织进行非例行监督检查，此类检查将不事先通知受检查组织，但将详细说明选择该获证组织的依据。

（3）认证证书和标志管理　为保证有机产品的可追溯性，企业在获证产品或者产品的最小销售包装上应当加施中国有机产品认证标志及其唯一编码（编码前应注明“有机码”以便识别）、认证机构名称或者其标识。该编码由17位数字组成，其中认证机构代码3位、认证标志发放年份代码2位、认证标志发放随机码12位，并且要求在17位数字前加“有机码”三个字。每一枚有机标志的有机码都由认证机构报送到“中国食品农产品认证信息系统”，任何个人都可以在该网站上查到该枚有机标志对应的有机产品名称、认证证书编号、获证企业等信息。

认证证书和认证标志的管理、使用应当符合《认证证书和认证标志管理办法》、《有机产品认证管理办法》和《有机产品》国家标准的规定。认证证书暂停期间，获证组织应停止使用有机产品认证证书和标志，暂时封存仓库中带有有机产品认证标志的相应批次产品；获证组织应将注销、撤销的有机产品认证证书和未使用的标志交回认证机构或在认证机构的监督下销毁剩余标志和带有有机产品认证标志的产品包装。必要时，召回相应批次带有有机产品认证标志的产品。

（4）销售证管理　获证组织在销售认证产品前向认证机构申请销售证，转交给购买单位。获证组织应保存销售证的复印件，以备认证机构审核。

8 换证检查

有机产品认证证书有效期为一年。获证组织应在证书到期前三个月内向认证机构提出换证申请，经换证检查合格后，认证机构向获证组织换发认证证书。

附录 有机产品认证目录

序号	产品名称	产品范围
		生 产
		植物类(含野生植物采集)
		谷 物
1	小麦	小麦
2	玉米	玉米;鲜食玉米;糯玉米
3	水稻	稻谷
4	谷子	谷子
5	高粱	高粱
6	大麦	大麦;酿酒大麦;饲料大麦
7	燕麦	莜麦;燕麦
8	杂粮	黍;粟;苡仁;荞麦 花豆;泥豆;鹰嘴豆;饭豆;小扁豆;羽扇豆;瓜尔豆;利马豆;木豆;红豆;绿豆;青豆;黑豆;褐红豆;油莎豆;芸豆;糜子;苦荞麦
		蔬 菜
9	薯芋类	马铃薯;木薯;甘薯;山药;葛类;芋;魔芋
10	豆类蔬菜	蚕豆;菜用大豆;豌豆;菜豆;刀豆;扁豆;长豇豆;黎豆;四棱豆
11	瓜类蔬菜	黄瓜;冬瓜;丝瓜;西葫芦;节瓜;菜瓜;笋瓜;越瓜;瓠瓜;苦瓜;中国南瓜;佛手瓜;蛇瓜
12	白菜类蔬菜	白菜;菜薹
13	绿叶蔬菜	散叶莴苣;莴笋;苋菜;茼蒿;菠菜;芹菜;苦菜;菊苣;苦苣;芦蒿;蕹菜;苜蓿;紫背天葵;罗勒;荆芥;乌塌菜;菊花菜;荠菜;茴香;芸薹;叶恭菜;猪毛菜;寒菜;番杏;蕺儿菜;灰灰菜;榆钱菠菜;木耳菜;落葵;紫苏;莳萝;芫荽;水晶菜;菊花脑;珍珠菜;养心菜;帝王菜
14	新鲜根菜类蔬菜	芜菁;萝卜;牛蒡;芦笋;甜菜;胡萝卜;鱼腥草
15	新鲜甘蓝类蔬菜	芥蓝;甘蓝;花菜
16	新鲜芥菜类蔬菜	芥菜
17	新鲜茄果类蔬菜	辣椒;番茄;茄子;人参果;秋葵
18	新鲜葱蒜类蔬菜	葱;韭菜;蒜;姜;圆葱
19	新鲜多年生蔬菜	笋;鲜百合;金针菜;黄花菜;朝鲜蓟
20	新鲜水生类蔬菜	莲藕;茭白;荸荠;菱角;水芹;慈姑;豆瓣菜;莼菜;芡实;蒲菜;水芋;水雍菜;莲子
21	新鲜芽苗类蔬菜	苗菜;芽菜
22	食用菌类	菇类;木耳;银耳;块菌类

续表

序号	产品名称	产品范围
		水果与坚果
23	柑橘类	桔；橘；柑类
24	甜橙类	橙
25	柚类	柚
26	柠檬类	柠檬
27	葡萄类	鲜食葡萄；酿酒葡萄
28	瓜类	西瓜；甜瓜；厚皮甜瓜；木瓜
29	苹果	苹果；沙果；海棠果
30	梨	梨
31	桃	桃
32	枣	枣
33	杏	杏
34	其他水果	梅；杨梅；草莓；黑豆果；橄榄；樱桃；李子；猕猴桃；香蕉；椰子；菠萝；芒果；番石榴；荔枝；龙眼；杨桃；菠萝蜜；火龙果；红毛丹；西番莲；莲雾；面包果；榴莲；山竹；海枣；柿；枇杷；石榴；桑葚；酸浆；沙棘；山楂；无花果；蓝莓
35	核桃	核桃
36	板栗	板栗
37	其他坚果	榛子；瓜子；杏仁；咖啡；椰子；银杏果；芡实（米）；腰果；槟榔；开心果；巴旦木果
		豆类与其他油料作物
38	大豆	大豆
39	其他油料作物	油菜籽；芝麻；花生；茶籽；葵花籽；红花籽；油棕果；亚麻籽；南瓜籽；月见草籽；大麻籽；玫瑰果；琉璃苣籽
		花　卉
40	花卉	菊花；木槿花；芙蓉花；海棠花；百合花；茶花；茉莉花；玉兰花；白兰花；栀子花；桂花；丁香花；玫瑰花；月季花；桃花；米兰花；珠兰花；芦荟；牡丹；芍药；牵牛；麦冬；鸡冠花；凤仙花；百合；贝母；金银花；荷花；藿香蓟；水仙花；腊梅
		香辛料作物产品
41	香辛料作物产品	花椒；青花椒；胡椒；月桂；肉桂；丁香；众香子；香荚兰豆 ；肉豆蔻；陈皮；百里香；迷迭香；八角茴香；球茎茴香；孜然；小茴香；甘草；百里香；枯茗；薄荷；姜黄；红椒；藏红花
		制糖植物
42	制糖植物	甘蔗；甜菜；甜叶菊
		其他类植物
43	青饲料植物	苜蓿；黑麦草；芜菁；青贮玉米；绿萍；红萍；羊草
44	纺织用的植物原料	棉；麻

续表

序号	产品名称	产品范围
		其他类植物
45	调香的植物	香水莲；薰衣草；迷迭香；柠檬香茅；柠檬马鞭草；藿香；鼠尾草；小地榆；天竺葵；紫丁香；艾草；佛手柑
46	野生采集的植物	蕨菜；刺嫩芽；猫瓜子；猴腿；广东菜；叶芹菜；山核桃；松子等；沙棘；蓝莓等；羊肚菌；松茸；牛肝菌；鸡油菌等；板蓝根；月见草；蒲公英；红花；贝母；灰树花；当归；葛根；石耳等
47	茶	茶
		种子与繁殖材料
48	种子与繁殖材料	种子；繁殖材料(仅限本目录列出的植物类种子及繁殖材料)
		植物类中药
49	植物类中药	三七；大黄；婆罗门参；人参；西洋参；土贝母；黄连；板蓝根；黄芩；菟丝子；牛蒡根；地黄；桔梗；槲寄生；钩藤；通草；桔梗；土荆皮；白鲜皮；地骨皮；肉桂；杜仲；牡丹皮；五加皮；银杏叶；石韦；石楠叶；枇杷叶；苦丁茶；柿子叶；罗布麻；枸骨叶；合欢花；红花；辛夷；鸡冠花；洋金花；藏红花；金银花；大草蔻；山楂；女贞子；山茱萸；五味子；巴豆；牛蒡子；红豆蔻；川楝子；沙棘；大蓟；广藿香；小蓟；马鞭草；龙葵；长春花；仙鹤草；白英；补骨脂；羊栖菜；海蒿子；冬虫夏草；茯苓；灵芝；石斛
		畜　禽　类
		活体动物
50	肉牛(头)	肉牛
51	奶牛(头)	奶牛
52	乳肉兼用牛(头)	乳肉兼用牛
53	绵羊(头)	绵羊
54	山羊(头)	山羊
55	马(头)	马
56	驴(头)	驴
57	猪(头)	猪
58	鸡(只)	鸡
59	鸭(只)	鸭
60	鹅(只)	鹅
61	其他动物(头/只)	兔；羊驼；鹌鹑；火鸡；鹿；蚕；鹧鸪；骆驼；鸵鸟
		动物产品或副产品
62	牛乳	牛乳
63	羊乳	羊乳
64	马乳	马乳
65	其他动物产品	驴奶；骆驼奶
66	鸡蛋(枚)	鸡蛋

续表

序号	产品名称	产品范围
		动物产品或副产品
67	鸭蛋(枚)	鸭蛋
68	其他禽蛋(枚)	鹌鹑蛋;鸵鸟蛋;鹅蛋
69	动物副产品	毛;绒
		水　产　类
		鲜活鱼
70	海水鱼(尾)	文昌鱼;鳗;鲱鱼;鲇鱼;鲑;鳕鱼;鲉;鲈;黄鱼;鳎;鳗鲡;鲷;鲀;鲈鱼;鲆;鲽鱼;鳟
71	淡水鱼(尾)	青鱼;草鱼;鲢鱼;鳙鱼;鲤鱼;鳜鱼;鲟鱼;鲫鱼;鲶鱼;鲌鱼;黄鳝;鳊鱼;罗非鱼;鲂鱼;鲴鱼;乌鳢;鲳鱼;鳗鲡;鳡鱼;鲮;鮰鱼;鮠;鲇;梭鱼
		甲壳与无脊椎动物
72	虾类(吨)	虾
73	蟹类(只)	绒螯蟹;三疣梭子蟹;红螯相手蟹;锯缘青蟹
74	无脊椎动物	牡蛎;鲍;螺;蛤类;蚶;河蚬;蛏;西施舌;蛤蜊;河蚌;海蜇;海参;卤虫;环刺螠
		水生脊椎动物
75	鳖(只)	鳖
		水生植物
76	海藻和海草类	海带;紫菜;裙带菜;麒麟菜;江蓠;羊栖菜;海苔;螺旋藻
		加　工
		肉制品及副产品加工
77	冷鲜肉	猪;牛;羊;鸭;鸡;鹅;鹿;驴;兔;鸵鸟
78	加工肉制品	牛肉制品;猪肉制品;羊肉制品;鸭肉制品;鸡肉制品;鹅肉制品;鹿肉制品;鸵鸟肉制品
		水产品加工
79	冷鲜鱼	文昌鱼;鳗;鲱鱼;鲇鱼;鲑;鳕鱼;鲉;鲈;黄鱼;鳎;鳗鲡;鲷;鲀;鲈鱼;鲆;鲽鱼;鳟;淡水鱼(青鱼;草鱼;鲢鱼;鳙鱼;鲤鱼;鳜鱼;鲟鱼;鲫鱼;鲶鱼;鲌鱼;黄鳝;鳊鱼;罗非鱼;鲂鱼;鲴鱼;乌鳢;鲳鱼;鳗鲡;鳡鱼;鲮;鮰鱼;鮠;鲇;梭鱼);鲍鱼;虾
80	加工鱼制品	加工鱼制品
81	其他水产加工制品(包括海草类)	海参;海胆;扇贝;小龙虾;海带;紫菜;裙带菜;麒麟菜;江蓠;羊栖菜;海苔
		加工或保藏的蔬菜
82	冷冻蔬菜	速冻蔬菜
83	保藏蔬菜	保藏蔬菜
84	腌渍蔬菜	盐渍菜;糖渍菜;醋渍菜;酱渍菜
85	脱水蔬菜	蔬菜干制品
86	蔬菜罐头	蔬菜罐头

续表

序号	产品名称	产品范围
		果汁和蔬菜汁
87	果汁(浆)	果汁;果浆
88	蔬菜汁	蔬菜汁
		加工和保藏的水果和坚果
89	保藏的水果和坚果	枣
90	冷冻水果	冷冻水果
91	冷冻坚果	冷冻板栗
92	果酱	果酱
93	烘焙或炒的坚果	松籽;核桃(仁);杏(仁);葵花籽(仁);五香瓜子;榛子(仁);花生
94	其他方法加工及保藏的水果和坚果	坚果粉(粒;片)
		植物油加工
95	食用植物油	豆油;茶籽油;核桃油;麻籽油;葵花籽油;菜籽油;芝麻油;玉米油;橄榄油;花生油;月见草油;琉璃苣油;亚麻油;沙棘果油;沙棘籽油;苦荞籽油;红花籽油;南瓜子油;葡萄籽油;小麦胚芽油;紫苏籽油;杏仁油;石榴籽油;芥子油
		植物油加工副产品
96	植物油加工副产品	植物油加工副产品
		经处理的液体奶或奶油
97	经处理的液体乳	牛奶
		其他乳制品
98	乳粉类	奶粉
99	发酵乳	酸奶
		谷物磨制
100	小麦(粉)	小麦;小麦粉
101	玉米(粉)	玉米;玉米粉
102	大米(粉)	大米;米粉
103	小米(粉)	小米;小米粉
104	其他谷物碾磨加工品	豆粉;苦荞米(粉);麦片(粉);苏子粉;芝麻粉;麦麸;糁;薏米;青稞粉;大麦苗粉;糊;燕麦粉
		淀粉与淀粉制品
105	淀粉	淀粉
106	淀粉制品	粉丝
107	豆制品	豆制品
		加工饲料
108	加工的植物性饲料	植物性饲料
109	加工的动物性饲料	动物性饲料

续表

序号	产品名称	产品范围
		烘焙食品
110	饼干及面包	饼干；面包
		面条等谷物粉制品
111	米面制品	面制品；米制品
112	方便食品	粮食制品
		不另分类的食品
113	茶	红茶；黑茶；绿茶；花茶；乌龙茶；白茶；黄茶
114	代用茶	苦丁茶；杜仲茶；柿叶茶；桑叶茶；银杏叶茶；野菊花茶；野藤茶；菊花茶；薄荷；大麦茶
115	咖啡	咖啡
116	保藏的去壳禽蛋及其制品	禽蛋及其制品
117	调味品	芝麻盐；麻汁；五香粉；胡椒粉；酱油；豆瓣酱；醋
118	植物类中草药加工制品（颗粒/饮片）	三七；大黄；婆罗门参；人参；西洋参；土贝母；黄连；板蓝根；黄芩；菟丝子；牛蒡根；地黄；桔梗；槲寄生；钩藤；通草；土荆皮；白鲜皮；地骨皮；肉桂；杜仲；牡丹皮；五加皮；银杏叶；石韦；石楠叶；枇杷叶；苦丁茶；柿子叶；罗布麻；枸骨叶；合欢花；红花；辛夷；鸡冠花；洋金花；藏红花；金银花；大草蔻；山楂；女贞子；山茱萸；五味子；巴豆；牛蒡子；红豆蔻；川楝子；沙棘；大蓟；广藿香；小蓟；马鞭草；龙葵；长春花；仙鹤草；白英；补骨脂；羊栖菜；海蒿子；冬虫夏草；茯苓；灵芝
		白　酒
119	白酒	白酒
		葡萄酒和果酒等发酵酒
120	葡萄酒	红葡萄酒；白葡萄酒
121	果酒	果酒；水果红酒/冰酒/干酒
122	黄酒	黄酒
123	米酒	米酒
124	其他发酵酒	红曲酒
		啤　酒
125	啤酒	啤酒
		纺纱用其他天然纤维
126	纺纱用其他天然纤维	竹纤维；蚕丝
		服　装
127	纺织制成品	纱；线；丝及其制品

参 考 文 献

[1] CNCA-N-009：2011. 有机产品认证实施规则.

[2] GB 15618－1995 土壤环境质量标准.

[3] GB 3095－2012 环境空气质量标准.

[4] GB 5084－2005 农田灌溉水质标准.

[5] GB/T 19630.1－2011 有机产品 第1部分：生产.

[6] GB/T 19630.2－2011 有机产品 第2部分：加工.

[7] GB/T 19630.3－2011 有机产品 第3部分：标识与销售.

[8] GB/T 19630.4－2011 有机产品 第4部分：管理体系.

[9] CAC. Guidelines for the Production，Processing，Labelling and Marketing of Organically Produced Foods（GL 32-1999，Rev. 4-2007，Amended 3-2010）. http：//www. codexalimentarius. net/web/more _ info. jsp? id _ sta＝360.

[10] IFOAM. The IFOAM Basic Standards for Organic Production and Processing（version 2005）. http：//www. ifoam. org/about _ ifoam/standards/norms/norm _ documents _ library/IBS _ V3 _ 20070817. pdf.

[11] OEPP/EPPO. List of biological control agents widely used in the EPPO region. Bulletin OEPP/EPPO Bulletin，2002，32：447-461.

[12] Sean L Swezey，Santa Cruz. Organic Apple Production Manual. The university of California，2000.

[13] The Council of the European Union. Council Regulation（EC）No 834/2007：on organic production and labeling of organic products and repealing Regulation（EEC）No 2092/91. Official Journal of the European Union，2007，L189：1-23.

[14] UNCTAD/FAO/IFOAM. Guide for assessing Equivalence of organic Standards and Technical Regulations（2008）. http：//r0. unctad. org/trade _ env/itf-organic/meetings/itf8/ITF _ EquiTool _ finaldraft _ 080915db2. pdf.

[15] UNCTAD/FAO/IFOAM. International Requirements for Organic Certification Bodies（2008）. http：//r0. unctad. org/trade _ env/itf-organic/meetings/itf8/IROCB _ 0809％20. pdf.

[16] USDA. Electronic code of federal regulations，title 7，part 205－national organic program（2009-2-25）. http://ecfr. gpoaccess. gov/cgi/t/text/text-idx? c＝ecfr&tpl＝/ecfrbrowse/Title07/7cfr205 _ main _ 02. tpl.

[17] William A Knudson. The Organic Food Market. http：//expeng. anr. msu. edu/uploads/files/39/organicfood1. pdf.

[18] 曹志平，乔玉辉编. 有机农业. 北京：化学工业出版社，2010.

[19] 柴冬梅，张李玲. 有机番茄生产技术规程. 河北农业科学，2007，11（3）：41-42，54.

[20] 陈光兴，陈建文，兰丰战等. 有机苹果生产技术. 河北果树，2005，（6）：13，16.

[21] 陈汉杰，张金勇，郭小辉. 国内外有机苹果生产的病虫害防治. 果农之友，2007，（4）：5-6.

[22] 陈先茂，彭春瑞，关贤交等. 红壤旱地不同轮作模式的效益及其对土壤质量的影响. 江西农业学报，2009，21（6）：75-77.

[23] 陈雪，蔡强国，王学强. 典型黑土区坡耕地水土保持措施适宜性分析. 中国水土保持科学，2008，6（5）：44-49.

[24] 董艳，鲁耀，董坤，汤利. 轮作模式对设施土壤微生物区系和酶活性的影响. 土壤通报，2010，41（1）：53-55.

[25] 范晓黎. 农业生物多样性的保护和利用概述. 污染防治技术，2008，21（5）：60-62.

[26] 付立东，王宇，孙久红，徐志江，姜宝龙. 有机食品——水稻生产操作规程. 北方水稻，2007，（2）：45-49.

[27] 高峻岭，王瑞英，李祥云. 有机蔬菜栽培的品种筛选和轮作方式研究. 安徽农学通报，2007，13（12）：79-80.

[28] 国家质量监督检验检疫总局令第 67 号：有机产品认证管理办法.

[29] 季海峰，王四新编著. 有机猪肉生产. 北京：科学技术文献出版社，2006.

[30] 焦翔，穆建华，刘强. 美国有机农业发展现状及启示. 农业质量标准，2009，（3）：48-50.

[31] 解卫华，汪云岗，俞开锦. 加拿大有机农业的发展及启示. 中国农业资源与区划，2010，31（3）：81-85.

[32] 李帮东，衡永志，徐志明. “霍山黄芽”有机茶的生产技术规程. 茶业通报，2005，27（1）：31-32.

[33] 李华锋. 浅论我国农业生物多样性保护. 农业环境与发展，2010，（2）：11-13.

[34] 李现华，张树礼，尚学燕等. 发展有机农业与生物多样性保护. 内蒙古环境保护，2005，17（2）：11-15.

[35] 梁广文，张茂新. 华南稻区优质有机稻米生产核心技术系统研究与示范. 环境昆虫学报，2008，30（2）：172-175.

[36] 刘海珍，江美榕. 浅谈有机蔬菜生产中的施肥技术. 现代园艺，2010，（5）：67-68.

[37] 刘凯翔. 有机农业法规及政策之研究. 台湾大学硕士论文，2007.

[38] 刘云慧，李良涛，宇振荣. 农业生物多样性保护的景观规划途径. 应用生态学报，2008，19（11）：2538-2543.

[39] 卢海强，柳江海，卢永奋. 豇豆—玉米—南瓜—芥菜轮作模式高效栽培技术. 广东农业科学，2008，（12）：67-69.

[40] 罗芳，徐丹. 资源消耗农业的可持续经营——日本有机农业发展对中国的借鉴. 安徽农业科学，2010，38（5）：2613-2615.

[41] 马世铭，Sauerborn J. 世界有机农业发展的历史回顾与发展动态. 中国农业科学，2004，37（10）：1510-1516.

[42] 農林水産省. 有機畜産物の日本農林規格（2006）. http：//www.maff.go.jp/j/jas/jas_kikaku/pdf/yuuki_kikaku_d.pdf.

[43] 農林水産省. 有機加工食品の日本農林規格（2006）. http：//www.maff.go.jp/j/jas/jas_kikaku/pdf/yuuki_kikaku_b.pdf.

[44] 農林水産省. 有機農産物の日本農林規格（2006）. http：//www.maff.go.jp/j/jas/jas_kikaku/pdf/yuuki_kikaku_a.pdf.

[45] 農林水産省. 有機飼料の日本農林規格（2006）. http：//www.maff.go.jp/j/jas/jas_kikaku/pdf/yuuki_kikaku_c.pdf.

[46] 强百发. 中韩有机农业的发展：比较与借鉴. 科技管理研究，2009，（8）：79-81，84.

[47] 史剑茹，陈笑. 低碳经济下我国有机农业发展现状与对策. 农产品质量与安全，2010，（4）：48-51.

[48] 田婧，黄永才. 浅谈几种生物防治技术在我国的应用. 中国林副特产，2008，（3）：103-105.

[49] 王大鹏，吴文良，顾松东. 中国有机农业发展中的问题探讨. 农业工程学报，2008，24（增 1）：250-255.

[50] 王瑞英，李祥云，李振清，高峻岭. 青岛市有机蔬菜栽培高效轮作方式筛选. 安徽农学通报，2008，14（5）：59-60.

[51] 王卫平，朱凤香，陈晓旸等. 有机蔬菜栽培土壤的培肥技术与废弃物处置. 浙江农业科学，2010，（3）：620-623.

[52] 韦静峰. 有机茶标准化生产关键技术研究. 广西农学报，2006，21（1）：6-9.

[53] 文兆明，余志强，韦静峰，陈春芬. 有机茶标准化生产的加工包装储藏技术规程. 广西农学报，2010，25（1）：41-44.

[54] 吴大付. 河南省沿黄稻区有机稻生产技术. 河南农业科学，2006，(4)：43-45.

[55] 吴光远，曾明森，王庆森，余素红. 有机茶生产及其关键技术害虫生物防治研究. 贵州科学，2008，26 (2)：25-29，47.

[56] 吴志行，侯喜林. 发展有机蔬菜生产实施轮作制度的建议. 长江蔬菜，2001，(5)：8-11.

[57] 席运官，陈瑞冰. 论有机农业的环境保护功能. 环境保护，2006，(9A)：48-52.

[58] 徐贵轩，宋哲，何明莉. 有机果品——苹果产业化生产关键技术. 北方果树，2008，(6)：43-45.

[59] 徐培智，解开治，陈建生. 一季中晚稻的稻菜轮作模式对土壤酶活性及可培养微生物群落的影响. 植物营养与肥料学报，2008，14 (5)：923-928.

[60] 尹立成. 有机农业发展新模式：整建制建设有机农产品区. 农业开发研究，2010，(5)：43-46.

[61] 尹世久，吴林海. 全球有机农业发展对生产者收入的影响研究. 南京农业大学学报（社会科学版），2008，8 (3)：8-14.

[62] 张红梅. 旱池藕—芹菜—菠菜—甘蓝的多茬轮作模式. 北方园艺，2008，(12)：95-96.

[63] 张文锦，翁伯琦，李慧玲. 有机茶生产技术规程. 江西农业学报，2009，21 (2)：62-64.

[64] 张新生，陈湖，王召元，付友. 世界有机苹果生产与科研进展. 河北果树，2009，(3)：4-5，7.

[65] 张也庸，尹春建，喻旋，邓祎. 浅析机械化水稻秸秆还田技术及应用. 现代农业装备，2009，(7)：59-60.

[66] 赵金锁. 欧盟有机农业发展现状及趋势. 作物研究，2009，23 (3)：225-227.

[67] 郑亚琴. 有机茶生产土壤铺草技术及其应用效果分析. 安徽农业科学，2005，33 (5)：864.

[68] 邹翠卿，姜大奇，曲在亮，王雁. 有机食品花生基地创建及配套技术推广. 作物杂志，2009，(3)：97-99.

[69] 朱恩林. 美国加州有机苹果生产中的病虫害管理. 中国植保导刊，2006，26 (4)：45-47.

[70] 庄同春，张云江，刘刚. 稻鸭共育有机水稻生产技术. 黑龙江农业科学，2009，(1)：163-164.